U0241234

现代农业科技专著大系

小麦族生物系统学

第一卷

小麦－山羊草复合群

第二版

颜 济 杨俊良 编著

中国农业出版社

图书在版编目（CIP）数据

小麦族生物系统学. 第1卷，小麦-山羊草复合群/
颜济，杨俊良编著. —2版. —北京：中国农业出版社
，2013.5
（现代农业科技专著大系）
ISBN 978-7-109-16667-7

Ⅰ.①小⋯　Ⅱ.①颜⋯②杨⋯　Ⅲ.①小麦属—生物
学—研究②山羊草属—生物学—研究　Ⅳ.①S512.101

中国版本图书馆 CIP 数据核字（2013）第 080399 号

中国农业出版社出版
（北京市朝阳区农展馆北路 2 号）
（邮政编码 100125）
责任编辑　孟令洋　石飞华

中国农业出版社印刷厂印刷　新华书店北京发行所发行
2013 年 5 月第 2 版　2013 年 5 月第 2 版北京第 1 次印刷

开本：787mm×1092mm　1/16　印张：17.75　插页：1
字数：450 千字
定价：150.00 元
（凡本版图书出现印刷、装订错误，请向出版社发行部调换）

作者在四川省都江堰市四川农业大学小麦研究所实验场地观察
小麦族种质资源生长状况

《小麦族生物系统学》简介

（代再版前言）

  由四川农业大学颜济和杨俊良教授撰写的五卷巨著《小麦族生物系统学》（简称《系统学》）全面汇总了当今世界对禾本科小麦族生物系统学的研究精华。这一套巨著囊括了从经典分类、细胞遗传到分子系统发育各个领域的研究成果，也包含了二位先生毕生对小麦族研究的全部心血。完成这一套著作是一项巨大的工程，据我所知，仅仅将资料汇总和撰写这五卷著作就耗费了二位先生近 20 年的时间！作为二位先生的学生，我非常荣幸能为《小麦族生物系统学》写一个简介，但也深恐不能展示这五卷著作精华中的一万。

  颜济和杨俊良教授认为，传统的植物分类学与系统学主要以形态特征的鉴定为主。由于性状遗传的显隐性关系，形态特征或表型仅表现了其遗传特征的一部分，而另一部分则需要通过细胞学与分子生物学分析才能得以鉴别。《系统学》所列举的光稃旱麦草（*Eremopyrum bonaepartis*）与西奈旱麦草（*Er. sinaicum*）形态非常相似，但前者是四倍体（**FsFsFF** 染色体组），而后者是二倍体（**FsFs**）；*Elymus*（**HHStSt**）与 *Campeiostachys*（**HHStStYY**）二属的染色体组差异较大，系统演化也不同，但它们在形态上却难于区分。另外，形态特征是基因与环境条件互作的结果，基因型相同而环境不同，也可能导致完全不同的形态特征。再如，具有相同 **NsNsXmXm** 染色体组的 *Lymus* 属植物，在不同生境中生长的种，形态特征可能完全不同。*Lymus duthiei* 与 *L. arenarius* 曾被形态分类学者误定为不同的属，这就没有反映其自然的演化关系。

  生物系统学必须以细胞遗传学和分子生物学等研究的结果来支撑和进行订正。在《系统学》中，颜济和杨俊良教授以全球近百年研究所积累的遗传学等方面成果，来订正小麦族，使其客观反映自然生物系统。是当今世界第一本用现代方法来订正和撰写成的自然小麦族生物系统学，这也反映了现代生物系统学的方向。

  小麦族是禾本科植物中十分重要的一个类群，包含了小麦、大麦、黑麦及人工创造的小黑麦等主要粮食作物；同时也包含了冰草属、新麦草属、披碱草属、赖草属等许多重要的牧草。小麦族分类学与系统学的知识，是现代麦类作物与牧草育种中利用异种、属种质资源的必要的理论基础之一。由于小麦族的许多植物都具有很高的经济价值，全球对其研究投入的人力与物力都非常多。与其他类群的植物相比较，取得的研究成果也十分丰富。木原均1931年创立了染色体组学说就是基于对小麦属与山羊草属的研究，这些研究成果中也包括了分类学和生物系统学的研究，奠定了现代细胞遗传学与生物系统学的基础。即使如此，小麦族中的一些属（如鹅观草属 *Roegneria*），仍存在许多问题有待研究和解决。研究得比较清楚的属，由于一些种没有遗传学分析的资料，使其在物种水平的分类仍然存疑。

  颜济和杨俊良教授将这一领域的研究成果编写成书，目的在于把百年的生物系统学研究成果进行整理，去伪存真，得出真实的自然系统，便于育种家科学利用。《系统学》共分为5卷，亲缘关系极为相近的属以及很小的属就合编在一起。研究还不完善的属、种也编列进去，以供读者参考。本书共记载了现在已知的小麦族的30个属，2个亚属，464个种，9个亚种，186个变种。作者希望把这一本书写成具有较高参考价值的手册式著作。因此，把一些资料列为若干附录以便使用。形态特征描述尽量做到图文并茂，使读者一目了然。

现将这五卷书的内容简介如下：

第一卷：主要介绍小麦属（*Triticum*）与山羊草属（*Aegilops*）分类学的历史发展过程，它们的系统分类，以及这两属间的关系。鉴于小麦属在世界禾谷类作物中的重要意义，对小麦起源科学问题的研究成果也进行了展示。

第二卷：主要介绍黑麦属（*Secale*）、小黑麦属（*Tritiosecale*）、簇毛麦属（*Pseudosecale*）、旱麦草属（*Eremopyrum*）、亨氏草属（*Henrardia*）、带芒草属（*Taeniantherum*）、异型花属（*Heteranthelium*）、类大麦属（*Crithopsis*），以及大麦属（*Hordeum*）的分类学与系统学。除簇毛麦属、旱麦草属、大麦属外，其他属均只含一个染色体组，且是以不同的亚型形成不同的种。在本卷中，按照国际植物命名法规修正了簇毛麦属的属名应为 *Pseudosecale*，而不是 *Haynaldia* 或是 *Dasypyrum*。

黑麦属的黑麦（*Secale cereale*）是人类栽培驯化最晚的谷类作物，它以其一些特有的性状，如抗高寒、酸性或沙荒瘠地，在世界上（包括一些特定地区）至今仍有相当大的栽培面积。小黑麦属（*Triticosecale*）是人工合成的新植物，也是第一个人造禾谷类作物。通常以其非学名的普通名称广泛称为 Triticale。经过近一个世纪的改良研究，已有小面积种植，已经成为栽培作物。按照国际栽培植物命名法规，应给予一定的分类学地位。作者将其作为新属、新种处理，并给予描述。

黑麦属、簇毛麦属、旱麦草属在形态分类学上是比较相近的属。Carl Linné（1753）曾经把簇毛麦（*Pseudosecale villosum*）与旱麦草（*Eremopyrum orientale*）放在黑麦属（*Secale*）中。但从遗传学与系统学来看，它们相互间没有直接的亲缘关系，是平行演化的。在本卷中，编排在一起，仅是便于比较识别。小麦族其他一些一年生属也都是平行演化的小属。如亨氏草属（*Henrardia*）、带芒草属（*Taeniatherum*）、异型花属（*Heteranthelium*）及类大麦属（*Crithopsis*），都是地中海夏季高温、无雨、干旱，秋、冬、春三季温暖潮湿的生态条件下，演化形成的短生植物，也将其列在本卷中。

大麦属（*Hordeum*）是个大属，既有一年生植物，也有多年生植物。从生物系统学来看，它实际上含有4个独立的类群，含4个独立的染色体组（**I**、**Xa**、**Xu**、**H** 染色体组）。由于它们在形态学上有一些共同之处，习惯上将其看成一个属；但基于遗传学研究的实验生物系统学来看，将其分为4个小属也是合理的。根据习惯，本书还是将其合成一个大属，只是按实验生物学的论据，划分为4个组。其中，**H** 染色体组是一些多年生属的染色体组组成成分。栽培大麦（*Hordeun vulgare*）已有上万年的栽培历史，在人类有意识与无意识的选择下，形成许许多多的品种。本书记录了品种类群的归类，划分为品种群（cultivar group; con-cultivar）。

从第三卷起，所有的属种均为多年生。

第三卷：分为两篇，第一篇包含仲彬草属（*Kengyilia*）与杜威草属（*Douglasdeweya*），都是近年来按照细胞遗传学研究的成果建立的属。仲彬草属从鹅观草属（*Roegneria*）中分出，有 8 个新种与两个新变种是近年来新描述的，加上 17 个新组合。从细胞学来看，仲彬草属以含 **PStY** 染色体组为特征；而杜威草属包括两个种，含 **PSt** 染色体组。第二篇介绍冰草属（*Agropyron*）、南麦属（*Australopyrum*）与花鳞草属（*Anthosachne*）。该三属在生物系统学上比较特殊。冰草属含 **P** 染色体组，是其他含 **P** 染色体组属的供体。南麦属含 **W** 染色体组是 **W** 染色体组的供体。花鳞草属含 **StWY** 染色体组，似与南麦属（**W**）、仲彬草属（**PStY**）、杜威草属（**PSt**）及第四卷中的拟鹅观草属（*Pseudoroegneria*，**St**）、鹅观草属（**StY**），以及第五卷中的披碱草属（**StH**）、毛麦属（**ESt**）均有亲缘关系。

第四卷：介绍 5 个多年生属，即窄穗草属（*Stenostachys*）、新麦草属（*Psathyrostachys*）、赖草属（*Leymus*）、拟鹅观草属（*Pseudoroegneria*）、鹅观草属（*Roegneria*）。窄穗草属是新西兰的特有小属，含 **HW** 染色体组。新麦草属含 **Ns** 染色体组。赖草属是较大的属，含 **NsXm** 染色体组。**Ns** 来自新麦草属，**Xm** 的供体物种还没有发现。由于它与 **Ns** 有许多相近似的证据，因而有人认为它是 **Ns** 的变型。拟鹅观草属含 **St** 染色体组，是鹅观草属、披碱草属、毛麦属、仲彬草属、杜威草属、花鳞草属 **St** 染色体组的供体。鹅观草属、仲彬草属、曲穗草属中所含的 **Y** 染色体组至今还未找到供体。由于 **Y** 与 **St** 染色体组非常接近，因而有人认为它是由 **St** 染色体组转变而来。正如小麦的 **B** 染色体组来自拟斯卑尔塔山羊草的 **B^{sp}** 染色体组一样。

第五卷：介绍了 9 个属，即曲穗草属（*Campeiostachys*）、披碱草属（*Elymus*）、牧场麦属（*Pascopyrum*）、冠毛麦属（*Lophopyrum*）、毛麦属（*Trichopyrum*）、大麦披碱草属（*Hordelymus*）、拟狐茅属（*Festucopsis*）、网鞘草属（*Peridictyon*）及沙滩麦属（*Psammopyrum*）。曲穗草属是苏联植物分类学家 Василий Петрович Дробов 在 1941 年建立的，是含 **HStY** 染色体组的分类群。该分类群的处理符合以染色体组为基础的自然生物系统学的建属原则。

披碱草属（*Elymus*）是 Carl Linné 在 1753 年建立的老属。是含 **St** 与 **H** 两组染色体组的物种。它也是一个庞大的属，含有 83 个物种、20 个变种以及一些人称为变型的分类群。但作者认为变种与变型在自然遗传系统中是没有差别的，都是不同等位基因的不同组合，是同一级的；变型是人为等级（作者只认可变种）。披碱草属的分布很广阔，是小麦族中分布最广的属，包括美洲与欧亚大陆，以及非洲。由于生态环境的差异，形态变异也很大，与赖草属一样是一多型性的属。因而过去形态分类学家就把它分为若干个属，如披碱草属（*Elymus*）、裂颖草属（*Sitanion*）、偃麦草属（*Elytrigia*）等。还把一些穗轴节上具单小穗的种定为冰草属（*Agropyron*）或鹅观草属（*Roegneria*）。但只含有 **St H** 两种染色体组，在生物系统学上是同属于一个属，即披碱草属。

牧场麦属（*Pascopyrum*）是北美西北部重要的野生禾草，它是构成该区域草场的主要建群种之一，是很独特的单种属。从染色体组分析来看，它是异源四倍体披碱草属与异源四倍体赖草属间杂交形成的异源八倍体植物，含 **StHNsXm** 四个染色体组的单种属。

冠毛麦属（*Lophopyrum*）与毛麦属（*Thinopyrum*）是 Á. Löve 在 1982 年发表的两

个属，他认为 *Lophopyrum* 是含 **E** 染色体组的属；*Thinopyrum* 是含 **J** 染色体组的属。从实验分析的结果来看，**E** 与 **J** 十分相近，只能是亚型的关系，因此应当合并为一个属，即 *Lophopyrum*（冠毛麦属）。毛麦属（*Trichopyrum*）是将 *Elytrigia* 属的 Sect. *Trichophorum* 独立出来成立的异源多倍体属，它含有 **E** 染色体组与 **St** 染色体组。显然，它是起源于含 **E** 染色体组冠毛麦的物种与含 **St** 染色体组的拟鹅观草属的物种经天然杂交与染色体天然加倍而演化形成的分类群。

许多分类学家均认可偃麦草属（*Elytrigia*），但它包含了许多不同染色体组的分类群，本卷将它们分别列入各自的客观类群。如偃麦草属的模式种 *Elytrigia repens*，是含 **HHSt¹St¹St²St²** 染色体组的分类群，应当属于披碱草属，其他的物种按其染色体组划分至各相应的属。偃麦草属显然是形态分类学者主观臆定的，自然界客观实际并不存在这样的类群单位。

大麦披碱草属（*Hordelymus*）是中北欧林下特有的单种属。从它生长的生态环境与形态特征来看，与赖草属林下赖草组的分类群很相似，但它与赖草属在生物系统学上毫无关系。1994 年，经 Bothmer 等通过杂交与 C-带核型分析，表明它与这两个属都没有亲缘关系，含有 **XoXr** 两个来源不同的染色体组。

拟狐茅属（*Festucopsis*）是一个二倍体属，含有它独特的染色体组。Á. Löve 把它定名为 **L** 染色体组。

网鞘草属（*Peridictyon*）是由 Seberg 等自拟狐茅属中分离出的一个单种属，它含有 **Xp** 染色体组。

以上两属都是分布于东南欧巴尔干半岛的小属。拟狐茅属也向西分布于北非摩洛哥北部。

沙滩麦属（*Psammopyrum*），为一异源多倍体属，分布于西欧到南欧，生长在海滨沙滩以及盐碱沼泽。是由含 **E** 染色体组的 *Lophopyrum* 属的个体与含 **L** 染色体组的 *Festucopsis* 属的个体，天然杂交演化形成的异源多倍体分类群。

复旦大学　卢宝荣

2013 年 3 月于上海

编者的话

  科学研究是不断发展的，一本科学书籍必然会由于历史进步和科技的发展而呈现一些陈旧过时的部分，甚至被证明是错误的观点或结论。加之作者知识的局限，也可能会有一些错误或不妥的叙述，希望读者指正。

  自《小麦族生物系统学》第一卷出版距今已经有 13 年了，13 年来世界小麦科学的研究取得了重大的突破。四川省农业科学院杨武云研究员利用野生节节麦（*Triticum tauschii＝Aegilops tauschii*）与 *Triticum turgidum* 杂交人工合成的普通小麦 *Triticum aestivum*，是世界上第一次选育出用于商业大规模栽培的品种，且所有经济性状都超过现有的栽培品种。在学术界有一种看法：野生的个别特殊基因用于改良栽培品种是可取的，例如抗叶锈病。但是一整套野生基因组就不如经过千百年改良的栽培品种。如人工合成的小黑麦还是两个栽培种的产物，研究了近一个世纪都难以在商业生产上立足。然而，杨武云育成的川麦 30 与川麦 6415 已改变了这种看法，这对科学、合理、有效地利用野生资源开创了新的观点和途径。再版时，应该加上这一部分内容。

  初版一至三卷还有许多编印方面的错误和不足，虽然有"勘误表"，却不如再版改排更好。

编著者

2012 年 6 月完成再版稿于美国加利福尼亚州戴维斯

第 一 版 序 言

现代小麦族系统学，是以细胞遗传学、分子生物学及其他有关生物系统学为论据，探讨本族属种的系统亲缘关系以及它们的自然分类。

小麦族是禾本科植物中十分重要的一个类群，它包含小麦、大麦、黑麦及人工创造的小黑麦等主要粮食作物；同时也包含冰草属、新麦草属、披碱草属、赖草属等众多重要的牧草。

小麦族分类学与系统学的知识，是现代麦类作物与牧草育种中利用异种、属种质资源的必要的理论基础之一。

由于小麦族的许多植物，都具有很高的经济价值。因此，从整个世界来讲，对它的研究投入的人力与物力都是非常多的，与其他类别的植物比较，取得的研究成果也是十分丰富的。奠定现代细胞遗传学与生物系统学基础的染色体组学说，就是木原均基于对小麦属与山羊草属的研究于1931年创立的。这些丰富的研究成果，也包括对它们的生物系统学与分类学的研究。即使这样，本族的一些属，还有许多问题有待研究，例如鹅观草属（Roegneria）。研究得比较清楚的属，也不是所有的问题都已解决，例如小麦属（Triticum）的 **B** 染色体组从何而来？长期以来看法很不一致，最近分子遗传学的研究，特别是全DNA原位杂交与DNA序列分析才基本上有个定论。但是 **B** 染色体组与 **S** 染色体组命名的问题还暂时没有能得到统一。

作者把这一领域的研究成果编写成书，目的在于供从事这方面研究的初学者参考，也供育种家利用。为方便编写，也便于使用，作者计划分五卷出版。一些亲缘关系极为相近的属，以及一些很小的属就合编在一起。目前研究得还不成熟的属，留待将来时机成熟时再写。

作者希望把这套书写成具有较高参考价值的手册式的书。因此，把一些资料列为若干附录以便参考。形态特征描述尽量利用图，图更确切，也一目了然。

科学研究是不断发展的，一本科学书籍必然会由于历史的发展而呈现一些陈旧过时的部分，甚至被证明是错误的观点或结论，需要再作修订。由于作者知识的局限，也可能会有一些错误或不妥当的叙述，希望读者指正。

编著者

1983 年仲夏颜济识于西子湖畔

1998 年 8 月修订于美国南达科他州布鲁金斯

目　　录

当我们进行科学研究时，首先遇到的一个问题就是你研究的对象究竟是什么？例如说我们现在研究小麦，究竟我们研究的是什么样的小麦？它与其他小麦，其他禾谷类相同还是不同？它们的自然关系亲缘系统究竟怎么样？这当然是首先需要搞清楚的问题。这也就是分类学的问题，也是生物系统学的问题。

　　科学的分类学可以说是在 16 世纪才开始建立起来的。小麦及其近缘植物山羊草的科学分类是在 1737 年 Linné，C. 在其《植物志属（Genera Plantarum）》一书中发表了 *Triticum* L.［以 *T. aestivum* L. 为指定模式种（lectotype）］与 *Aegilops* L.（以 *Aegilops ovata* L. 为指定模式种）两属以后才建立起来的。但是人类栽培了上万年左右的古老作物——小麦，直到最近才在其他生物科学发展的帮助下，特别是细胞遗传学与分子遗传学的帮助下才把小麦与其近缘植物的属种关系基本上研究清楚，也是以实验的方法才基本上确定栽培小麦是如何起源的。

　　下面按小麦分类学的历史发展过程来简要地介绍小麦及山羊草的分类与小麦起源问题科学研究的成果。

一、古典形态分类学

19 世纪以前，生物科学受发展水平与技术条件的限制，以比较形态学为基础的古典形态分类学是生物科学发展的主导学科。研究的方法是根据蜡叶标本的比较形态研究，参考地理分布等采集记录来鉴别异同，进行分类，确定属种。用这种粗浅方法虽然也能在一定程度上反映自然的系统关系，但用这种粗浅方法不可能把物种间的许多问题研究清楚，从而不可避免地带来许多错误结果。

在 Linné 以前，植物学者根据包壳和裸粒特性把栽培的包壳小麦——斯卑尔塔称为 *Zea*（不是现今的 *Zea*——玉米属），而把裸粒种称为 *Triticum*。Carl von Linné（1753）在其《植物志种（Species Plantarum）》一书中把 *Zea* 属取消，而把斯卑尔塔小麦归入小麦属（*Triticum*），同时也把冰草属（*Agropyron*）包含在小麦属中。Linné 于 1753 年，在他的《植物志种》第 1 版中把栽培小麦分别定为 5 个种，即 *Triticum aestivum* L.（小麦）、*T. hybernum* L.（冬小麦）、*T. turgidum* L.（圆锥小麦）、*T. spelta* L.（斯卑尔塔小麦）、*T. monococcum* L.（一粒小麦），又在 1763 年出版的第 2 版中增加了一个 *T. polonicum* L.（波兰小麦）。1781 年，他的儿子在增刊（Supplement）中补定了一个 *T. compositum* L. fils.（分枝小麦）。

在近缘植物山羊草的研究上，1719 年 Scheuchzer J. 在他的《禾草志（Agrostographia）》一书中记载了后来被 Linné 定名为 *Ae. ovata* L.，以及后来被 Willdenow, K. L. 定名为 *Ae. triaristata* Willd. 的两种山羊草。1728 年，Buxbaum 在他的《Plantarum minus coginitarum》Cent. I：31 页上记载了后来 Linné 定名为 *Ae. squarrosa* L. 的"粗山羊草"。这两位先驱是在 Linné 建立科学的双名法以前的记载，没有用公认的双名，因而是非正式的记录。

1753 年，Linné，C. 在他的《植物志种（Species Plantarum）》中发表了 5 种山羊草，即：*Ae. ovata* L.、*Ae. caudata* L.、*Ae. squarrosa* L.、*Ae. triuncialis* L. 与 *Ae. incurva* L.。在 1763 年出版的第 2 版中，他把 *Ae. incurva* L. 组合到 *Lepturus* 属中，Linné 所定山羊草只存 4 种。但是 Linné 定为 *Ae. squarrosa* L. 的标本，其中包括了 3 个不同的分类群，他却把它们混同在一起，都叫做 *Ae. squarrosa* L.，直到 1837 年，I. F. Tausch 才把它们分清楚，除保留一个 *Ae. squarrosa* L. 种名外（LINN 1218-9 号标本），从其余两个分类群他把它们分别定为两个新种。

1769 年，Schreber, J. C. D. 在《禾草描述（Beschreibung der Graser）》中认为 *Ae. triuncialis* L. 与 *Ae. squarrosa* L.，*Ae. triuncialis* L. 与 *Ae. triaristata* Willd. 都是同为一个种。现在看来，他前一个意见是正确的，后一个意见却不恰当。

1772 年，Scopoli, J. A. 在《加里阿里植物志（Flora Carniolica）》第 1 卷，55 页，把 *Ae. ovata* L. 组合到 *Phleum* 属中，更名为 *Phleum aegilops* Scopoli，而在这一种名下，

却又把 *Ae. triaristata* Willd. 分类群的植物也混同其中。

1775 年，在芬兰出生的瑞典学者 Forsskål Petter（或 Petrus，或 Pehr）在《埃及-阿拉伯植物志（Flora Aegyptiaco-Arabica）》中发表了新种 *Triticum bicorne* Forssk.，这是 Sitopsis 组的物种的第一次发现。

1778 年，Lamarck, J. B. M. 反映了许多栽培学家的看法，认为冬性与春性不能作为种的区别。他把 Linné 定的 *T. aestivum* L.、*T. hybernum* L. 与 *T. turgidum* L. 合为一个种，定名为 *T. sativum* Lam.（栽培小麦）发表在《法兰西植物志（Flore Francaise）》第 3 卷 625 页上。现在看来，拉马克把 *T. aestivum* L. 与 *T. hybernum* L. 合并的意见是正确的，但把 *T. turgidum* L. 也合并在一起显然是错误的。在 632 页上，他把 *Ae. triuncialis* L. 又改定名为 *Ae. elongata* Lam.。

1786 年，他在《Encyclopedie Methodique》第 2 卷中把小麦属定为 5 个种，即：

T. sativum Lam.（包括 Linné 的 *T. aestivum* L.、*T. hybernum* L. 与 *T. turgidum* L.）；

T. compositum L. fils.；

T. polonicum L.；

T. spelta L.；

T. monococcum L.。

在同书 346 页，图 839 上所描绘的 *Ae. squarrosa* L. 确有一些画的是后来被 Eig, A. 定为 *Ae. juvenalis*（Thellung）Eig 的另一种植物。

1787 年，法国植物学家 Villars, Dominique 在《Histoire des Plantes de Dauphine，Grenoble，Lyon et Paris》第 2 卷中把小麦属分为 7 个种：

T. vulgare（＝ *T. aestivum* L.）；

T. touzelle（＝ *T. hybernum* L.）；

T. turgidum L.；

T. maximum（近于 *T. polonicum* L.）；

T. compositum L. fils.；

T. spelta L.；

T. monococcum L.。

同年，Roth，A. W. 在《植物学论证与观察（Botanische Abhandlungen und Beobachtungen)》，45～46 页，把 Linné 的 *Ae. ovata* L. 改名为 *Ae. geniculata* Roth，却又把后来定为 *Ae*，*triaristata* Willd. 的另一个种命名为 *Ae. ovata* Roth。

1788 年，奥地利学者 Winterl, Jacob Joseph 在《匈牙利大学园艺植物索引（Index Horti Botaniei Universitatis Hungaricae Quae Pestiniest)》中载有新种名 *Ae. nova* Winterl，所描述的实际上就是后来定为 *Ae. cylindrica* Host 的分类群。按 Mary A. Chase 索引的注释，"通篇有好多个叫 'nova' 的种，同一个属就不只一个，例如 *Silene* 有 3 个，*Heleborus* 2 个。证明 *nova* 不是用作种名，只是指出是一个新种"。因此，后来 1802 年 N. T. Host 所定的 *Ae. cylindrica* Host 是合法的。

1789 年，Franz von Paula von Schrank 在《Baier. Flora》第 1 卷，387 页，认为小麦

属只有 2 个种，即：

T. cereal，含 2 个变种：aestivum 与 hybernum；

T. spelta。

他对于他定名为 T. dicoccon 的一种维腾堡（Wurtemberg）栽培的二粒小麦是否是一个独立的种还不能确定，他说它如果不是一个独立的种，则应归入 T. spelta 中。

1791 年，Cavanilles, Antoni Jose 在《Icones et Descriptiones Plantarum quae aut Sponte in Hispania Crescunt aut in Hortis Hosppitantur》，62 页，表 90，图 2，所绘制与描述的 Ae. squarrosa L. 却是后来定为 Ae. ventricosa Tausch 的分类群。早期的植物学研究者常常把 Ae. triuncialis L.、Ae. squarrosa L.、Ae. caudata L.、Ae. cylindrica Host 以及 Ae. ventricosa Tausch 相互混淆。

1798 年，法国植物学家 Desfontaines, René Louiche 在《大西洋植物志（Flora Atlantica)》，第一卷中把硬粒小麦定为一个独立的种 T. durum Desf.，至今还有人沿用。

1802 年，Nicolaus Thomas Host 在《奥地利禾本科图说（Icones et Descriptiones Graminum Austriacorum Vienna)》，第 2 卷，5~6 页，图版 7 中把 Ae. cylindrica Host 鉴定为一个独立的新种。

1805 年，Nicolaus Thomas Host 在《奥地利禾本科图说（Icones et Descriptiones Graminum Austriacorum Vienna)》第 3 卷中把小麦属分为 7 个种，即：

T. vulgare （＝T. aestivum L. ＋T. hybernum L.）；

T. compositum L. fils.；

T. turgidum L.；

T. zea （＝T. spelta L.）；

T. spelta （＝T. amyleum Ser.）；

T. polonicum L.；

T. monococcum L.。

1809 年，他在第 4 卷中增加 4 个种，即：

T. hordeiforme （＝硬粒小麦的一个类型）；

T. villosum （一种毛颖白穗硬粒小麦）；

T. compactum；

T. atratum （＝T. turgidum 的一个类型，具黑褐或黑色毛颖）。

1805 年，在他的《植物纲要（Synopsis Plantarum)》一书中还是沿用 Lamarck 的 T. sativum，而在稍后的《奥地利禾本科图说》中才把二粒系小麦分了出来，把 Linné 错误划为两个种的 T. aestivum 与 T. hybernum 恰当地合为一个种。

1806 年，Sibthorp, J. 与 J. Smith 在《Flora Graeca》第 1 卷，71~75 页，表 93~95，发表了新种 Ae. comosa Sibth. et Smith，并对 Ae. ovata L.、Ae. cylindrica Host 与 Ae. comosa Sibth. et Smith 作了描述，绘有图。

1809 年，意大利植物学家、巴黎大学教授 Bayle-Barelle, Giuseppe 在他的《农业谷物专志（Monografia Agronomica dei Cereali Milan)》一书中把小麦属分为两组，描述了 11 个种，加上 3 个增补种，共 14 个种，如下：

T. compositum L. fils. ；

T. turgidum L. ；

T. polonicum，L. ；

T. cerulescens Bayle-Barelle（＝硬粒小麦一品种）；

T. tomentosum Bayle-Barelle（＝具毛的二粒小麦品种）；

T. candidissimum Aduini（＝红粒，颖无毛的硬粒小麦品种）；

T. creticum silvestre Baninio ex Bayle-Barelle（＝ *T. sylvestre creticum* C. Bauhin，无芒密穗小麦）；

T. sativum Pers.（＝ *T. hybernum* L.），其中又分为 4 个变种：

T. sativum var. *mutica alba* Bayle-Barelle；

T. sativum var. *mutica alba tomentosa* Bayle-Barelle（*T. angilicum* Arduini）；

T. sativum var. *ruffa aristata* Bayle-Barelle；

T. sativum var. *ruffa mutica* Bayle-Barelle。

T. farrum Bayle-Barelle（一种包壳斯卑尔塔小麦）；

T. monococcum L. ；

T. spelta L. ；

T. bicorne Forsskål. ；

T. fumonia Beguillet；

T. blate de caure Spagnuoli。

1816 年，西班牙植物学家 Lagasca y Segura Mariano 在他的《马德里植物属种（Genera et Species Plantarum，Madrid）》一书小麦属中描述了 16 个种。

其中包壳型的 4 个，即：

T. monococcum L. ；

T. cienfuegos Lag. ；

T. bauhini Lag. ；

T. spelta L. 。

裸粒型的 10 个，即：

T. hybernum L. ；

T. aestivum L. ；

T. linneanum Lag. ；

T. turgidum L. ；

T. fastuosum Lag. ；

T. gaertnerianum Lag. ；

T. platystachyum Lag. ；

T. cochleare Lag. ；

T. cevallos Lag. ；

T. durum Desf. 。

以及 2 个叶状长护颖种，即：

T. polonicum L. ；

T. spinulosum Lag. 。

1817 年，Johann Jakob Roemer 与 Julius Hermann Schultes 他们在《林奈植物系统后的纲、目、属、种，附特征、区别与异名（Caeoli a Linné Systema Vegetabilium Secundum Classes，Ordines，Genera，Species，cum Charcteribus，Differtiis et Synonymiis)》一书第 2 卷中，认为小麦属有 21 个种，他主要是沿用 Lagasca 与 Host 的种名，只有 *T. siculum* Roemer et Schultes 是他们新定的，而这个种实际上就是硬粒小麦。

1818 年，Gustav Schübler 在他的《谷类作物的性状与描述（Characteristica et Descriptiones Cerealium)》一书中，小麦属记述了 16 个种，他把小麦属的种分为两个组，这两个组是以裸粒与包壳来划分的，即：

组 I——裸粒

　　T. mutica Schübler （＝无芒普通小麦）

　　　　a. *aestivum* Schübler；

　　　　b. *hybernum* Schübler。

　　T. aristatum Schübler （＝有芒普通小麦）

　　　　a. *aestivum* Schübler；

　　　　b. *hybernum* Schübler。

　　T. sibiricum Schübler （西伯利亚一种早熟春麦，实为 *aestivum* L.)；

　　T. velutinum Schübler （＝普通小麦）；

　　T. compactum Host

　　　　a. *aristatum* Schübler；

　　　　b. *muticum* Schübler。

　　T. turgidum L. ；

　　T. hordeiforme Host （＝硬粒小麦）；

　　T. durum Lag. （一种阿拉伯硬粒冬小麦）；

　　T. siculum Schmidt （一种西西里产的硬粒小麦）；

　　T. compositum L. ；

　　T. polonicum L. 。

组 II——包壳

　　T. spelta L.

　　　　a. *mutica* Schübler et Mertens

　　　　　　（a）*alba* Schübler；

　　　　　　（b）*rubra* Schübler。

　　　　b. *aristata* Schübler；

　　　　c. *velutina* Schübler；

　　　　d. *aestiva* Schübler。

　　T. monococcum L. ；

　　T. dicoccum Schrank

a. *album* Schübler；

b. *rufum* Schübler。

T. atratum，Host；

T. tricoccum Schübler（＝*turgidum*）。

1818 年，西班牙植物学家 Clemente y Rubio，Simon de Rojas 在《农业通论（Herrera's Agriculture General，Madrid)》中认为小麦属有 20 个种，其中除沿用 *T. monococcum* L.、*T. spelta* L.、*T. hybernum* L.、*T. aestivum* L.、*T. turgidum* L.、*T. polonicum* L.、*T. durum* Desf. 外，他把 Lagasca 在两年前已发表的种名 *T. cienfuegos*、*T. bauhini*、*T. linneanum*、*T. gaertnerianum*、*T. platystachyun*、*T. cochleare*、*T. cevallos*、*T. fastuosum* 等，又以他自己的名义发表，这 20 个种中有以下 5 个是他新定的种名，即：

T. hornemanni Clemente；

T. forskalei Clemente；

T. arias Clemente；

T. koeleri Clemente；

T. horstianum Clemente。

同年，Seringe，N. C. 认为有必要根据形态差别严谨校订，他在他的《植物学文集（Melanges Botaniques)》与《瑞士谷类志（Monographie des Cereale de la Suisse，Berne et Leipzig)》两书中认为小麦属只应该划分为 8 个种，即：

section Ⅰ——Framenta

T. vulgare Vill.；

T. turgidum L.；

T. durum Desf.；

T. polonicum L.；

section Ⅱ——Speltae

T. spelta L.；

T. amyleum Ser.；

T. monococcum L.；

T. venulosum Ser.（可能是一种印度-埃塞俄比亚的二粒小麦，近似 *T. monococcum* L.，但较大，具显著相互连接的脉）。

1820 年，Presl，Jan Svatopluk 在《Cyperaceae et Gramineae Siculae》一书，第 47 页，新定了一个种 *Ae. echinata* Presl，实际上它就是 *Ae. triuncialis* L.。

1824 年，Metzger，Johann 在他的《欧洲禾谷类（Europaeische Cerealien，Heidelberg)》一书中沿用 Seringe 的分类，但他把问题比较多的 *T. venulosum* Ser. 取消了。

同年，Delile，Alire Reffeneau 在《埃及记述（Description de l'Égypte)》，19 卷，182～184 页，表 5，图 1，记载了 *Triticum bicorne* Forsskål。

1825 年，法国学者 Francois Vincent Raspail 在《植物自然科学年鉴（Annales des Sciences Naturelles Botanique Vegetale)》，ser 1，5：435 页上记载了 *Ae. ovata* L.、

Ae. triuncialis L. 与 *Ae. squarrosa* L.，但他的 *Ae. squarrosa* L. 与 Linné 一样，把 *Ae. ventricosa* Tausch 也包括在其中。

1827 年，德国植物学家 Johann Friedrich Link 在其《Hortus Regius Botanicus Berolinensis，Descriptus》第 1 卷中也沿用了 Seringe 的分类，但增加了一个 *T. compactum*。

1833 年，Link 在巴尔干半岛、小亚细亚得到野生一粒小麦的标本，在 Linneaea，9：132 （1834） 上发表为一新属、新种 *Crithodium aegilopoides* Link。

1834 年，Bertolini，Antonio 在《意大利植物志 （Flora Italica）》，1 卷，787～788 页上发表了法国 Esprit Requien 订立的 *Ae. neglecta* Requien ex Bertolini，以及 *Triticum* 与 *Aegilops* 间的杂种 *Ae. triticoides* Requien ex Bertolini。

1834 年，Reichenbach，H. G. 在《德国禾草志 （Agrostographia Germanica）》中把 *Ae. cylindrica* Host 作为 *Ae. caudata* L. 的异名。也就是说，他把 *Ae. cylindrica* Host 一直混同为 *Ae. caudata* L. （他在 1847 年出版的《Deutschlands Flora》Bd. Ⅱ：23，表Ⅷ上也是这样处理的）。

1837 年，Ignaz Friedrich Tausch 仔细比较研究了 Linné 定为 *Ae. squarrosa* L. 的标本，从其中分出 3 种不同的类群。其中一种他仍然保持 Linné 的种名，即 *Ae. squarrosa* L. （标本 LINN 1218.9）。另外一种他认为绝对不是 *Ae. squarrosa* L.，它的小穗侧面向外凸出，与 Linné 的 LINN 1218.9 号标本显然不同，从而命名它为 *Ae. ventricosa* Tausch。第三种标本他也把它定为一个新种，即 *Ae. speltoides* Tausch。他的研究也证明 *Ae. triuncialis* L. 与 *Ae. triaristata* Willd. 划分为两个种是正确的。这些研究结果他发表在《Flora》，20：107～109 页上。

1841—1842 年，Seringe，Nicolas Charles 出版了他的《欧洲禾谷类图说 （Descriplions et Figueres des Cereales Europeenes，Paris-Lyon）》专著，在分类上他作了较大的改变，他把以前定的 8 个种重新分为 3 个属，即：

genus *Triticum*

T. vulgare Willd. （＝*T. aestivum* L.＋*T. hybernum.* L.＋*T. compactum*，Host）；

T. turgidum L.；

T. durum Desf.；

T. polonicum L.。

genus *Spelta*

S. vulgare Seringe （＝*T. spelta* L.）；

S. amylea Seringe （＝*T. dicoccon* Schübler）。

genus *Nivierria*

N. monococcum Seringe；

N. venulosa Seringe。

1842—1852 年，在南斯拉夫达尔马提亚出生的意大利植物学家 Visiani，Roberto de 在《达尔马提亚植物志 （Flora Dalmatica）》，第 1 卷，90 页，表 1，图 2 （1842） 和第 3 卷，344～345 页 （1852） 发表了 2 个新种，即：*Ae. biuncialis* Vis. 与 *Ae. uniaristata*

Vis. 。

　　1844 年，瑞士植物学家 Pierre Edmond Boissier 在《东方新植物特征简介 (Diagonses Plantarum Orientalium Novarum)》，ser Ⅰ，5：73～74 页上发表了 2 个新种，即：*Ae. aucheri* Boiss. 与 *Ae. mutica* Boiss. 。

　　1844—1846 年，法国植物学家 Hippolyte-Francois，Comte de Jaubert 与 Édouard Spach 在《东方植物图鉴 (Illustrationes Plantarum Orientalium)》第 3 卷 (1844—1846)，16 页，表 200；第 4 卷 (1850—1853)，10～23 页，表 309～316，发表了他对山羊草属的研究。他把 *Triticum bicorne* Forsskål 组合到山羊草属中，更名为 *Ae. bicornis* (Forsskål) Jaubert et Spach。记载了 *Ae. squarrosa* L.、*Ae. cylindrica* Host、*Ae. caudata* L.、*Ae. ventricosa* Tausch、*Ae. comosa* Sibth. et Smith、*Ae. speltoides* Tausch，并新发表了 *Ae. macrura* Jaubert et Spach、*Ae. loliacea* Jaubert et Spach 与 *Ae. tripsacoides* Jaubert et Spach。其中 *Ae. macrura* Jaubert et Spach 就是 *Ae. speltoides* Tausch；*Ae. loliacea* Jaubert et Spach 后来被 Жуковский，П. М. 定为 *Ae. mutica* Boiss. 的一个亚种 *Ae. mutica* Boiss. ssp. *loliacea* (Jaub. et Spach) Zhuk.；*Ae. platyathera* Jaubert et Spach 就是 *Ae. crassa* Boiss.；而 *Ae. tripsacoides* Jaubert et Spach 则是 *Ae. mutica* Boiss. 。

　　1846 年，意大利学者 Savignone 在《意大利科学大会文集 (Atti Ott. Riun. Sci. Ital., Genova)》138 页上发表一个新种，定名为 *Agropyrum tournefortii* Savig.，即 1837 年 Tausch 定为 *Ae. speltoides* Tausch 的分类群；在 601～602 页上发表了名为 *Agropyrum ligusticum* Savig. 的分类群，后来在 1864 年被 Cosson 改定为 *Aegilops ligustica* (Savig.) Cosson。

　　同年，Boissier 在《东方新植物特征简介 (Diagnoses plantarum orientalium novarum)》，ser. Ⅰ，7：129 上发表了 3 个新种，即：*Ae. kotschyi* Boiss.、*Ae. persica* Boiss. 与 *Ae. crassa* Boiss. 。

　　1847 年，他的同胞 Antonio Bertoloni 在《意大利植物志 (Flora Italica)》，vol. Ⅵ，622 页中把 *Agropyrum ligusticum* Savig. 改定为 *Triticum ligusticum* (Savig.) Bertol. 。

　　1848 年，意大利学者 Filippe Parlatore 在《意大利植物志 (Flora Italiana)》，第 1 卷，507～516 页，记载了 *Ae. ovata* L.、*Ae. triuncialis* L.、*Ae. triaristata* Willd.、*Ae. cylindrica* Host、*Ae. ventricosa* Tausch、*Ae. triticoides* Requ.，以及 *Triticum ligusticum* Bert. 。他发表了一个新组合 *T. aucheri* (Boiss.) Parl. 与一个新种 *Ae. fragilis* Parl. 。这个新种实际上就是 *Ae. ventricosa* Tausch。

　　1849 年，法国植物学家 Ernest Saint-Charles Cosson 在《Notes sur quelques plantes de France critiques, rares ou nouvelles, fase》，Ⅱ：69 页上发表了 *Ae. tauschii* Cosson。他把采自伊比利亚 (Buxbaum，J. C. loc. cit.，邻近高加索，现今乔治亚) 与采自图拉 (Taurra)(Tausch，I. F. loc. cit.) 的标本重新仔细鉴定，这两份标本 J. C. D. von Schreber (1769) 与 I. F. Tausch (1837) 曾经把它们混定为 *Ae. squarrosa* L. 。而 James Edward Smith 与 John Sibthorp 在 1806 年又把它们混淆为 *Ae. caudata* L. (参阅《Flora Graeca》，Ⅰ：76)。来自图拉的标本在 1817 年又为 Johann Jakob Roemer 与 Josef August Schultes 鉴定为 *Ae. cylindrica* Host var. *taurica* Roemer et Schultes (参阅《Caroli a Linné systema vegetabilium secundum classes，ordines，geners，species，cum characteribus，differtiis et synonymiis》，Ⅱ：771）。Cosson 正确地鉴定出这两份标本既不是 Linné 的 *Ae. squarrosa* L. 或 *Ae. caudata* L.，更不是 Host 曾经定名为 *Ae. cylindrica* Host 的分类群。当然也不能成为它的变种 var. *taurica*。他把这两份标本定名为 *Ae. tauschii* Cosson，成为一个新种。

1850 年，法国小麦育种家 L. L. de Vilmorin 在《Essai d'um catalogue méthodique et synonymique des froments》（Paris）一书中，他根据对标本以及栽培试验观察认为 *T. venulosum* Ser. 不应成为一个独立的种，而认为小麦属仅含有 *T. sativum*、*T. turgidum*、*T. durum*、*T. polonicum*、*T. spelta*、*T. amyleum*、*T. monococum* 等 7 个种。

1850—1853 年，Jaubert 与 Spach 在《东方植物图鉴（Illustrationes plantarum orientalium)》，第 4 卷，10～23 页发表了他们的 *Aegilops* 属分类系统。他们把这个属分为 6 个亚属，11 个种。其系统如下：

subgenus *Sitopsis* Jaub. et Spach

　　Ae. bicornis（Forsk.）Jaub. et Spach

　　Ae. speltoides Tausch

subgenus *Cylindropyrum* Jaub. et Spach

　　Ae. squarrosa L.

　　Ae. cylindrica Host

　　Ae. caudata L.

subgenus *Gastropyrum* Jaub. et Spach

　　Ae. platyathera Jaub. et Spach（＝*Ae. crassa* Boiss. var. *macrathera* Boiss.）

　　Ae. ventricosa Tausch

subgenus *Comopyrum* Jaub. et Spach

　　Ae. comosa Sibth. et Smith

subgenus *Uropyrum* Jaub. et Spach

　　Ae. macrura Jaub. et Spach

subgenus *Amblyopyrum* Jaub. et Spach

　　Ae. loliacea Jaub. et Spach

　　Ae. tripsacoides Jaub. et Spach

其中 subgenus *Uropyrum* 只有 1 个种，即 *Ae. macrura*，而它就是 *Ae. speltoides* Tausch 的一个变型。因此，这个亚属实际上是不存在的。他们的 *Ae. loliacea* 与 *Ae. tripsacoides* 也都是 *Ae. mutica* Boiss 的 2 个变种。

1853 年，August Heinrich Rudolph Grisebach 在《Gramineae ex Ledebour Flora Rossica》，Vol. Ⅳ 记载了 *Ae. squarrosa* L.，并发表了新变种 β *meyeri* Griseb.。他的这个新变种的种名应当是 *Ae. tauschii* Cosson，而不是错用的 *Ae. squarrosa* L.。

1853—1854 年法国植物学家 Dominique Alexandre Godron 在《Florula Juvenalis》，ed. Ⅰ（1853）、ed. Ⅱ（1854）除记载 *Ae. ventricosa* Tausch、*Ae. cylindrica* Host、*Ae. tauschii* Cosson 外，他把 *Ae. speltoides* 改定为 *Ae. agropyroides* Godron，*Ae. ovata* L.

的一个变种又定为 *Ae. echinus* Godron。订立一个小麦属新种——*Triticum emerginatum* Godron。

1855年，德国植物学家 Ernest Gottlieb Steudel 在《Synopsis plantarum graminearum》，354~356 页上，对 *Aegilops* 属记载了以下 32 个种，即：

Ae. ovata L.；

Ae. lorenti Hochst（＝*Ae. biuncialis* Vis.）；

Ae. triaristata Willd.；

Ae. neglecta Requien（＝*Ae. triaristata* Willd.）；

Ae. triuncialis L.；

Ae. echinata Presl（＝*Ae. triuncialis* L.）；

Ae. triticoides Requien；

Ae. intermedia Steud.（＝*Ae. biuncialis* Vis.）；

Ae. uniaristata Steud.（＝*Ae. uniaristata* Vis.）；

Ae. hordeiformis Steud.（＝*Triticum monococcum* L.）；

Ae. kotschyi Boiss.；

Ae. singularis Steud.（＝*Ae. tauschii* Cosson）；

Ae. squarrosa L.；

Ae. caudata L.（但是 Steudel 这里所指的分类群却应当是 *Ae. cylindrica* Host，他把它错误地鉴定为 *Ae. caudata* L.）；

Ae. macrura Jaub. et Spach（＝*Ae. speltoides* Tausch）；

Ae. cylindrica Host（却是被他搞颠倒了的 *Ae. caudata* L.）；

Ae. tauschii Cosson；

Ae. bicornis（Forsskål）Jaub. et Spach；

Ae. speltoides Tausch（这里所指的是 *Ae. speltoides* var. *ligustica*）；

Ae. crithodium Steud.（＝*Triticum monococcum* L.）；

Ae. ventricosa Tausch；

Ae. mutica Boiss.；

Ae. crassa Boiss.；

Ae. aucheri Boiss.（＝*Ae. spetoides* var. *aucheri*）；

Ae. pltyathera Jaub. et Spach（＝*Ae. crassa* var. *macrathera* Boiss.）；

Ae. agropyroides Godr.（＝*Ae. speltoides* Tausch）；

Ae. tripsacoides Jaub. et Spach（＝*Ae. mutica* Boiss.）；

Ae. loliacea Jaub. et Spach（＝*Ae. mutica* Boiss.）；

Ae. comosa Sibth. et Smith；

Ae. cannata Steud.（＝*Ae. comosa* Sibth. et Smith）；

Ae. echinus Godr.（＝*Ae. ovata* L.）；

Ae. fluviatilis Blanq.（应归属于 *Rottboellia* 属）。

看来他所定立的新种一个也不能成立。

1855 年，Jean Charles Marie Grenier 与 Dominque Alexandre Godron 在《法国植物志（Flora de France)》第 3 卷，601～603 页，把 *Aegilops* 放在 *Triticum* 属中作为一个组，即 Section *Aegilops*；把 *Ae. ovata* L. 改为 *T. ovatum* Godr. et Gren.，把 *Ae. triaristata* Willd. 改为 *T. triaristatum* Godr. et Gren.，把 *Ae. triuncialis* L. 改为 *T. triunciale* Godr. et Gren.，把 *Ae. caudata* L. 改为 *T. caudatum* Godr. et Gren.。

1857 年，D. A. Godron 在《Florula Massil advent》，Mem. soc. Emul. Doubs，3. ser. Ⅱ：34（48）中，把 *Ae. speltoides* Tausch 改为 *T. speltoides* Godr.。

1860 年，Johan Martin Christian Lange 在他的 "Pugillus plantarum imprimis hispanicarum"（Nat. For. Kjob. 2 Aart，Ⅱ：56）一文中，发表了 *Ae. ovata* L. var. *latiaristata* Lange 这一新变种。

1864 年，Ernest Saint-Charles Cosson 在他的 "Appendix Florae Juvenalis altera"（Bull. Soc. Bot. France，11：163）一文中，把 *Ae. triaristata* Willd. 作为 *Ae. ovata* L. 的一个变种，即：*Ae. ovata* L. var. *vulgare* Lange（＝*Ae. ovata* L.）与 *Ae. ovata* L. var. *triaristata* Lange（＝*Ae. triaristata* Willd.）。

1866 年，德国植物学家 Friedrich Georg Christoph Alefeld 在他写的一本《农业植物志（Landwirtschaftliche Flora，Berlin)》中，把波兰小麦分为一新属，命名为 *Deina*，种名为 *D. polonica*，而把其他的小麦全都合为一个种——*T. vulgare*，而用三名法来命名 9 个亚种，即：

T. vulgare durum；

T. vulgare turgidum；

T. vulgare compositum；

T. vulgare compactum；

T. vulgare muticum；

T. vulgare aristatum；

T. vulgare dicoccum；

T. vulgare monococcum；

T. vulgare spelta。

1868 年，法国植物学家 Jordan，Alexis Claude Thomas 与 Jules Pierre Fourreau 在 *Breviarium plantarum novarum*（fasc. Ⅱ：128～132）中，发表了 11 个山羊草新种，即：

Ae. nigrescens Jord. et Fourr.；

Ae. divaricata Jord. et Fourr.；

Ae. sicula Jord. et Fourr.；

Ae. procera Jord. et Fourr.；

Ae. virescens Jord. et Fourr.；

Ae. erratica Jord. et Fourr.；

Ae. vagans Jord. et Fourr.；

Ae. parvula Jord. et Fourr.；

Ae. erigens Jord. et Fourr.；

Ae. pubiglumis Jord. et Fourr. ；

Ae. microstachys Jord. et Fourr. 。

其中 *Ae. vagans* Jord. et Fourr. 就是 *Ae. ovata* L. var. *geniculata*。

1869 年，Vincenzo Barone de Cesati，Giovanni Passerini 与 Giuseppe Gibelli 在《Comp. Florae Ital》，Ⅳ：86，把 *Aegilops* 合并在 *Triticum* 属中，把 *Ae. ventricosa* Tausch 改为 *T. ventricosum*（Tausch）Cesati，Pass. et Gib. ，把 *Ae. cylindrica* Host 改为 *T. cylindricum*（Host）Cesati，Pass. et Gib. 。

1869 年，C. J. Duval-Jouve 在他的 "Sur quelques *Aegilops* de France"（《Bull Soc. Bot. France》，16：384）一文中，发表了 *Ae. macrochaeta* Shuttlew. et Huet ex Duval。这个分类群就是 *Ae. biuncialis* Vis. 。

1874 年，Auguste Nicolas Pomel 在《大西洋植物新资料（Nouveaux Materiaux pour la Flore Atlantique)》一书，388～389 页，发表了 2 个新种，*Ae. subulata* Pomel 与 *Ae. brachyathera* Pomel，前者是 *Ae. ventricosa* Tausch，而后者就是 *Ae. ovata* L. 。

1880 年，Eduard August von Regel 的 "Descriptiones plantarum novarum et minus cognitarum" 一文（刊于《Acta horti Petropolitani》，Tom Ⅶ，fasc. Ⅷ上），其中发表了名为 *Ae. squarrosa* L. var. *pubescens* Regel 的新变种。这个变种实际上就是 *Ae. crassa* Boiss. 。

1881 年，希腊学者 Theodor von Heldreich 在《Herb. norm. plant. exsicc. flor. Hellen》898 与 986 页上发表了纪念 Holzman 订立的一个新种，*Ae. heldreichii* Holzm. 。

1882 年，瑞士植物学家 Alphonse Louis Pierre Pyramus de Candolle 除赞成并沿用小麦育种学家 Vilmorin 的分类意见外，他从植物形态分类学、植物地理学出发，参考古生物学与考古学、历史学与方言学来探讨小麦等栽培作物的起源问题。他认为考证栽培植物的原产地与起源，探寻野生种有重要意义。也可能是受历史条件的局限性，他看不到当时正在兴起的生理学、遗传学等实验生物学在研究物种起源上的重要作用，而错误地断言实验生物学在研究植物起源上并不重要。但他从大量的资料比较归纳分析得出：亚洲西部，特别是美索不达米亚可能是小麦的原产地，却基本上是正确的见解。

1884 年，法国学者 Jules Aime Battandier 与 Louis Charles Trabut 在《阿尔及尔植物志（单子叶植物）[Flore d' Alger，(Monocotyledones)]》167 页与增补 208 页上记载了 Hackel 订立的 2 个变种，即：*Ae. triaristata* var. *trispiculata* Hackel 与 *Ae. triaristata* var. *robusta* Hackel。二者都应当是 *Ae. ovata* L. 的变种。var. *robusta* Hackel 后来为 A. Eig 定为 *Ae. ovata* ssp. *atlantica* Eig。

同年，瑞士学者 Edmond Boissier 在《东方植物志（Flora Orientalis)》，第 5 卷，673～679 页上记载了 9 个种，即：*Ae. ovata* L. 、*Ae. triuncialis* L. 、*Ae. caudata* L. 、*Ae. comosa* Sibth. et Smith、*Ae. squarrosa* L. 、*Ae. crassa* Boiss. 、*Ae. bicornis*（Forssk.）Jaub. et Spach、*Ae. aucheri* Boiss. 与 *Ae. mutica* Boiss. 。其中，*Ae. ovata* L. 变种 var. *lorenti*（Hochst.）Boiss. 包括了 *Ae. triaristata* Willd. ，以及后来 A. Eig 订立的 *Ae. ovata* ssp. *controcta* Eig. 他的 *Ae. triuncialis* L. var. *brachyathera* Boiss. 就是后来 A. Eig 定为 *Ae. variabilis* 的分类群。另外，包括 var. *kotschyi*（Boiss.）Boiss. 在内。他

在当时研究技术水平的限制下，只从形态比较，不可能不带来一些错误。他对 *Ae. caudata* L. 与 *Ae. comosa* Sibth. et Smith 的分类总是混淆不清。他在 *Ae. caudata* L. 下面订立了 2 个变种，即 var. *polyathera* Boiss. 与 var. *heldreichii* Boiss.；而在 *Ae. comosa* Sibth. et Smith 下面订立了 1 个变种，var. *subventricosa* Boiss.。这个变种与他的 *Ae. caudata* L. var. *heldreichii* Boiss. 实质上是一个东西，不过，他在这里把它作为 *Ae. comosa* 的一个变种却是恰当的。他把 *Ae. squarrosa* L. 与 *Ae. tauschii* Cosson 也是混为一起的，他记载的 *Ae. squarrosa* L. var. *meyer* Griseb. 应当是 *Ae. tauschii* Cosson 的变种。他的 *Ae. bicornis*（Forssk.）Jaub. et Spach，包括了 *Ae. sharonensis* Eig 与 *Ae. speltoides* Tausch var. *ligustica*（Savign）Fiori。

1885 年，Körnicke，F.（《Die Arten und Varietaten des Getreides》，第 1 卷）认为小麦属只有 3 个种，即：

T. vulgare Vill；

T. polonicum L.；

T. monococcum L.。

又把 *T. vulgare* 分为裸粒与包壳的 2 个组类，6 个亚种，即：

Ⅰ 穗轴坚韧不断：裸粒亚种

vulgare；

compactum；

turgidum；

durum。

Ⅱ 穗轴易断：包壳亚种

spelta；

dicoccum。

1886 年，英国的 James Edward Tiery Aitchison 与 William Botting Hemsley 把 *Ae. crassa* Boiss. 及 *Ae. persica* Boiss. 归入 *Triticum* 属，改名为 *T. crassum*（Boiss.）Aitchison et Hemsley 与 *T. persicum*（Boiss.）Aitchison et Hemsley。

1887 年，Eduard Hackel 在 Engler，A. 与 Prantl，K. 编辑的《自然植物科志（Die naturlichen Pflanzenfamien）》第 2 卷中把 *Aegilops* 属合并入 *Triticum* 属，而分为 2 个组，即：

组Ⅰ：Aegilops（山羊草组：圆颖，无龙骨状突起或仅具微弱不显的龙骨突起）。在这一组中他记载了 *T. triunciale* Gren. et Godron（80～81 页，图 93）。

组Ⅱ：Sitopyros（谷麦组：颖具显著龙骨突起）

T. monococcum；

T. sativum。

组类Ⅰ. 穗轴易断，包壳

1. 小穗排列稀疏，四棱，具较钝的龙骨突起。

（a）*T. sativum spelta*。

2. 小穗排列紧密，扁平，具尖锐显著的龙骨突起。

  （b） *T. sativum dicoccum*。

  组类Ⅱ. 穗轴坚韧，裸粒

  （c） *T. sativum tenax*；

      vulgare （*T. vulgare* Vill.）；

      compactum （*T. compactum* Host.）；

      turgidum （*T. turgidum* L.）；

      durum （*T. durum* Desf.）。

  1887 年，德国的 Carl Sigismund Kuntze 发表了 "Plantae orientali-rossicae" 一文（《Acta Horti Petroplitani》，20：255～256）。其中发表一个变种 *T. ovatum* Godr. et Gren. var. *bispiculatum* Kuntze，这个分类群应当是属于 *Ae. biuncialis* Vis. 的变种。

  1889 年，法国学者 Abbe Michel Gandoger 在《Flora Croatica Exsiccata》，No. 6046 上发表一个新种 *Ae. croatica* Gdgr.，而这个分类群实际上就是 *Ae. triuncialis* L.。

  1890 年，奥地利植物学家 Karl Richter 在《欧罗巴植物（Plantae Europaeae）》，第 1 卷，127～129 页，也把 *Aegilops* 属归入 *Triticum* 属中，记载了 *T. ovatum* Raspil、*T. macrochaetum* Richt.、*T. biunciale* Richt.、*T. triaristatum* Godr. et Gren.、*T. triunciale* Raspail、*T. caudatum* Godr. et Gren.、*T. cylindricum* Ces.，Pass. et Gib.、*T. uniaristatum* Richt.、*T. ventricosum* Ces.，Pass. et Gib.、*T. fragile* Richt.、*T. comosum* Richt.、*T. heldreichii* Richt.、*T. ligusticum* Bertol.、*T. aucheri* Parl. 与 *T. speltoides* Godr.，共计 15 个种。

  1896 年，C. G. van der Post 在《叙利亚、巴勒斯坦与西奈植物志（Flora of Syria，Palestine and Sinai）》，899 页，发表了新变种 *Ae. ovata* L. var. *quinquearistata* Post，这一分类群后来为 П. М. Жуковский 订立为一新种 *Ae. umbellulata* Zhuk.。后来日本学者木原均的研究发现这个分类群是小麦-山羊草植物群中一个重要的二倍体基本种。在这篇著作中他记载了山羊草属 8 个种，即：*Ae. ovata* L.、*Ae. triuncialis* L.、*Ae. caudata* L.、*Ae. comosa* Sibth. et Smith、*Ae. squarrosa* L.、*Ae. crassa* Boiss.、*Ae. bicornis* Forsk.［＝ *Ae. bicornis* （Forssk.） Jaub. et Spach］、*Ae. aucheri* Boiss.。也记载了过去其他学者发表的变种。在这篇著作中，除记载上述重要新变种外，他还发表了另一新变种 *Ae. bicornis* var. *mutica* Post. 后来 Eig 把它组合到 *Ae. sharonensis* 中，成为 *Ae. sharonensis* Eig var. *mutica* （Post） Eig。他还发表了 2 个变型，即：*Ae. ovata* L. f. *cabylica* Post 与 *Ae. ovata* L. f. *submutica* Post。他在这里记载的 *Ae. bicornis* Forsk.，是把 *Ae. speltoides* Tausch var. *ligustica* （Savign.） Fiori 以及后来定立为 *Ae. sharonensis* Eig 的分类群都包括在内的。

  1897 年，俄罗斯学者 Ivan Fedorovich Schmalhausen（又名 Johanne Theodor Schmal' gauzen）在《俄罗斯中南部植物志（Fl. Centr. et S. Russia）》，2：662 页上把 *Ae. tauschii* Cosson 组合到 *Triticum* 属中，更名为 *T. tauschii* （Cosson） Schmalh.。

  1898 年，德国学者 Joseph Friedrich Nicolaus Bornmueller 在 "Ein Beitrag zur Kenntn. d. Fl. v. Syrien u. palestina" （Verh. d. k. u. k. Zool. Bot. Verh.，Wien，S. 109）一文中发表了 *Ae. triuncialis* 一个新变种 var. *leptostachya* Bornm.，这个分类群就是

Ae. kotschyi Boiss.。

1896—1899 年，Pierre Tranquille Husnot 在他的《法国、比利时以及不列颠与瑞士的野生与栽培禾谷类（Gramnees Spontanees et Cultuvees de France，Belgique，iles Britanniques et Suisse)》一书，87～89 页，表 30，记载了 *Ae. ovata* L.、*Ae. macrochaeta* Shutt. et Huet.（＝*Ae. biuncialis* Vis.）、*Ae. triaristata* Willd.、*Ae. triuncialis* L.、*Ae. caudata* L. 以及 3 个小麦属与山羊草属间的杂交种：*Ae. grenieri*（Richt.）Husnot、*Ae. triticoides* Regu. 与 *Ae. lorentii* Husnot。其中 *Ae. grenieri* 是新发表的，而 *Ae. lorentii* 在 1845 年发表于《Flora》，28：25。

1901 年，德国学者 Paul Friedrich August Ascherson 与 Karl Otto Robert Peter Paul Graebner 在《Synopsis der Mitteleuropaischen Flora Bd. Ⅱ》中对小麦属的分类基本上沿用 Hackel 的系统，把 *Aegilops* 也并入小麦属中，记载了以下 6 个种：

T. ovatum Ascher. et Graeb.（＝*T. ovatum* Godr. et Gren.）

　ssp. *euovatum* Ascher. et Graeb.（＝*Ae. ovata* L.）；

　ssp. *triaristatum*（Willd.）Ascher. et Graeb.（＝*Ae. triaristata* Willd.）；

　ssp. *biunciale*（Vis.）Ascher. et Graeb.（＝*Ae. biuncialis* Vis.）；

T. triunciale Godr. et Gren.；

T. uniaristatum Richt.；

T. caudatum Godr. et Gren.，他们把 *Ae. cylindrica* Host 也包括其中；

　ssp. *eucaudatum* Ascher. et Graeb.；

　ssp. *heldreichii* Ascher. et Graeb.（＝*Ae. heldreichii* Holzm.）；

　ssp. *polyathera* Ascher. et Graeb.，based on *Ae. caudata* var. *polyathera* Boiss.；

T. ventricosum Ces.，Pass. et Gib.；

T. speltoides Godr.。

Ascherson 在 1902 年又发表了一篇题为 "*Ae. speltoides* Jaub. et Spach u. ihr Vorkommen in Europa" 的文章（《Magyar. Bot. Lap.》，Ⅰ，6：12），把 *Ae. speltoides* Tausch 作为 *Triticum bicornie* Forssk. 的一个变种来处理，即 *T. bicorne* Forssk. var. *muticum* Ascher.。

1904 年，奥地利学者 Eug. von Halacsy 在《Conspectus Florae Graecae》，Ⅲ：430～434 页上，发表了一个新变种，即：*Ae. comosa* var. *pluriaristata* Halacsy。这个变种就是 H. C. Haussknocht 曾经定为 *Ae. comosa* var. *polyathera* Haussk. 的分类群。

1907 年，瑞士植物学家 Albert Thullung 在他题为 "*Triticum*（*Aegilops*）*juvenale* n. sp." 一文（《Fedde Repert》，3：281～282）中，发表一个新种，*T. juvenale* Thull.。这个种后来 A. Eig 在 1929 年把它组合为 *Ae. juvenalis*（Thull.）Eig。

同年，Eduard Hackel 在《Annals of Scottish Nat. Hist. Quart. Mag.》，101～103 页上发表了小麦属一个新种 *T. peregrium* Hackel。它就是后来被 A. Eig 定为 *Ae. variabilis* 的分类群。在这篇著作中他又把 *Ae. mutica* Boiss. 组合到小麦属，更名为 *T. muticum*（Boiss.）Hackel。

1912 年，R. Muschler 在《埃及植物志手册（A Manual Flora of Egypt)》，第 1 卷，

154～157 页，记载了 4 种山羊草，*Ae. ovata* L.、*Ae. triuncialis* L.、*Ae. bicornis*（Forssk.）Jaub. et Spach 与他的一个新种——*Ae. longissima* Schw. et Muschler。他的 *Ae. ovata* var. *triaristata* Cess. et Dur. 包括了 *Ae. triaristata* Willd. 与 *Ae. kotschyi* Boiss.；他的 *Ae. triuncialis* var. *brachyathera* Boiss. 包括了 *Ae. variabilis* Eig ssp. *cylindrostachys* Eig et Feinbrun 在内。

1914 年，德国学者 Joseph Friedrich Nicolaus Bornmuller 在 "Zur Flora des Libanon und Antilibanon" 一文（《Beih. z. Bot. Zentrabl.，Bd. XXXI Abt.》，Ⅱ，275～276）中把 *Ae. triuncialis* L. var. *brachyathera* Boiss. 独立成种，定为 *Ae. brachyathera*（Boiss.）Bornm.。

可以说，19 世纪 30 年代以前小麦与山羊草的分类研究主要是种的鉴定。但小麦是非常古老的栽培植物，在旧石器时代的原始人类就开始采食小麦，在新石器时代人类开始懂得植物生长规律，尝试进行农作物栽培时，在亚洲西部一带小麦即已成为人类最早的栽培作物之一（约在公元前 7000—公元前 4000 年左右）。小麦也是分布最广的作物，几乎遍及世界各国农区。在人工与自然的长期选择下，品种非常之多。18 世纪以后，植物分类学的研究蓬勃发展，而研究的方法却很粗浅，只是根据标本的外部形态作直观的形态学分析，再加上以定名为目的倾向，从而使小麦属的分类十分混乱，先后发表了 500 多个种名（见附录）。其中许许多多都是同种异名。近缘属间又存在很大的人为分类性质，因而与近缘属间有许多种相互分合，分歧很大。山羊草属是野生植物，种群差异没有小麦那样大，但它的分布区域比野生小麦大得多，在自然选择下，也有十多个至二十来个种（因学派不同而有不同的划分），以及一些变种。除一个新种（*Ae. searsii* Feldman et Kislev，"Wheat Information Service"，45/46：39～40）发现于 1978 年外，其他已知种到 20 世纪 20 年代都先后被发现。因此，*Aegilops* 属已有了进行全面总结的条件。前苏联的 П. М. Жуковский 与德国的 A. von Eig 都做了这方面的工作。

二、山羊草属分类研究的系统总结

1928 年，苏联的植物学家 П. М. Жуковский 在《Тридыпо Прикладной Бот. Ген. и Сел.》，18：417～609 页，发表了他的著作 "A critical-systematical survey of the species of the genus *Aegilops*"。他的这个著作中承认 20 个种，其中 2 个是新发表的。他把这个属分为 9 个组，其系统如下：

1. sect. *Polyoides* Zhuk.

  （1） *Ae. ovata* L.

      ssp. *gibberosa* Zhuk.

      ssp. *unbonata* Zhuk.

        var. *vernicosa* Zhuk.

        var. *puberulla* Zhuk.

      ssp. *globulosa* Zhuk.

      ssp. *planiuscula* Zhuk.

  （2） *Ae. triaristata* Willd.

      ssp. *recta* Zhuk.

      ssp. *contorta* Zhuk.

      ssp. *intermixta* Zhuk.

        var. *ochreata* Zhuk.

        var. *hirtula* Zhuk.

  （3） *Ae. biuncialis* Vis.

      var. *vulgare* Zhuk.

      var. *velutina* Zhuk.

  （4） *Ae. umbellulata* Zhuk.

2. sect. *Sarculosa* Zhuk.

  （5） *Ae. columnaris* Zhuk.

  （6） *Ae. triuncialis* L.

      ssp. *typica* Zhuk.

      ssp. *kotschyi* Boiss.

      ssp. *brachyathera* Boiss.

      ssp. *caput medusae* Zhuk.

      ssp. *fascicularis* Zhuk.

        var. *prima* Zhuk.

        var. *secunda* Zhuk.

var. *muricata* Zhuk.

var. *hirta* Zhuk.

ssp. *persica* （Boiss.） Zhuk.

3. sect. *Cylindropyrum* （Jaub. et Spach） **Zhuk.**

（7） *Ae. cylindrica* Host

ssp. *aristata* Zhuk.

4. sect. *Comopyrum* （Jaub. et Spach） **Zhuk.**

（8） *Ae. caudata* L.

ssp. *polyathera* Boiss.

ssp. *dichasians* Zhuk.

（9） *Ae. comosa* Sibth. et Smith

ssp. *pluriaristata* Halacsy

（10） *Ae. heldreichii* Holzm.

（11） *Ae. uniaristata* Vis.

5. sect. *Gastropyrum* （Jaub. et Spach） **Zhuk.**

（12） *Ae. ventricosa* Tausch

ssp. *comosa* Cosson et Dur.

ssp. *truncata* Cosson et Dur.

ssp. *fragilis* （Parl.） Fiori

6. sect. *Sitopsis* （Jaub. et Spach） **Zhuk.**

（13） *Ae. speltoides* Tausch

ssp. *ligustica* Fiori

var. *scandens* Zhuk.

var. *muricata* Zhuk.

（14） *Ae. aucheri* Boiss.

ssp. *virgata* Zhuk.

var. *vellea* Zhuk.

var. *striata* Zhuk.

ssp. *polyathera* Boiss.

（15） *Ae. bicornis* （Forssk.） Jaub. et Spach

（16） *Ae. longissima* Schw. et Musch.

ssp. *aristata* Zhuk.

var. *polycarpa* Zhuk.

ssp. *suprahians* Zhuk.

var. *solaris* Zhuk.

7. sect. *Amblyopyrum* （Jaub. et Spach） **Zhuk.**

（17） *Ae. mutica* Boiss.

ssp. *loliacea* （Jaub. et Spach） Zhuk.

ssp. *tripsacoides* （Jaub. et Spach） Zhuk.

8. sect. *Vertebrata* **Zhuk.**

（18） *Ae. squarrosa* L. （这里所指的是 *Ae. tauschii* Cosson）

ssp. *meyeri* Griseb.

ssp. *salinum* Zhuk.

ssp. *typica* Zhuk.

9. sect. *Polyloides* **Zhuk.**

（19） *Ae. crassa* Boiss.

ssp. *macrathera* Boiss.

ssp. *vavilovi* Zhuk.

ssp. *trivialis* Zhuk.

（20） *Ae. turcomanica* Roshev. ［=*Ae. juvenalis* （Thull.） Eig］

1929 年，德国学者 A. Eig 在《Repertorium specierum novrum regni vegetabilis, Beihefte》，55：1～228 页上发表他的著作 "Monograraphisch-Krilische Uebersicht der Gattung *Aegilops*"，他把 *Aegilops* 属分为 6 个组 （sectionen），22 个种。在他的这个著作中已引用了细胞学的资料，染色体计数。其分类系统如表 1。

表 1 山羊草属的细胞学分析

（A. Eig，1929）

组	种	染色体数	
		n	2n
Anathera	*Ae. mutica* Boiss. ⋯⋯⋯⋯⋯⋯⋯⋯⋯⋯⋯⋯⋯		14
Platystachyum	*Ae. bicornis* （Forssk.） Jaub. et Sp. ⋯⋯⋯⋯	7	14
	Ae. sharonensis Eig ⋯⋯⋯⋯⋯⋯⋯⋯⋯⋯⋯⋯		14
	Ae. longissima Schweinf et Musch ⋯⋯⋯⋯		14
	Ae. ligustica Coss. ⋯⋯⋯⋯⋯⋯⋯⋯⋯⋯⋯⋯	7	14
	Ae. spltoides Tuasch ⋯⋯⋯⋯⋯⋯⋯⋯⋯⋯⋯	7	14
Pachystachys	*Ae. squarrosa* L. ⋯⋯⋯⋯⋯⋯⋯⋯⋯⋯⋯⋯⋯	7	14
	Ae. crassa Boiss. ⋯⋯⋯⋯⋯⋯⋯⋯⋯⋯⋯⋯⋯	14，21	42
	Ae. juvenalis （Thell.） Eig ⋯⋯⋯⋯⋯⋯⋯	ca. 21	
	Ae. venticosa Tausch ⋯⋯⋯⋯⋯⋯⋯⋯⋯⋯⋯	14	
Monoleptathera	*Ae. cylindrica* Host ⋯⋯⋯⋯⋯⋯⋯⋯⋯⋯⋯⋯	14	
Macrathera	*Ae. caudata* L. ⋯⋯⋯⋯⋯⋯⋯⋯⋯⋯⋯⋯⋯⋯		14
	Ae. comosa Sibth. et Sm. ⋯⋯⋯⋯⋯⋯⋯⋯⋯		14
	Ae. uniaristata Vis. ⋯⋯⋯⋯⋯⋯⋯⋯⋯⋯⋯⋯		14
Pleionathera	*Ae. variabilis* Eig ⋯⋯⋯⋯⋯⋯⋯⋯⋯⋯⋯⋯⋯	14	28
	Ae. kotschyi Boiss. ⋯⋯⋯⋯⋯⋯⋯⋯⋯⋯⋯⋯		28
	Ae. triuncialis L. ⋯⋯⋯⋯⋯⋯⋯⋯⋯⋯⋯⋯⋯	14	28
	Ae. columnaris Zhuk. ⋯⋯⋯⋯⋯⋯⋯⋯⋯⋯⋯	14	28
	Ae. biuncialis Vis. ⋯⋯⋯⋯⋯⋯⋯⋯⋯⋯⋯⋯	14	28
	Ae. triaristata Willd. ⋯⋯⋯⋯⋯⋯⋯⋯⋯⋯⋯	14，21	28，42
	Ae. umbellulata Zhuk. ⋯⋯⋯⋯⋯⋯⋯⋯⋯⋯	7	14
	Ae. ovata L. ⋯⋯⋯⋯⋯⋯⋯⋯⋯⋯⋯⋯⋯⋯⋯	14	28

在 *Aegilops* 属之下他设立了 2 个亚属：subgeuus *Eu-Aegilops* Eig 与 subgenus *Amblyopyrum* Jaub. et Spach。除 sect. *Anathera* Eig 属于后者外，其余 sect. *Platystachys* Eig、sect. *Pachystachys* Eig、sect. *Monoleptathera* Eig、sect. *Macrathera* Eig 与 sect. *Pleionathera* Eig 都属于真山羊草亚属。

subgenus *Amblyopyrum* Jaub. et Sp.

1. sect. *Anathera* Eig

Ae. mutica Boiss.

var. *typica* Eig

var. *loliacea* (Jaub. et Sp.) Eig (＝f. *glabra* Haussk.)

subgenus *Eu-Aegilops* Eig

2. sect. *Platystachys* Eig

Ⅰ. subsect. *Emarginata* Eig

Ae. bicornis (Forsk.) Jaub. et Sp.

var. *typica*

var. *mutica* (Aschers) Eig

Ae. sharonensis Eig

var. *typica* (＝var. *major* Eig)

var. *mutica* (Post) Eig

Ae. longissima Schweinf. et Musch.

Ⅱ. subsect. *Truncata* Eig

Ae. ligustica Coss.

Ae. speltoides Tausch

var. *typica*

var. *polyathera* Eig (＝*Ae. aucheri* Boiss. var. *polyathera* Boiss.)

3. sect. *Pachystachys* Eig

Ⅰ. subsect. *Oligomorpha* Eig

Ae. squarrosa L. (实际上是 *Ae. tauschii* Cosson)

ssp. *eusguarrosa* Eig

var. *typica*

var. *meyeri* Griseb.

var. *anathera* Eig

ssp. *stranthera* Eig

Ⅱ. subsect. *Polymorpha* Eig

Ae. crassa Boiss.

var. *typica*

var. *palaestina* Eig

var. *glumiaristata* Eig

var. *macrathera* Boiss.

Ae. juvenalis（Thullung）Eig

Ⅲ. subsect. *Occidentalis* Eig

Ae. ventricosa Tausch

　　var. *vulgaris* Eig

　　var. *comosa* Coss. et Dur.

　　var. *truncata* Coss. et Dur.

4. sect. *Monoleptathera* Eig

Ae. cylindrica Host

　　var. *typica*

　　var. *pauciaristata* Eig

5. sect. *Macrathera* Eig

Ae. caudata L.

　　var. *typica*（non Fiori.）

　　var. *polyathera* Boiss.

Ae. comosa Sibth. et Sm.

　　subsp. *eu-comosa* Eig

　　　var. *typica*（＝var. *major* Haussk.）

　　　var. *thessalica* Eig

　　　var. *ambigna* Eig

　　subsp. *heldreichii*（Holzm.）Eig

　　　var. *achaica* Eig

　　　var. *subventricosa* Boiss.

　　　var. *biarstata* Eig

Ae. uniaristata Visiani

6. sect. *Pleionathera* Eig

Ⅰ. subsect. *Adhaerens* Eig

Ae. variabilis Eig

　　subsp. *eu-variabilis* Eig et Feinbrun

　　　var. *typica*

　　　var. *multiaristata* Eig et Feinbrun

　　　var. *mutica* Eig et Feinbrun

　　　var. *planispicula* Eig et Feinbrun

　　　var. *latiuscula* Eig et Feinbrun

　　　var. *intermedia* Eig et Feinbrun

　　　var. *peregrina*（Hackel）Eig

　　subsp. *cylindiostachys* Eig et Feinbrun

　　　var. *aristata* Eig et Feinbrun

　　　var. *brachyathera* Eig et Feinbrun

var. *elongata* Eig et Feinbrun

Ae. kotschyi Boiss.

    var. *typica*

    var. *leptostachys*（Bornm.）Eig

    var. *palaestina* Eig

    var. *caucasica* Eig

    var. *hirta* Eig

Ⅱ. subsect. *Libera* Eig

Ae. triuncialis L.

    subsp. *eu-triuncialis* Eig

        var. *typica*

        var. *constantinopolitana* Eig

    subsp. *orientalis* Eig

        var. *assyriaca* Eig

        var. *persica*（Boiss. pro sp. Eig l. c.）

        var. *anathera* Haussk. et Bornm.

Ae. columnaris Zhuk.

Ae. biuncialis Visiani

    var. *typica*

    var. *macrochaeta*（Shuttl. et Huet）Eig

    var. *archipelagica* Eig

Ae. triaristata Willd.

    subsp. *typica* Eig

        var. *vulgaris* Eig

        var. *quadriaristata* Eig

        var. *trojana* Eig

Ae. umbellulata Zhuk.

Ae. ovata L.

    var. *vulgare* Eig

    var. *hirsuta* Eig

    var. *africana* Eig

    var. *eventricosa* Eig

    var. *latiaristata* Lange

    var. *brachyathera*（Pomel）Eig

    var. *echinus*（Godron）Eig

三、小麦野生种的发现

已如前述，早在 1833 年，Link 在巴尔干半岛、小亚细亚发现一种类似 *T. monococcum* 的野生植物，他定名为 *Crithodium aegilopoides* Link；1854 年，Balansa 在小亚细亚的西彼拉斯山（Mt. Sipylus）、叙利亚、伊拉克、伊朗找到同样的野生小麦，他把它合并在小麦属中，改为 *T. aegilopoides*（Link）Bal.。E. Boissier（1853）以波以阿提亚（Boeotia）平原采得的标本定名为 *T. baeoticum* Boiss.，实为同种。*T. aegilopoides*（Link）Bal. 与早年 Forsskål, P. 发表的 *T. aegilopoides* Forssk. 同名。按植物命名法规，*T. aegilopoides*（Link）Bal. 应该废弃，*T. baeoticum* Boiss. 应该是这种野生小麦的合法名称。1855 年，Kotschy 在巴勒斯坦的赫尔蒙山发现一种野生大麦 *Hordeum spontaneum*。Körnicke，在这份标本上发现有部分麦穗是另外一个野生小麦种，它被定为 *T. dicoccoides* Körn.（1873），由于它与栽培种 *T. dicoccon* Schrank 近似，因而也引起农学家的注意。Aaronsohn 在 1904 年进行了专门调查，起初，他在赫尔蒙山附近却没有发现这种野生小麦，但终于在 1906 年重新发现了这种植物分布在赫尔蒙海拔 1 900 m 的地方与约旦河谷。Cook 又于 1910 年在安替黎巴嫩（Anti-Lebanon）山斜坡的石灰岩稀树干草原生态环境中，发现它零星分布在岩石缝中。以后在叙利亚、亚美尼亚、外高加索、伊朗西部也相继发现。*T. baeoticum* 的分布比 *T. dicoccoides* 广一些，包括巴尔干半岛、小亚细亚、克里米亚、外高加索、巴勒斯坦、叙利亚、伊拉克以及伊朗的大部分地区，各地的生态地理型多少有些变异。Reuter 根据小穗具一长芒与二长芒将它分为 2 个种，把含二芒的另定为 *T. thaoudar* Reuter。Schiemann（1932）则认为只能属于亚种的分类级。

四、小麦属三系分类的建立

19 世纪末至 20 世纪初，小麦分类学中的许多问题逐步得到一些澄清。在小麦属的自然系统关系方面，August Albert Heinrich Schulz（1913）作出了较大的贡献。他的研究明确了小麦属有 3 个自然类群，他把它们分为三系（reihe），即一粒系（Einkorn-reihe）、二粒系（Emmer-reihe）与普通系（Dinkel-reihe）。他参考了 A. de Candolle 的构造形态性状与适应性状的划分意见，把小麦属的种归入如下的系统（表 2）。

表 2　Schulz 的分类系统

(A. Schulz，1913)

野　生　型 （包壳）	栽　培　型		
	包壳型 （斯卑尔塔型）	裸　粒　型	
		正常型	异常型
一粒系 *T. aegilopoides*	*T. monococcum*		
二粒系 *T. dicoccoides*	*T. dicoccum*	*T. durum*	*T. polonicum*
		T. turgidum	
普通系	*T. spelta*	*T. compactum*	
		T. vulgare	
		T. capitatum	

Schulz 的研究结果得到了一系列的杂交试验可稔性统计结果的证明（Tschermak，1914；Sax，1921）。Вавилов（1913、1914）分析各种小麦对白粉病以及三种锈病的感病反应也发现与 Schulz 三系划分相吻合的现象。Zade（1914）在血清学的研究中也观察到相类似的结果。直到细胞学的研究结果相继发表以后，小麦属种间自然关系这样一个分类学研究了 100 多年的老问题，才得到了彻底的解决。坂村（1918、1920）对小麦根尖体细胞染色体数的观察发现，*T. monococcum* 为 14，*T. dicoccum*、*T. durum*、*T. turgidum*、*T. polonicum* 都是 28，而 *T. vulgare*、*T. compactum*、*T. spelta* 则都是 42。木原（1919、1921）对花粉母细胞的观察也发现这三系的单倍体染色体数分别为 7、14 与 21。Sax（1918、1921）以及以后许多人的观察研究都一致证明 Schulz 的三系划分反映了自然系统的关系。

五、20 世纪英国学派与苏联学派
对小麦属系统的研究

20 世纪初期，英国的 J. Percival 与苏联的 Н. И. Вавилов 都组织了世界规模的小麦调查、采集，进行栽培试验、遗传、育种与分类的研究。Percival（1921）的分类系统观点发表在他的专著《The wheat plant，a monograph》上。他完全无视当时对细胞学等科学成就包括他自己的观察研究，主观地把小麦属分为 2 个种与 11 个栽培组类（race）*，把二粒系与普通系合并在一起。只承认 2 个野生小麦为种，11 个栽培小麦分别放在 2 个种之下为栽培种类，即：

种 I. *T. aegilopoides* Bal.

      栽培组类   1. *T. monococcum* L.

种 II. *T. dicoccoides* Korn.

      栽培组类   2. *T. dicoccum* Schudler.

                  3. *T. orientale* Percival

                  4. *T. durum* Desf.

                  5. *T. polonicum* L.

                  6. *T. turgidum* L.

                  7. *T. pyramidale* Percival.

                  8. *T. vulgare* Vill.

                  9. *T. compactum* Host

                  10. *T. spherococcum* Percival

                  11. *T. spelta* L.

Percival 的分类系统从分类单位群间的自然关系上来看，他比 Schulz 还倒退了一步，混淆了四倍体群与六倍体群之间的关系。但是从分类单位所放的位置来看，他把一般看作种的 11 个分类单位放在种下作为栽培组类是代表了许多从事遗传实验与杂交育种实验的遗传学家与育种家的观点。因为大量的实验结果说明，三系内种间的关系大都是简单的遗传性差异，通常都是自由杂交可育，并且它们之间存在连续的中间变异类型。这种形式的分类处理又有它的进步意义的一面。

苏联学派正确地继承了 Schulz 的三系分类系统原则。但是在处理三系的分类地位上

---

* 根据 Percival（1921）"To these groups I have applied the term 'race' rather than the term 'species', although they might with equal justice be designated 'cultivated species', for the methods used in thier grouping and delimitation are same as those adopted in the case of wild species. "

又有几种不同的形式，反映他们对小麦系群与种的概念各有所不同。例如最初 Фляксбергер 把三系定为 3 个集合种（conspecies），并分别定名为 *T. monococcum* L.、*T. eudicoccoides* Flaksb. 与 *T. speltoides* Flaksb.。然而苏联学派在分类上很快地吸收了细胞学研究的成果，1935 年 Фляксбергер 就把他的集合种的概念与分类处理改为基于染色体倍数性的集合群（congretio）并分别命名为 *diploides* Flaksb.、*tetraploides* Flaksb.、*hexaploides* Flaksb.。Вавилов（1935、1964）与 Якубцнер（1958）更直接地以染色体数来划分，不再定什么群、系、集合种之类的分类等级，只是把小麦的种按染色体数归个类，而把通常所谓的小麦种作为自然分类的种一级来处理，把种定得比较小，因而也很多，与英国的 Percival 的观点恰好相反，而在这些种下再分亚种（subspecies）、变种（varietas）、变型（forma），变种以下基本上采用 Körnicke 的人为分类方式。Фляксбергер 与 Вавилов 在 1935 年分别发表了各自的、基本上类似的分类系统，现介绍如下，从中即可看到这个问题。

Фляксбергер 的分类系统（1935）

集合群Ⅰ. *diploides* Flaksb.

  种 1. *T. spontaneum* Flaksb.

   其中包含 *T. aegilopoides* Bal. 与 *T. thaouder* Reut.

   2. *T. monococcum* L.

集合群Ⅱ. *tetraploides* Flaksb.

   3. *T. dicoccoides* Korn.

   4. *T. timopheevi* Zhuk.

   5. *T. dicoccum*（Schrank）Schubl.

   6. *T. durum* Desf.（其中包含 *T. orientale* Perc.、*T. pyramidale* Perc.）

   7. *T. abyssinicum* Vav.（从 *T. durum* 中分出）

   8. *T. turgidum* L.

   9. *T. polonicum* L.

   10. *T. persicum* Vav.

集合群Ⅲ. *hexaploides* Flaksb.

   11. *T. vulgare*（Vill.）Host

   12. *T. compactum* Host

   13. *T. sphaerococcum* Perc.

   14. *T. spelta* L.

   15. *T. macha* Dek. et Men.

Вавилов 的分类系统（1935）

Ⅰ. 染色体数 n＝21

  1. *T. vulgare* Vill.

    1a. *T. vulgare compositum* Tum.（*T. vavilovianum* Jakubz.）

    2. *T. compactum* Host

    3. *T. sphaerococcum* Perc.

    4. *T. spelta* L.

    5. *T. macha* Dek. et Men.

Ⅱ. 染色体数 n＝14

Ⅱa. *T. durum* Desf. in sensu lato

    6. subsp. *abyssinicum* Vav.

    7. subsp. *expansum* Vav.

    8. *T. orientale* Perc.

Ⅱb. *T. turgidum* L. in sensu lato

    9. subsp. *abyssinicum* Vav.

    10. subsp. *mediterraneum* Flaksb.

Ⅱc. *T. polonicum* L. in sensu lato

    11. subsp. *abyssinicum* Steud.

    12. subsp. *mediterraneum* Vav.

Ⅱd. *T. dicoccum* Schubl.

    13. subsp. *abyssinicum* Stoletova

    14. subsp. *europaeum*（Perc.）Vav.

    15. subsp. *asiaticum* Stoletova

    16. *T. persicum* Vav.

    17. *T. dicoccoides* Korn.

    18. *T. timopheevi* Zhuk.

Ⅲ. 染色体数 n＝7

    19. *T. monococcum* L.

    20. *T. aegilopoides* Bal. sensu lato

    1964 年新发表的 Вавилов 的遗著中对上述分类系统稍作了修改，体系基本上没有变更。现介绍如下作参考。

14 条染色体小麦种

野生小麦种

    Ⅰ. *T. boeoticum* Boiss. in s. l. 野生一粒小麦

        a） subsp. *aegilopoides* Balan. 一芒野生一粒小麦亚种

            分布区：安拉托利亚、巴尔干、前苏联及土耳其、亚美尼亚、纳希契凡、克里米亚南部滨海一带。

        b） subsp. *thaouder* Reut. 二芒野生一粒小麦亚种

            分布区：安拉托利亚。

        c） subsp. *urartu* Tum. 乌拉尔图一粒小麦

            分布区：亚美尼亚南部。

栽培小麦种

Ⅱ. *T. monococcum* L. 栽培一粒小麦

    分布区：安拉托利亚、南斯拉夫、保加利亚、西班牙、意大利、巴伐利亚、北高加索山区、纳戈尔诺卡拉巴、克里米亚。

28 条染色体小麦种

野生小麦种

Ⅲ. *T. dicoccoides* Koern. in s. l. 野生二粒小麦

    a)   subsp. *armeniacum* Jakubz. 亚美尼亚野生二粒小麦

        分布区：前苏联、土耳其、亚美尼亚与纳希契凡。

    b)   subsp. *horanum* Vav. 霍朗-叙利亚野生二粒小麦

        分布区：南叙利亚山区。

    c)   subsp. *palestinicum* Jakubz. 巴勒斯坦野生二粒小麦

        分布区：巴勒斯坦北部。

栽培小麦种

Ⅳ. *T. timopheevi* Zhuk. 提摩菲维小麦

    分布区：格鲁吉亚西部，混杂生长在卡巴尔达-卡巴卡尔地区。

Ⅴ. *T. dicoccum*（Schubl.）Schrank in s. l. 栽培二粒小麦

    a)   subsp. *georgicum* Dek. et Men. 格鲁吉亚西部秋播二粒小麦

        分布区：格鲁吉亚西部。

    b)   subsp. *asiaticum* Stoletova

        分布区：伊朗北部、安拉托利亚与纳戈尔塔卡拉巴赫。

    c)   subsp. *maroccanum* Flaksb. 摩洛哥二粒小麦

        分布区：摩洛哥山区。

    d)   subsp. *abyssinicum* Vav. 埃塞俄比亚二粒小麦亚种

        分布区：埃塞俄比亚、厄立特里亚山地、也门、印度西北部。

    e)   subsp. *europaeum*（Perc.）Vav. 欧洲二粒小麦

        分布区：西班牙南部山区。

    f)   subsp. *volgense* Nevski.

        分布区：伏尔加北部与保加利亚。

Ⅵ. *T. durum* Desf. 硬粒小麦

    a)   subsp. *abyssinicum* Vav.（*acutidenticum* Flaksb.）阿比西尼亚硬粒小麦

        分布区：埃塞俄比亚、厄立特里亚山区、也门。

    b)   subsp. *expansum* Vav.

        分布区：地中海沿岸地区、达格斯坦、阿塞拜疆、欧洲草原区、叙利亚、美国、加拿大与阿根廷。

    c)   subsp. *horanicum* Vav. 霍朗麦

        分布区：叙利亚高原山区常见类型，巴勒斯坦、约旦，同时分布在埃及与小亚细亚部分地区。

d) subsp. *orientale* Perc. 东方小麦

分布区：常见于地中海东部，伊朗、达格斯坦等地的绿洲地区。

e) subsp. *sinicum* Vav. 中国无芒硬粒小麦

Ⅶ. *T. polonicum* L. 波兰小麦

a) subsp. *abyssinicum*（Steud.）Vav. 阿比西尼亚波兰小麦

分布区：埃塞俄比亚与厄立特里亚山区地方种。

b) subsp. *mediteraneum* Vav. 地中海小麦

分布区：地中海与前苏联南部草原地区。

Ⅷ. *T. turgidum* L. s. l. 圆锥小麦

a) subsp. *abyssinicum* Vav.（subsp. *turgidoides* Flaksb.）阿比西尼亚亚种

分布区：埃塞俄比亚与厄立特里亚山区。

b) subsp. *mediterraneum* Vav. 地中海亚种

分布区：欧洲南部、伊朗西部及小亚细亚。

c) subsp. *sinicum* Vav. 中国亚种

分布区：中国东部。

Ⅸ. *T. persicum* Vav. 波斯小麦

分布区：亚美尼亚、格鲁吉亚与达斯坦高原区。

42 条染色体小麦种

Ⅹ. *T. macha* Dek. et Men. 马卡小麦

分布区：格鲁吉亚西部。

Ⅺ. *T. spelta* L. 真斯卑尔塔小麦

分布区：欧洲西部山区。

Ⅻ. *T. vavilovianum* Jakubz. 瓦维洛夫小麦

分布区：土耳其、亚美尼亚。

ⅩⅢ. *T. compactum* Host 密穗小麦

a) subsp. *armeno-turkestanicum* Vav. 亚美尼亚-土耳其亚种

分布区：亚美尼亚、中亚细亚与阿富汗、叙利亚部分地区。

b) subsp. *eurasiticum* Vav. 欧亚密穗小麦

分布区：欧洲西部山地草原、天山西部与雅库提。

c) subsp. *sinicum* Vav. 中国密穗小麦

ⅩⅣ. *T. sphaerococcum* Perc. 印度北部的圆粒小麦

ⅩⅤ. *T. vulgare* Host 软粒小麦

a) subsp. *irano-turkestanicum* Vav.（*irano-asiaticum* Flaksb.）伊朗-土耳其斯坦小麦

分布区：中亚细亚、纳希契凡、伊朗、阿富汗、中国。

b) subsp. *indicum* Vav. 印度软粒小麦

分布区：印度、克什米尔、俾路支。

c) subsp. *sinicum* Vav. 中国软粒小麦

分布区：中国东部与蒙古国。

    d) subsp. *eurasiaticum* Vav. 欧亚软粒小麦

        分布区：欧洲、亚洲最常见的亚种。欧洲、亚洲、美洲北部与南部、大洋洲、非洲北部与南部广为栽培。

    e) subsp. *abyssinicum* Vav. 阿比西尼亚与厄立特里亚山地春性小麦

        分布区：埃塞俄比亚与厄立特里亚。

    他们以染色体的细胞学分类来划分自然类群显然是正确的，但在种的划分上没有正视遗传学的分析资料，带有显著的人为分类性质，并且十分繁琐。

    苏联学派在种的调查鉴定上也做了不少工作，1928 年，Жуковскии 发表了在佐治亚山区发现的一种小麦新种是较为重要的，他定名为 *T. timopheevi* Zhuk. 。1932 年，Дикаприлевич 与 Менабде 发表了在佐治亚西部发现的一种包壳栽培小麦，定名为 *T. macha* Dek. et Men.，是一种六倍体小麦。1933 年，Якубцинер 发表了在亚美尼亚发现的一种小穗轴伸长的六倍体栽培小麦，定名为 *T. vavilovii* Jakubz. 。1937 年，Туманян 在亚美尼亚发现一种与 *T. boeoticum* Boiss. 稍有不同的野生二倍体小穗具二芒无毛的小麦，命名为 *T. urartu* Tum. 。Менабде（1940）发表了在格鲁吉亚西部发现的 *T. paleocolchium* Men. 。Невскй（1934）订正了 Вавилов（1919）发表的 *T. persicum* Vav. ［因 *T. persicum*（Boiss.）Aitch. et Hemal 已在 1838 年命名在前］为 *T. carthicum* Nevski. 。Якубцинер（1947）订正了 Percival（1921）发表的 *T. orientale* Perc. （M. Bieberstein 在 1808 年已用此名命名另一个种，见《Flora Tauo-Caucasica》，Vol. I：86）为 *T. turanicum* Jakubz. 。同时他把 Вавилов 在 1931 年定的一个亚种 *T. durum* Desf. subsp. *abyssinicum* Vav. 升为种，并更名为 *T. aethiopicum* Jakubz. （因为 1855 年 Steudel 已用这个名命名埃塞俄比亚的一种波兰小麦）。1958 年 Менабде 与 Ерзяи 在格鲁吉亚 *T. timopheevi* Zhuk. 的分布区内找到一种与它极为相似，但是却是六倍体的小麦，他们将它命名为 *T. zhukovskyi* Men. et Er. 。

    Якубциер 在 1958 年发表了他的一个分类体系，以代表苏联学派近年来的观点。他们在种一级学名上作了一些校订，在分类体系上仍然是承袭 Schulz 的，没有什么发展。今介绍 Якубцинер 的这一分类系统如表 3，供参考。这个系统直到目前仍为各国许多著作所袭用。

表 3　**Якубцинер** 的分类系统

(1958)

群	种	分　布　区	生活习性
Diploidea 2n＝14	野　生 *T. boeoticum* Boiss.	亚美尼亚、纳希契凡、格鲁吉亚、克里米亚、近东、小亚细亚、巴尔干半岛	冬性、春性（罕见）
	T. urartu Tum. 栽培包壳	亚美尼亚	冬性

（续）

群	种	分 布 区	生活习性
Diploidea 2n＝14	*T. monococcum* L.	外高加索、北高加索、小亚细亚、巴尔干半岛、摩洛哥、西班牙	春性、冬性
Tetraploidea 2n＝28	野生		
	T. araraticum Jakubz.	亚美尼亚、阿塞拜疆、纳希契凡、伊朗	冬性
	T. dicoccoides（Korn.）Schwein.	小亚细亚、近东	春性
	栽培包壳		
	T. timopheevi Zhuk.	格鲁吉亚	春性（冬播）
	T. paleocolchium Men.	格鲁吉亚	冬性
	T. dicoccum Schubl.	外高加索、达格斯坦、伏尔加、卡马、地中海各国、伊朗、巴尔干半岛、西欧、小亚细亚、印度、美国	春性、冬性
	栽培裸粒		
	T. durum Desf.	北高加索、伏尔加、乌克兰、西西伯利亚、外高加索、达格斯坦、地中海各国、小亚细亚、近东、中国、美国、加拿大	春性、半冬性
	T. turgidum L.	外高加索、哈萨克斯坦、小亚细亚、地中海各国、中国、西欧、巴尔干半岛	春性、冬性、半冬性
	T. turanicum Jakubz.	中亚各共和国、达格斯坦、小亚细亚、叙利亚、伊朗、伊拉克、中国西部	春性
	T. polonicum L.	地中海各国、中国西部、西伯利亚、哈萨克斯坦	春性、冬性、半冬性
	T. carthlicum Nevski	外高加索、达格斯坦、土耳其	春性
	T. aethiopicum Jakubz.	埃塞俄比亚、厄立特里亚、也门	春性
Hexaploidea 2n＝42	栽培包壳		
	T. zhukovskyi Men. et Er.	格鲁吉亚	春性
	T. macha Dek. et Men.	格鲁吉亚	冬性
	T. spelta L.	伊朗、德国南部、西班牙	冬性、春性
	栽培裸粒		
	T. aestivum L.	世界各地	春性、冬性、半冬性
	T. compactum Host	外高加索、哈萨克斯坦、小亚细亚、阿富汗、智利	春性、冬性、半冬性
	T. vailovii Jakubz.	亚美尼亚	冬性
	T. sphaerococcum Perc.	巴基斯坦、印度	春性

六、细胞分类学的研究与小麦-
山羊草属种间的关系

已如上述，坂村、木原、Sax 等最初观察到小麦属植物具有三种类型的染色体数，即不同种的根尖体细胞分别含有 14、28、42 条染色体，花粉母细胞减数分裂也分别含 7、14、21 条染色体，它们成倍数性关系。从小麦属和山羊草属其他种的观察研究结果看，也成相同的倍数性关系，归纳如表 4 所示。

表 4　小麦及其近缘属的染色体数

属	种	半数染色体数	研　究　者
Triticum	*T. boeoticum* L.	7	木原（1924）、de Mol（1924）、Stolze（1925）、Percival（1926）等
	T. monococcum L.	7	坂村（1918）、木原（1919）、Sax（1921）、Perci-val（1926）等
	T. dicoccoides Korn.	14	木原（1924）、Stolze（1925）、Percival（1926）等
	T. dicoccon Schrank	14	坂村（1914）、木原（1919）、Николаева（1920）、Percival（1926）等
	T. durum Desf.	14	坂村（1918）、木原（1919）、Sax（1918，1921）、Николаева（1920）、Percival（1926）等
	T. turgidum L.	14	坂村（1918）、木原（1919，1924）、Sax（1921，1922）、Николаева（1920）、Percival（1926）等
	T. polonicum L.	14	坂村（1918）、木原（1919，1924）、Sax（1921，1922）、Николаева（1920，1923）、Percival（1926）等
	T. carthlicum Nevski	14	Николаев（1920，1923）、Вавилов（1924）、Жуквский（1923）等
	T. turanicum Jakubz.	14	Николаева（1923）、Percival（1926）等
	T. timopheevi Zhuk.	14	Жуковский（1926）、木原（1934）等
	T. araraticum Jakubz.	14	Светозароева（1939）
	T. aestivum L.	21	坂村（1918）、木原（1919，1924）、Sax（1921，1922）、Жуковский（1923）、Percival（1926）等
	T. spelta L.	21	坂村（1918）、木原（1919，1924）、Sax（1921）、Percival（1926）等
	T. compactum Host	21	坂村（1918）、木原（1919，1924）、Sax（1921）、Percival（1926）等
	T. sphaerococcum Perc.	21	Percival（1926）
	T. macha Dek. et Men.	21	Ерицян（1932）、Дикаприлевич 与 Менабде（1932）等

（续）

属	种	半数染色体数	研　究　者
Aegilops	*Ae. umbellulata* Zhuk.	7	Schiemann（1928，1929）
	Ae. ovata L.	14	Percival（1923）、木原（1924）、K. 与 H. Sax（1924）、Aase 与 Pewers（1926）、Bleier（1926，1930）、Tschermak 与 Bleier（1926）、香川（1927）、Schiemann（1928，1929）等
	Ae. biuncialis Vis.	14	Schiemann（1928，1929）、Сорокина（1929）、Longley 与 Sando（1930）等
	Ae. triaristata Willd.	14	Schiemann（1928，1929）、Сорокина（1929）、Longley 与 Sando（1930）等
	Ae. recta（Zhuk.）Chennev.	21	Schiemann（1928，1929）
	Ae. caudata L.	7	Bleier（1928）、Schiemann（1928，1929）、Сорокина（1928）等
	Ae. comosa Sibth. et Sm.	7	Schiemann（1928，1929）、Сорокина（1928）等
	Ae. heldreichii Holzm.	7	Schiemann（1928）
	Ae. uniaristata Vis.	7	Schiemann（1928，1929）
	Ae. aucheri Boiss.	7	Schiemann（1928）、Сорокина（1928）等
	Ae. speltoides Tausch	7	Percival（1926）、香川（1926，1927）、Schiemann（1928，1929）、Сорокина（1928）、Jinkins（1929）等
	Ae. longissima Schw.	7	Сорокина（1928）、Schiemann（1929）等
	Ae. bicornis Forsk.	7	Сорокина（1928）、Schiemann（1929）等
	Ae. sharonensis Eig	7	Schiemann（1929）
	Ae. crassa Boiss.	14	Emme（1924）、Percival（1926）、木原（1937）等
		21	Percival（1926）、Сорокина（1928）、Schiemann（1929）、Longley 与 Sando（1930）等
	Ae. juvenalis（Thell.）Eig	21	Сорокина（1928）
	Ae. triuncialis L.	14	Emme（1924）、Aase 与 Pewer（1926）、Percival（1923）、香川（1928）、Schiemann（1928，1929）、Сорокина（1928）等
	Ae. variabilis Eig（*Ae. kotschyi* Boiss.）	14	Сорокина（1928）
	Ae. columnaris Zhuk.	14	Schiemann（1929）
	Ae. ventricosa Tausch	14	Percival（1923，1926）、Emme（1924）、木原（1924）、Bleier（1928）、Schiemann（1928，1929）、Сорокина（1928）等
	Ae. cylindrica Host	14	Emme（1924）、K. 与 H. Sax（1924）、Aase 与 Pewer（1926）、Gaines 与 Aas（1926）、Bleier（1928）、Schiemann（1928，1929）、Сорокина（1928）、香川（1928）等
	Ae. tauschii Cosson	7	Percival（1926）、Сорокина（1928）、Schiemann（1929）等
	Ae. mutica Boiss.	7	Schiemann（1929）

从表 4 所列观察结果可以清楚看出，小麦属与山羊草属的种，其染色体都是 7 的倍数，7 是它们的染色体基数，通常用 x 表示。例如 *T. boeotium* 是二倍体，$2x = 14$；*T. dicoccum* 是四倍体，$4x = 28$；*T. aestivum* 是六倍体，$6x = 42$。换句话说，它们是以 7 条染色体为一组，一些种含有 2 组染色体，一些种含有 4 组染色体，一些种含有 6 组染色体。经减数分裂的正常花粉细胞或卵细胞，从 *T. boeoticum* 来看，它们含有一套完整的 7 条染色体，而 *T. dicoccum* 则含有两套完整的 7 条染色体，*T. aestivum* 则含有三套完整的 7 条染色体。这每一套完整的染色体称为染色体组（chromosome set），与胞质基因组（plasmon）相对应，也叫做核基因组（genome）（图 1）。

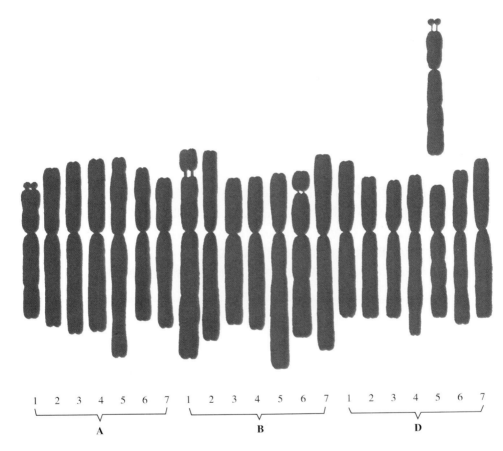

图 1　小麦的 **A**、**B**、**D** 三个染色体组

（说明：在 *T. aestivum* L. 中，除人工新近合成的材料外，通常都观察不到 5 个
染色体上的随体，而在 *T. tauschii* Cosson 中，即 5**D** 上的随体非常显著，如图
中所示。图中所示 1**A** 的随体，实际上在 *T. aestivum* 中也隐伏不见）

木原（1919）在研究小麦种间杂种的花粉母细胞时，发现 *T. durum* × *T. aestivum* 其子一代杂种是与理论相符的五倍体，在花粉母细胞中有 35 条染色体。其中有 14 对正常配对的染色体（二价体），同时还有 7 条未配对的单染色体（单价体）。

Sax（1922）在研究 *T. monococcum* × *T. turgidum* 的 F_1 杂种的花粉母细胞时观察到

含 21 条染色体，其中有 7 对正常配对的染色体，7 条未配对的单价染色体。Sax 在观察 *T. durum* × *T. aestivum* 的正反交杂种 F_1 代的花粉母细胞的染色体时，证明完全与木原所得结果一致。以后木原（1924）、Watkins（1924）、Thompson（1926）以及其他人都观察到相似的结果。经过一系列的研究，可以得出一个结论，即在通常情况下相同的染色体组可以正常配对，配对的染色体组的各染色体的形态与对应染色体组的对应染色体的形态是相似的，它们是同源染色体，在显微镜下完全可以辨认。另外，正常配对的染色体才能正常地在细胞分裂后期正常地移向两极，而正常地分配在子细胞中。配对染色体与配对染色体之间，可能由于它们存在有相似性而发生第二次配对现象，而成为四价体。配对染色体与单价染色体也会因为相近似而发生二次配对现象成三价体。木原与西山（1928）在观察 *T. spelta* × *T. boeoticum* 杂种 F_1 代的减数分裂第一中期的染色体时，观察到所示的 5 种现象（图 2）：即（f）7 个二价体与 14 个单价体；（g）2 个三价体，4 个二价体与 14 个单价体；（h）1 个四价体，5 个二价体与 14 个单价体；（i）1 个三价体，7 个二价体与 11 个单价体；（j）10 个二价体与 8 个单价体。说明 *T. spelta* 的三组染色体中有一组与 *T. boeoticum* 能够正常配对，有两组染色体相互间只有很少的配对可能性，大多数不配对。这两组染色体与 *T. boeoticum* 的一组染色体也完全不同。从前述及后来的五倍体杂种观察可以看到 *T. dicoccum* 与 *T. aestivum* 之间有二组染色体相同（表 5）。从 *T. monococcum* 与 *T. dicoccum* 之间的三倍体杂种来看它们之间有一组染色体是相同的。根据更多的小麦不同种间的杂种染色体行为研究，木原（1930）提出了染色体组学说（genome theory），小麦属中的三组染色体分别命名为 **A**、**B**、**D**〔**C** 已被先命名为 *Aegilops caudata* 的一组染色体。过去有人称 **D** 组为 **C**（Hector，1936），今已统一称 **D** 组〕。一粒系小麦为 **AA** 组，二粒小麦为 **AABB** 组，普通小麦为 **AABBDD** 组。

表 5　二粒系与普通系小麦杂种 F_1 减数分裂前期染色体配对情况

（根据木原等，1954）

杂 交 组 合	染色体数	二价体		研　究　者
		变异幅度	最高数	
T. durum × *T. aestivum*	35	12～14	14	木原（1919，1924）、木原与西山（1928，1930）、Sax（1921）、Stevenson（1930）、Aase（1930）、Horton（1936）
T. aestivum × *T. durum*	35	11～14	14	Sax(1922)、Kattermann(1931)、Bakap(1933,1934)
T. turgidum × *T. aestivum*	35		14	Bakap（1932）
T. polonicum × *T. spelta*	35		14	木原（1919，1924）
T. spelta × *T. polonicum*	35		14	Bakap（1932）
T. polonicum × *T. compactum*	35		14	木原（1924）
T. polonicum × *T. sphaerococcum*	35		14	Bakap（1932）
T. carthlicum × *T. aestivum*	35	13～14	14	Bakap（1930，1932）
T. aestivum × *T. dicoccum*	35	13～14	14	Hollingshead（1932）
T. compactum × *T. durum*	35		14	Sax（1932）
T. sphaerococcum × *T. turgidum*	35		14	Bakap（1932）
T. sphaerococcum × *T. durum*	35		14	Bakap（1932）
T. spelta × *T. carthlicum*	35		14	Bakap（1932）

П. М. Жуковский（1928）在佐治亚发现的 *T. timopheevi* 是比较特殊的，它与其他四倍体小麦杂交比较困难，不育性很高。在 1934 年 Lilienfeld 与木原发表了对它的杂种染色体行为研究结果，认为它的 28 条染色体中除有 14 条 **AA** 组与其他四倍体种的 **AA** 组能正常配对，是相同的以外；另 14 条染色体与其他四倍体的 **BB** 组配对率较低或不正常（图 3）。他们定 *T. timopheevi* 一组较为特殊的染色体为 **G** 组，他们在分类上把含有 **GG** 组的小麦另成为一系。Lilienfeld 与木原的细胞分类系统如表 6 所示。

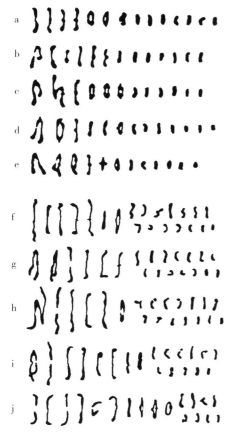

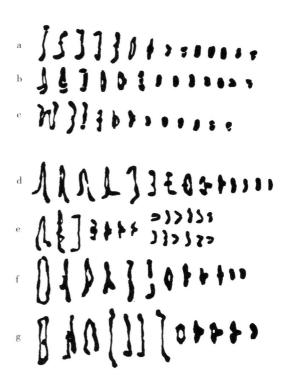

图 2　*Triticum monococcum* 与 *T. turgidum*、
　　　T. aestivum 杂种 F₁ 的染色体配对行为
　　a～e. *T. monococcum* var. *boeoticum*×
　　　T. turgidum concv. 二粒小麦
　a. 7Ⅱ+7Ⅰ　b. 1Ⅲ+6Ⅱ+6Ⅰ　c. 1Ⅳ+1Ⅲ+4Ⅱ+6Ⅰ
　　d. 2Ⅲ+4Ⅱ+7Ⅰ　e. 3Ⅲ+3Ⅱ+6Ⅰ
　　f～j. *T. aestivum* concv. spelta（斯卑尔塔）×
　　　T. monococcum var. *boeoticum*
　f. 7Ⅱ+14Ⅰ　g. 2Ⅲ+4Ⅱ+14Ⅰ　h. 1Ⅳ+5Ⅱ+14Ⅰ
　　　i. 1Ⅲ+7Ⅱ+11Ⅰ　j. 10Ⅱ+8Ⅰ
　　　　（仿木原与西山，1928）

图 3　*Triticum timopheevi* 与 *T. monococcum*、
　　　T. turgidum 杂种 F₁ 的染色体配对行为
　　a～c. *T. monococcum* var. *boeoticum*×*T. timopheevi*
　a. 7Ⅱ+7Ⅰ　b. 2Ⅲ+4Ⅱ+7Ⅰ　c. 1Ⅴ+5Ⅱ+6Ⅰ
　　　d～g. *T. timopheevi*×*T. turgidum*
　　d. 4Ⅲ+6Ⅱ+4Ⅰ　e. 2Ⅲ+5Ⅱ+12Ⅰ
　f. 1Ⅴ+3Ⅲ+6Ⅱ+2Ⅰ　g. 2Ⅳ+1Ⅲ+8Ⅱ+1Ⅰ
　　　（仿 Lilienfeld 与木原，1934）

表 6　染色体组分析与小麦分类表

（Lilienfeld 与木原，1934）

一　粒　系 **AA**	二　粒　系 **AA　BB**	提莫菲维系 **AA　GG**	普　通　系 **AA　BB　DD**
T. aegilopoides Bal.	*T. dicoccoides* Korn.	*T. timopheevi* Zhuk.	*T. spelta* L.
T. monococcum L.	*T. dicoccum* Schubl.		*T. vulgare* Vill.
	T. durum Desf.		*T. compactum* Host
	T. turgidum L.		*T. sphaerococcum* Perc.
	T. pyramidale Perc.		*T. macha* Dek. et Men.
	T. orientale Perc.		*T. persicum* Vav.

　　根据杂种细胞学的实验分析小麦及其近缘植物的染色体组的鉴定分析结果，小麦与其他近缘植物的关系就比较清楚了。根据木原等的研究汇编如表 7，供参考。

表 7　小麦及其近缘植物的染色体组

（根据木原等 1954 年补充修改）

属	种　　系	n	染色体组	研究者
小麦属	*T. monococcum* L.	7	**A**	Aase（1930）
	T. turgidum L.	14	**AB**	木原（1927—1937）
	T. timopheevi Zhuk.	14	**AG**	Lilienfeld 与木原（1934）
	T. aestivum L.	21	**ABD**	木原（1924—1944）
	T. zhukovskyi Men. et Er.	21	**AAG**	Upadhya 与 Swaminuthan（1963）
山羊草属	*Polyoides*			
	Ae. umbellulata Zhuk.	7	（C^u）	木原（1937）
			U	Kimber Sears（1983）
	Ae. ovata L.	14	（C^{u}M^o）	Lilienfeld 与木原（1937）
			UM	Kimber 与 Sears（1983）
	Ae. triaristata Willd.	14	（C^{u}M^t）	Lindschau 与 Oehler（1936）
			UM	Kimber 与 Sears（1983）
	Ae. recta（Zhuk.）Chenn.	21	（CM^{t}Mt^2）	木原（1937）
			UMUn	Kimber 与 Sears（1983）
	Ae. columnaris Zhuk.	14	（C^{u}M^c）	木原（1937）
			UM	Kimber 与 Sears（1983）
	Ae. biuncialis Vis.	14	（C^{u}M^b）	木原与西山（1937）
			UM	Kimber 与 Sears（1983）
	Ae. variabilis Eig	14	（C^{u}S^v）	木原（1937）
			US^1	Kimber 与 Sears（1983）
	Ae. kotschyi Boiss.	14	（C^{u}S^v）	Berg（1937）
			US	Kimber 与 Sears（1983）

（续）

属	种　　系	n	染色体组	研究者
山羊草属	*Ae. triuncialis* L.	14	(C^uC)	木原（1949）
			UC	Kimber and Sears（1983）
	Cylindropyrum			
	Ae. caudata L.	7	**C**	木原与 Lilienfeld（1935）
	Ae. cylindrica Host.	14	**CD**	木原（1937—1949）
	Comopyrum			
	Ae. Comosa Sibth. et Sm.	7	**M**	木原（1949）
	Ae. heldreichii Holzm.	7	**M**	Percival（1932）
	Ae. uniaristata Vis.	7	(M^u)	木原（1949）
			Un	Kimber and Sers（1983）
	Amblyoprum			
	Ae. mutica Boiss.	7	M^t	木原与 Lilienfeld（1935）
	Vertebrata			
	Ae. tauschii Cosson.	7	**D**	木原与 Lilienfeld（1935）
	Ae. crassa Boiss.	14	(DM^{cr})	木原（1949）
			DM	Kimber and Sears（1983）
		21	(DDM^{cr})	木原（1949）
			DDM	Kimber and Sears（1983）
	Ae. ventricosa Tausch.	14	(DM^v)	Percival（1930）
			DUn	Kimber and Sears（1983）
	Ae. vavilovii（Zhuk.）Chenn.	21	($DM^{cr}S^1$)	
			DMS	Kimber and Sears（1983）
	Ae. juvenalis（Thell.）Eig	21	(DC^uMj)	
			DMU	Kimber and Sears（1983）
	Sitopsis			
	Ae. speltodes Tausch	7	**S**	木原与 Lilienfeld（1935）
	Ae. aucheri Boiss.	7	**S**	木原与 Lilienfeld（1932）
	Ae. longissima Schw. et Musc.	7	S^1	木原（1949）
	Ae. sharonensis Eig	7	s^1	木原（1949）
	Ae. bicornis（Forssk.）Jaub. et Spach	7	S^b	木原（1949）

　　根据上述研究可以看出 *Aegilops tauschii*、*Ae. cylindrica*、*Ae. ventricosa*、*Ae. vavilovii*、*Ae. juvenalis* 与小麦属有直接的亲缘关系，它们之间具有相同的 **D** 染色体组。实验结果表明，*Triticum*、*Aegilops*、*Secale*、*Haynaldia*、*Elymus*、*Kengyilia*、*Roegneria*、*Leymus*、*Hordeum* 等小麦族（Triticeae）的属之间可以杂交，虽然杂交子代存在一定的不育性，但说明它们是具有非直接的亲缘关系，含有近同源染色体（homoeologous chromosome）。

　　从形态学与染色体组分析的结果，木原（1944）得出结论说 *Aegilops tauschii*（节节麦）是一个带有 **D** 染色体组的小麦族植物，与六倍体小麦所含的 **D** 组相同。同年 Mcfadden 与 Sears 也发表了相同的结论，并宣布从 *T. dicoccoides* 与 *Aegilops tauschii* 的杂交中他们人工合成了 *Triticum spelta*，两年后（1946）发表了这一工作的详细报告。早在 1930 年，Mecfadden 作了一个 *T. dicoccoides* × *Ae. tauschii* 组合的杂交，1931 年得到的 F_1 子代与 *T. spelta* 非常相似，但完全不育。在 Blakeslee 与 Avery（1937）以及 Nebel 与 Ruttle（1937、1938）发表了秋水仙碱引变染色体加倍的方法以后，Macfadden 与 Sears（1941）重新作 *T. dicoccoides* 与 *Aegilops tauschii* 间的杂交，并用秋水仙碱处理 F_1 子代使其染色体加倍而成为异源六倍体，从而获得高度结实的杂种，它具有 42 条染色体，而主要形态特征都与 *T. spelta* 相似。同时以这种人工合成的六倍体小麦与天然的 *T. spelta* 以及

T. aestivum 杂交，其子代完全可育，与天然的 *T. spelta* 毫无不同。从而不但以实验的方法完全证明了六倍体小麦的 **D** 染色体组是起源于 *Aegilops tauschii*，同时也以实验的方法说明了六倍体小麦——普通系是由二粒系小麦与 *Aegilops tauschii* 形成的（图 4）。

木原与 Lilienfeld（1949）重新由 *T. dicoccoides* × *Ae. tauschii* 获得人工合成的 *T. spelta*，而没有使用化学药剂引变染色体加倍，而是在 21 条染色体的 F_1 杂种自交得到少数种子。3 株 F_2 植株含有 42 条染色体，而其中 1 株染色体配对很正常，其后代也是 42 条染色体的正常植株。这个新的六倍体小麦其形态特征完全与 *T. spelta* 相似。它是染色体经天然加倍后形成的合成异源六倍体。天然加倍在今天许多单倍体培养中发现，是由内成多倍体，也就是核内分裂（endomitosis）而产生的。木原与 Lilienfeld 的实验更进一步证明二粒系小麦与 *Ae. tauschii* 的天然杂交与染色体天然加倍是普通系小麦形

图 4　人工合成的六倍体普通小麦（中）

［其形态和生理特征与云南铁壳麦非常相似，具有其父本河南节节麦（右）高抗穗发芽的遗传特性，其母本为简阳矮蓝麦（左）］

成的过程。木原等（1950）的进一步研究更是说明了这个问题（图 5）。而 *Ae. tauschii* 的分布东起中国河南，西到黑海北岸的克里木半岛，包括中国黄河中游与新疆、中亚细亚、阿富汗、巴基斯坦北部、伊朗、阿塞拜疆、亚美尼亚、外高加索、北高加索等广大地区。它与野生二粒小麦分布区相交错，栽培的二粒系小麦更是所在皆是。*Ae. tauschii* 在上述地区是这些栽培二粒小麦田间的杂草，天然杂交是非常容易的。但是近年来的分子遗传学分析结果表明，所有已分析的 *T. aestivum* 的 **D** 染色体组都是来自于 *Ae. tauschii* var. *strangulata*，并且只与伊朗北部的 *Ae. tauschii* var. *strangulata* 的 **D** 染色体组相同（Dvorak et al.，1997）图 6。

图 5　*T. persicum* 与 *Ae. squarrosa* 杂交育成的合成六倍体小麦

a. *T. persicum straminecum*　b. *Ae. squarrosa* No. 2　c. F$_1$

d. F$_2$（双二倍体）　　e. *T. vulgare*（木原与そのほか，1950）

（引自木原《小麦の研究》）

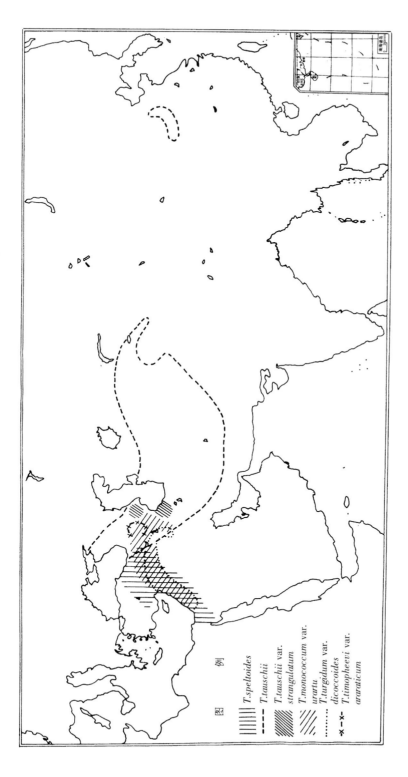

图 6 小麦野生种及其亲缘植物的地理分布

小麦属的 **B** 染色体组的起源问题，至今还没有找到完全相同的供体。细胞学的研究一直没有寻找到像 **D** 组直接来源于亲本植物 *Ae. tauschii*，**A^u** 组直接来源于 *T. monococcum* ssp. *urartu* 那样清晰的结论。

一些研究者（如 Sears，1948）就推论，可能因为四倍体群的小麦起源非常古老，**B** 组与 **A** 组联合组成异源四倍体以后，**B** 组本身已发生了许多改变，因而与其直接的祖先已有较大的不同，所以就没有能够像 **D** 组、**A^u** 组那样很容易地就找到它直接的亲本来源。

1956 年，Sarkar 与 Stebbins 从形态比较分析来研究 **B** 染色体组的亲系。他们把一粒小麦、二粒小麦与 *Aegilops speltoides*（var. *ligustica* 与 var. *aucheri*）、*Ae. bicornis*、*Ae. sharonensis*、*Ae. longissma* 的穗部形态特征作了比较研究。他用 Anderson（1949）的"归纳相关法"来分析形态学的比较资料与数据，显示出如二粒系小麦是起源于一粒系小麦与另一近缘植物交合的异源多倍体，则另一植物应具有以下特征：穗轴节间长窄，小穗含有 3 朵以上小花；颖具有一不明显的脊，有 6 条以上的脉，尖端仅具一齿，具较厚的边缘；外稃具长芒，稃肩具有显著的齿或钝平；内稃成熟时不分裂；籽粒大，厚，同时具腹沟。这些性状与 *Aegilops speltoides* var. *ligustica* 的性状完全相合。从形态特征的分析可以推断一粒小麦与一些 *Aegilops speltoides* 相类似的二倍体杂交产生 2 个或 2 个以上的异源四倍体，这些异源四倍体由于杂交伴随染色体的重组（rearrangements）与基因突变，*Ae. speltoides* 的 **S** 染色体组演变而成为二粒系小麦的 **B** 染色体组。近年来分子遗传学的分析也证明 **B** 染色体组是来源于 *Ae. speltoides*。实际上 **B** 组就是 **S** 组，虽然 A. Löve（1984）曾把 **S** 组改为 **B** 组，但这个合理的修正，没有为习惯势力所承认。1994 年第二届小麦族国际会议上染色体组命名委员会的建议报告还是把它们分别定为 **S** 组与 **B** 组。至于 **G** 染色体组，从分子遗传分析的数据看来则与 **S** 染色体组基本上没有区别，Dvorak 等（1997）把它改为 **S** 染色体组。

Riley、Unrau 与 Chapman（1958）对 **B** 染色体组问题又进行了一些研究。他们以小麦属的各个种与可能的 **B** 组原种进行杂交，在减数分裂过程中研究它们的染色体行为，也就是通常的染色体组分析法。过去 Peto（1936）、Bakap（1935）以及松村（1951）都认为 **B** 组一定是从 *Agropyron* 来的。而 Macfadden 与 Sears（1946）也认为可能来自二倍体组的 *Ag. triticeum*。后来 Sears（1956）又提出 **B** 染色体组是来自 *Ae. bicornis*，因为从形态学看来，*T. monococcum* × *Ae. bicornis* 的杂种与 *T. dicoccum* 非常相似，加之 Sarkar 与 Stebbins 根据形态特征的归纳相关法分析认为 **B** 组是来自 *Ae. speltoides*。Riley 等则把重点放在山羊草属的 Sitopsis 组的各个种上，他们以 *Aegilops speltoides*、*Ae. bicornis*、*Ae. sharonensis*、*Ae. longissima* 与 *Triticum monococcum*、*T. georgicum*、*T. dicoccoides*、*T. durum*、*T. turgidum*、*T. timopheevi* 进行杂交，其结果如表 8 所示。

表 8　小麦、山羊草杂种染色体配对

（Riley 等，1958）

杂种组合	细胞数	单价体平均数	二价体平均数	三价体平均数	四价体平均数
Ae. speltoides × *T. monococcum*	75	7.25 ± 0.35	3.57 ± 0.17	—	—
Ae. speltoides × *T. dicoccoides*	35	5.94 ± 0.36	5.21 ± 0.26	1.59	0.06

（续）

杂种组合	细胞数	单价体平均数	二价体平均数	三价体平均数	四价体平均数
Ae. speltoides × *T. dicoccum*	50	6.70±0.28	6.22±0.18	0.62	—
Ae. speltoides × *T. georgicum*	30	8.00±0.53	4.96±0.28	1.00	0.08
Ae. speltoides × *T. durum*	50	5.90±0.25	5.96±0.20	1.06	
Ae. speltoides × *T. turgidum*	50	7.92±0.36	5.94±0.18	0.40	
Ae. speltoides × *T. timopheevi*	30	7.60±0.41	6.28±0.19	0.28	
T. dicoccoides × *Ae. bicornis*	40	17.37±0.36	1.17±0.18	0.02	
T. turgidum × *Ae. sharonensis*	40	16.48±0.31	2.22±0.15	0.02	
Ae. longissima × *T. dicoccum*	40	17.43±0.47	1.60±0.17	0.01	

从表 8 中可以看到 *Ae. bicornis*、*Ae. sharonensis*、*Ae. longissima* 完全与 *Ae. speltoides* 结果不同，*Ae. speltoides* 的配对率很高，接近正常，其他三种则较低，说明 *Ae. speltoides* 的 **S** 染色体组与小麦的 **B** 组非常近似。但 **S** 染色体组在与 *T. monococcum* 的杂种中观察到与 **A** 组有 3.37±0.17 的配对率，在与二粒系的杂种中也有多价体的形成，说明 **S** 染色体组与 **A** 组也有部分的同源性。但再从它与 **AA** 组二倍体小麦杂种来看则异质性是非常高的，单价体达 7.25±0.35。

Sears 与冈本（1958）用缺失染色体 **V** 的材料观察到组间染色体配对增高，从而发现一种位于染色体 **V** 上的基因系，它抑制非完全同质的染色体配对。而冈本（1957b）又确定染色体 **V** 属于 **B** 组。染色体 **V**，按 Sears（1959）的新编号应为 5**B**，而这一基因系位于 5**B** 的长臂上，即 5**BL** 上。在本章后面将再较为详细地介绍。因此，上述 **S** 染色体组与 **A** 组间配对问题，以及 *Ae. speltoides* 与二粒系杂交子代多价体普遍存在问题也好解释了。**S** 染色体组在杂种中配对现象与 **B** 组之所以有所不同，很可能就是由于有一个对 **B** 组的组间配对抑制基因系呈显性的非抑制基因系，这也就可以校正配对数据中出现的较大差异问题。当然，也就可以把 **S** 染色体组与 **B** 染色体组的关系看得更近似一些，也就是说它们之间的差异只是对位基因的差异，同时也说明为什么异源多倍体起源的小麦具有类似通常二倍体式的染色体配对行为，减数分裂进行得十分正常，很少有多价体出现。另外，冈本（1957b）证实 Larson（1952）的假说，**B** 染色体组含有两对随体染色体，而其他组（**A** 与 **D**）则没有，且含两对相似的随体染色体的就只有在 *Ae. speltoides* 的染色体组中观察到（Pathak，1940）。从染色体形态特征看来它也与小麦属的 **B** 组染色体组相似。从现有研究材料来看，**B** 染色体组来源于 *Ae. speltoides* 的 **S** 染色体组的可能性是很大的。正如前述在长期的演化过程中因基因突变、远缘杂交引起的异组染色体间的部分代换，以及染色体结构变异而成为现在的 **B** 组。而 *T. timopheevi* 的 **G** 组与 *Ae. speltoides* 的 **S** 组的关系也是一样的，这一点我们也可以从上面引证的配对的数据中看到（表 8）。**B** 组与 **G** 组可能起源相同，而后来演化的方向不同造成的结果。根据 Rees 与 Davies（1963）对 DNA 值的比较分析，发现 *Ae. speltoides* 核的 DNA 含量，加上 *T. monococcum*（**AA**）的含有量其值等于 **AABB**（*T. durum*）的 DNA 值。同时，加上 **AA** 与 **DD** 值则与 **AABBDD**（*T. aestivum*）相当，而 *Ae. bicornis* 与 *Ag. triticeum* 与它相比则一个偏高，一个偏低，看来这也证明 **BB** 组可能是源于 *Ae. speltoides*。从植物地理学来看，*Ae. spel-toides* 现分布在土耳其东部、叙利亚、巴勒斯坦、约旦，而 *T. urartu* 在这一带也有分布，它们发生天然杂交的条件完全具备。野生二粒小麦 *T. dicoccoides* 也出现在这一带，都是很说明问题的。

近年来，也有一些人对 **B** 染色体组来源于 *Ae. speltoides* 的 **S** 染色体组持不同看法，如 Kimber（1973、1974）、Hadlaczky 与 Belea（1975）等，但无论 Kimber 还是 Hadlacz-ky 与 Belea 的观察资料，以及他们引证的资料，都只能说明现今的 **B** 染色体组与 *Ae. speltoides* 的 **S** 染色体组有显著的不同，但不可能否定前述关于它们相似的论据。虽然 Hadlaczky 与 Belea 用染色体分带法观察到 **B** 组带随体的染色体（1**B** 与 6**B**）之中有一对具 4 个特殊的异染色质小点（图 7）。而具这种特征的染色体在 *Ae. speltoides* 中没有找到，从而提供了 **B** 组与 **S** 组之间一个确切的形态差异。但是 Hadlaczky 与 Belea 也认为"依然，在理论上 *Ae. speltoides* 在演化过程中曾发生重大变异是一个不能不予以考虑的可能"。Kimber（1974）也再次引用 Shands 与 Kimber（1973）的观察结论说明 *Ae. speltoides* 与 *T. timopheevi* 有一个共同的染色体组，也就是说 **S** 组与 **G** 组是非常相似的。他认为 *Ae. speltoides* 是 *T. timopheevi* **G** 组的供给者，但他否认 *Ae. speltoides* 是 *T. turgidum* **B** 组的供给者这显然是矛盾的。根据近年的研究表明，**G** 组染色体组与 **B** 组染色体组的亲缘是十分相近的，Костов（1937a）根据它与其他四倍体小麦的 **B** 组的部分同质性，认为它只是 **B** 组的变型，他建议用 **AAB**^**G**^**B**^**G**^ 来表示 *T. timopheevi* 的染色体组以稍示区别于其他四倍体小麦的 **AABB** 组。Sachs（1953a）在详述 *T. timopheevi* 与 *T. durum*、*T. dicoccum*、*T. turanicum*、*T. turgidum*、*T. dicoccoides* 的 F_1 减数分裂染色体配对时认为，没有必要把它们分为两种不同的染色体组。*T. timopheevi* 与其他的四倍体小麦杂交出现单价体与不育性，他认为是由于 *T. timopheevi* 发生了小小的染色体结构变异。Wagenaar（1961）根据 *T. timopheevi* 79 个杂种的减数分裂数据，观察到不同的杂交组合其单价体的数量不同，二次配对在单价体多的杂种中观察到。

另外，观察到其他四倍体间杂交，减数分裂正常，结实很好的，也有少数单价体。他认为 *T. timopheevi* 与其他的四倍体一样也是 **AABB** 染色体组，而它的杂种减数分裂不正常可能是 *T. timopheevi* 含有一组基因，它作用于杂种使染色体部分不配合，而这些基因的作用因不同杂种组合的不同的基因型而有不同的修饰作用，造成不同的杂种中观察到不同的单价体数目。Wagenaar（1966）认为由于一系列的双突变，从 *T. dicoccoides* 产生了 *T. timopheevi* 小麦的野生变种 *araraticum* 及其野生变种 *araraticum* 的 **G** 染色体组。但 **G** 组比 *T. dicoccoides* 的 **B** 染色体组更近于它的供给者 *Ae. speltoides* 的 **S** 染色体组，这就表明 *araraticum* 直接起源于 *T. monococcum* 野生变种与 *Ae. speltoides* 杂交的可能性更大一些。*T. timopheevi* 的 **G** 染色体组与 **S** 染色体组相比较，变异不如 **B** 组大，加以 *T. timopheevi* 分布较窄，形态变异较少，不像二粒系小麦变异很多，说明 *T. timopheevi* 起源较晚，没有二粒系古老，而它的分布区处于二粒系野生种的分布边沿，伊朗西北部、伊拉克北部一带。

20 世纪 70 年代，Johnson 与 Dhaliwal（Dhaliwal 与 Johnson，1976；Johnson 与 Dhaliwal，1976、1978）提出一个多倍体小麦起源的新看法，他们认为 **B** 染色体组也来源

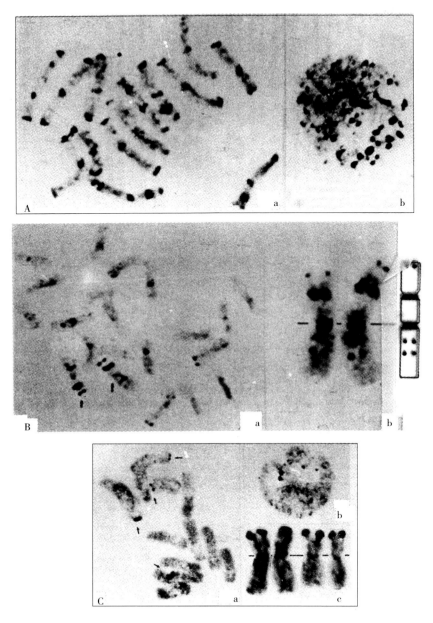

图 7 *Triticum monococcum*、*T. turgidum* 与 *Aegilops speltoides* C-带图谱

A. 在 *Triticum turgidum* 中观察到有 4 对染色体具有尖端异染色质染色区，而一些变异体
只观察到 3 对。每个变异体有一对染色体显示一种特有的染色图像：a. 细胞分裂中期　b. 间期

B. 图中在长臂上的 4 个异染色质点可以作为 **B** 染色体的一种标记。这种标记在 *Triticum*
monococcum（**AA**）中不可能检测到

C. 在 **B** 染色体组的可能供体 *Aegilops speltoides* 的染色体中没有找到这种标记染色体

a. 细胞分裂前期　b. 间期　c. 中期

（引自 Hadlaczky 与 Belea，1975）

于 *T. urartu*。四倍体小麦起源于 *T. boeoticum*×*T. urartu*，经染色体加倍而形成的双二倍体。他们主要的根据是 *T. boeoticum* 与 *T. urartu* 人工杂交形成的双二倍体与四倍体野生小麦某些形态的相似性。其次是 *T. boeoticum* 与 *T. urartu* 的地理分布资料，而不是基于细胞学的论据。他们的报告中也指出细胞学的证据指示 *T. urartu* 的染色体组在与四倍体小麦杂交形成的 F_1 杂种的减数分裂中，在 **B** 染色体组 5**B** 上的 Ph 基因存在的情况下，它们不是与 **B** 组的染色体配对，而是与 **A** 组染色体相配合。这一点与 *Ae. speltoides* 的 **S** 染色体组是相似的。说明它与 **B** 组都有相当的差异。因此，结论也如上述，四倍体小麦的 **B** 染色体组与现在生存的二倍体近缘种的染色体组都有不同。如果不是 **B** 组染色体组的供给种已经绝灭，那就是形成现有的四倍体小麦以后染色体组已经发生了很大改变。因而用一般染色体组间配合的技术方法是无法判断究竟是 *T. urartu*，抑或是 *Ae. speltoides* 是 **B** 组的供给者。因此，只好采用形态学的比较分析法。他们认为花药的形态，包括花粉的长度，四倍体小麦（*T. dicoccoides* 花药长度为 2.8mm，*T. araraticum* 为 3.0mm）是 *T. boeoticum*（3.6mm）与 *T. urartu*（2.2mm）的中间性状；花药开裂方式，开花散粉以后花药裂片的反曲，以及曲扭的形式，*T. dicoccoides* 与 *T. boeoticum* 相似，而 *T. araraticum* 与 *T. urartu* 相似。从花药尖端的形态来看，*T. dicoccoides* 与 *T. boeoticum* 不相似，与 *T. urartu* 也不相似。另一方面，*T. boeoticum* 与 *Aegilops* 的 Sitopsis 组的 3 个二倍体种（包括 *Ae. longissima* 的变种 *sharonensis*）之间的双二倍体的花药长度，以及其他花药特性与四倍体小麦的花药也很不相似。

T. boeoticum-T. urartu 双二倍体，基于以下性状，他们认为与野生四倍体小麦相似而与 *Triticum-Sitopsis* 双二倍体不同，也与 *Sitopsis* 组的二倍体种不同，即：

（1）小穗轴节边缘有毛；

（2）穗轴节较短；

（3）具双脊的颖片；

（4）颖具大型基部宽大的三角形肩齿；

（5）小穗的大小与外貌轮廓；

（6）小穗具长短不等的第 3 芒，在 *Triticum-Sitopsis* 的双二倍体中，仅 *Ae. speltoides* 的 *ligustica* 类型的双二倍体具有不甚发达的第 3 芒；

（7）*Ae. speltoides-T. monococcum* 双二倍体的花药长度达（5.05±0.06）mm，显然比 *T. dicoccoides* 的（3.43±0.05）mm 以及 *T. araraticum* 的（3.33±0.05）mm 长得多，而 *T. boeoticum-T. urartu* 双二倍体为（3.30±0.04）mm 则与四倍体野生小麦十分相近；

（8）*boeoticum-urartu* 的双二倍体的颖果在单粒小穗中则与 *boeoticum* 相似，是纵向扁平而较大。其次，*T. boeoticum* 叶与叶鞘具毛，而 *T. urartu* 则近于无毛，其双二倍体具毛。而在四倍体野生小麦中，*T. dicoccoides* 无毛，*T. araraticum* 则有毛。

Johnson 与 Dhaliwal（1976）的调查报告表明，*T. urartu* 的分布范围不仅限于亚美尼亚，从高加索直到安那托利亚东部，以及整个肥新月地区，包括叙利亚—巴勒斯坦在内（Johnson，1975），都有它存在。而与其共同生长在一起的 *T. boeoticum*（Johnson 与 Dhaliwal 所说的 *T. boeoticum*，应当是 *T. monococcum* var. *boeoticum* 与 var. *thaoudar*，而在这些地区分布的，主要的应当是 var. *thaoudar*）有生殖隔离，以 *T. urartu* 作母本不能在自然条件下结实。因此，他们认为形成四倍体小麦时 *T. boeoticum* 应为母本。

综合上述，看来 Johnson 与 Dhaliwal 的论点仍然是不足的，因为他们所根据的主要形态性状的比较特征，其中有一些重要的形态性状并不支持他们的论点，例如颖果的形态即使这样。四倍体以至六倍体小麦的颖果都不是纵向两侧扁平的，而 *T. boeoticum* 与 *T. urartu* 以及它们的双二倍体颖果却是纵向两侧扁平的。四倍体小麦的颖果形态却正好是 *T. urartu* 纵向两侧扁平，与 *Ae. speltoides* 横向上下扁平的综合中间类型。此外，*T. boeoticum* 以及 *T. urartu* 内稃成熟时开裂，在四倍体小麦中是没有的。野生四倍体小麦穗轴节边缘具长毛。*T. boeoticum* 也不是所有的都密生长毛，也有一些变型，例如 var. *straminionigrum*，只有一些短毛。作者认为 Sarkar 与 Stebbins（1956）的形态特征的归纳相关分析，比之 Johnson 与 Dhaliwal 的形态分析更为全面一些。已如前述，更多的细胞学以及分子生物学的试验分析的论据是支持包括 *Ae. speltoides* 在内的 *Aegilops* 属的 *Sitopsis* 组是 **B** 组的供给者，Feldman（1977）用"中国春"测试材料检验杂种减数分裂配对情况，证明 *Ae. longissima* 与 *T. aestivum* 的 **B** 组染色体的配对率显著地高于 **A** 组，以及 **D** 组的配对率。其近缘的 *Ae. searsii* 也与其相近似。这就更增加了一个 **S** 染色体组与 **B** 组染色体组亲缘很近的有力论据。以 Johnson 与 Dhaliwal（1978）的报道来看，*T. urartu* 与 *T. monococcum* var. *boeoticum* 的染色体配对良好，在 MI 通常具有 6 个闭合二价体与 1 个开放二价体，说明二者的染色体组型是相同的，同属 **A** 组。这一问题实际上在 Chapman，Mittler 与 Riley（1976）的报道中已作了很好的论证分析。*T. urartu* 的染色体组实际上是 **A** 组而不是 **B** 组。

Dvorak（1983）用吉姆萨 C-带比较 4**A** 与 4**B**，以及观察它们的配对，认为 4**A** 实际上是 4**B**，而 4**B** 则应属于 **A** 染色体组的染色体。从 C-带图像来看，*T. aestivum* 与 *T. timopheevi* 的 4**A** 与 *Ae. speltoides* 的一对染色体的 C-带是十分相似的。而与 *Ae. sharonense* 的相应染色体不太相似。*T. aestivum* 的 4**A** 与 **B** 染色体组的染色体相像，含有许多异染色质。在 ph 基因存在时，它与一粒系小麦 *T. monococcum* 以及 *T. urartu* 的任何染色体不配合。这样的 4**A** 染色体，同样也存在于 *T. timopheevi* 中。而一般所说的 4**B**，从一些证据看来却应属于 **A** 染色体组。

陈佩度与 Gill（1983）用吉姆萨 N-带（异染色质带）技术观察了 *T. dicoccoides*（**AABB**）、*T. araraticum*（**AAGG**）以及 **B** 与 **G** 染色体组可能的供体 *Ae. speltoides*、*Ae. longissima*、*Ae. bicornis*、*Ae. sharonensis* 与 *Ae. searsii* 的体细胞染色体。**G** 染色体组显示比 **B** 组有更为广泛的异染色质分布：在 **B** 与 **G** 染色体组的可能供体中，只有 *Ae. speltoides* 与 *Ae. longissima* 的带谱与 **B** 染色体组以及 **G** 染色体组相近似（图 8）。更有趣的是，*T. araraticum*、*Ae. speltoides* 与 *Ae. longissima* 都有一与 *T. dicoccoides* 的 4**A** 带谱相似的染色体存在，这就很有可能染色体组 **B**、**G** 与四倍体小麦的 4**A** 都来自 *Ae. speltoides* 或者 *Ae. longissima* 的某些种系。

这不但说明 **B** 染色体组与 **G** 染色体组都是来自 *Ae. speltoides*，或者 *Ae. longissima*。另一方面也说明 *Ae. speltoides* 与 *Ae. longissima* 是十分相近的物种。此外，4**A** 也来自 *Ae. speltoides* 或 *Ae. longissima*，这就说明过去所定的 4**A** 实际上是 4**B** 或 4**G**，而 4**B** 与 4**G**

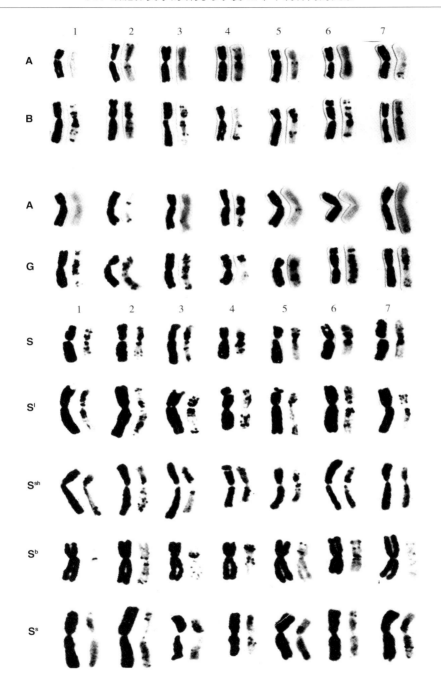

图 8　核型与 N-带图形

（每一染色体左边为醋酸洋红染色的染色体，供臂比测量用；右边为同一条染色体的 N-带图形）

A. *T. dicoccoides* 的 **A** 与 **B** 染色体组；*T. araraticum* 的 **A** 与 **G** 染色体组

B. *Ae. speltoides*（**S**）居群 TAI772；*Ae. longissima*（**S^l**）居群 TAI924；*Ae. sharonensis*（**S^{sh}**）；

Ae. bicornis（**S^b**）以及 *Ae. searsii*（**S^s**）

（陈佩度提供）

实际上是 4**A**。他们观察 *T. boeticum* 与 *T. urartu* 的染色体的近着丝点部位都不具有大量的异染色质的分布，即一般四倍体小麦中所谓 4**A** 类型的染色体。而一般所谓的 4**A** 双端体与 *Ae. speltoides* 杂交，F_1 减数分裂 MI 可以看到 4**A** 双端体与 4**S** 很好的呈 V 形配合。这就进一步说明过去所定的 4**A**，实际上与 4**S** 是同源染色体，把它定为 4**A** 是定错了的。**B** 与 **G** 染色体组的供体应当是 *Ae. speltoides*。

野田（Noda）（1983）所作的染色体吉姆萨带谱观察，发现野生二粒小麦、二粒小麦、硬粒小麦与波斯小麦都有 8 对强烈显带的染色体，它们之间的带谱非常相似，而与普通小麦的中国春的 4**A** 和 1**B**-7**B** 相当，提摩菲维小麦群中（1 种 *T. timopheevi* 与 4 种 *T. araraticum*）同样有 8 对强烈显带的染色体，而另一种 *T. araraticum*（KU196-1）也显示出 8 对强烈显带的染色体。*T. timopheevi* 群小麦间显带有差异，它们与二粒系小麦也不尽相同。他认为这一观察结果说明四倍体小麦的分化过程中 **B** 或 **G** 染色体组发生了大量的染色体构造上的改变。野田的这一观察恰好作为陈佩度与 Gill 的补充，说明了 **B** 与 **G** 染色体组是多次发生改变的 *Ae. speltoides* 的 **S** 染色体组。河原与田中（1983）对 **B** 与 **G** 染色体组相互交换所作的观察分析认为 *T. dicoccoides* 染色体有 6 种不同的类型，*T. araraticum* 有 15 种类型。这是与二倍体小麦杂交实验确定的。**B** 与 **G** 染色体组发生的交换较之 **A** 染色体组发生的交换多得多。他们认为 **B** 与 **G** 染色体组有高度的染色体交换。因此，在演化成四倍体的过程中，与它们的祖先 **S** 染色体组不再相似了。

根据上述论据提供了这样一幅比较可信的图景，即在野生的 *Ae. speltoides* 与 *T. monococcum* ssp. *urartu* 的共同分布区中，它们多次发生天然杂交，并经染色体天然加倍从而形成一些异源四倍体植物。在较古老的一批这样合成的四倍体种中，多次与含有其他的染色体组的近缘植物杂交，经过组间染色体的局部代换、重组以及基因突变使 *Ae. speltoides* 供给的 **S** 染色体组发生了重要的变化而演化形成 **B** 染色体组。这样就形成了 *T. turgidum* 的野生变种 *dicoccoides*。再经人工栽培，再经杂交、突变，在选择的作用下逐步形成形形色色的栽培四倍体 *T. turgidum* 的品种。

在较晚近的历史时期，同样由于野生的 *Ae. speltoides* 与 *T. monococcum* ssp. *urartu* 杂交形成了新的四倍体种，这就是 *T. timopheevi* 的野生变种 *araraticum*。后经人工栽培与选育而形成 *T. timopheevi* 的栽培品种。经 Upadhya 与 Swaminathan（1963）的研究表明，*T. zhukovskyi* 可能是起源于 *T. timopheevi* 与 *T. monococcum* 的杂种。从染色体形态学来看，*T. zhukovskyi* 的三对带随体的染色体，有两对十分明显与 *T. timopheevi* 的两对是一致的，另一对与 *T. monococcum* var. *hornemanni* 的一对染色体相似，它们染色体臂的比率很近似（表 9，图 9）。

表 9　附随体染色体的数据

（根据 Upadhya 与 Swaminathan，1963）

种	2n	染色体总长（μm）平均±S. E.	附随体染色体			附随体染色体			附随体染色体		
			长（μm）	随体长（μm）	指示值	长（μm）	随体长（μm）	指示值	长（μm）	随体长（μm）	指示值
T. zhukovskyi	42	461.52±12.68	10.42	0.48	0.58	7.82	1.80	0.80	7.61	1.40	0.62
T. spelta	42	452.77±16.42	9.21	0.58	0.50	10.65	2.30	0.61	9.79	1.15	0.36

（续）

种	2n	染色体总长（μm）平均±S. E.	附随体染色体			附随体染色体			附随体染色体		
			长（μm）	随体长（μm）	指示值	长（μm）	随体长（μm）	指示值	长（μm）	随体长（μm）	指示值
T. timopheevi	28	329.47±12.79	—	—	—	9.67	2.13	0.73	8.79	1.42	0.57
T. monococcum var. hornemanni	14	146.43±6.44	10.36	0.31	0.53	—	—	—	—	—	—
Ae. tauschii	14	146.85±2.79	9.33	0.52	0.43	—	—	—	—	—	—

从染色体配对行为来看，*T. zhukovskyi* 本身在减数分裂时就有多价体与单价体出现，虽然实际上结实是正常的（四价体：0～4，平均 1.35；三价体：0～2，平均 0.35；二价体：11～21，平均 16.89；单价体：0～6，平均 1.42），但可以看出它具有部分同源多倍体的性质。

从器官形态性状看，*T. zhukovskyi* 与 *T. monococcum* 都具有相似的缺刻颖肩，与 *Ae. tauschii* 的方肩不同。

在杂种 F$_1$ 减数分裂染色体行为上，可以看到在 *T. zhukovskyi* × *T. spelta* 组合中，四价体：0～2，平均 0.33；三价体：0～4，平均 1.39；二价体：6～16，平均 10.70；单价体：9～24，平均 15.12，更加强了 *T. timopheevi* 是 *T. zhukovskyi* 的一个亲本的看法。

T. timopheevi 的杂种中，以 *T. timopheevi* × *T. monococcum* 合成的异源多倍体与 *T. zhukovskyi* 的性状最为相似（Костов，1937б；Bell、Lupton 与 Riley，1955；渡边、百足与国分，1956），其 F$_1$ 减数分裂的染色体行为也相似（*T. zhukovskyi* = 1.5 IV + 17 II + 2 I；*T. timopheevi* × *T. monococcum* = 2 IV + 17 II；*T. timopheevi* × *Ae. tauschii* = 21 II）（渡边等，1955、1956），只是这一合成异源多倍体高度不育。

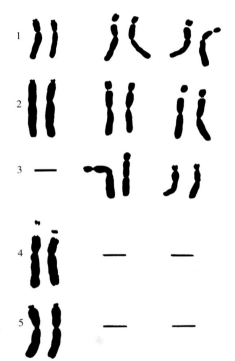

图 9　几种小麦及其亲缘种的随体染色体的形态比较

1. *T. aestivum*　2. *T. zhokovskyi*　3. *T. timopheevi*
4. *T. tauschii*　5. *T. monococcum*

（根据 Upadhya 与 Swaminathan，1963 照片重绘）

如果 *T. monococcum* 是 *T. zhukovskyi* 的另一亲本，则 *T. zhukovskyi* 与 *T. spelta* 杂交其 F$_1$ 的染色体组成应是 **AAABGD**，这也符合在实际观察中看到的三价体的出现，以及单价体频率高（15.1）的现象（Upadhya 与 Swaminthan，1963，原写作 **AAABBD**，他们是与 Wegenaar 看法一致，认为 **G** 组就是 **B** 组，这一点在后面将再讨论，这里改 **AAABBD** 为 **AAABGD** 暂示 **B** 与 **G** 有所区别）。

看来 *T. zhukovskyi* 地理分布也与 *T. timopheevi* 与 *T. monococcum* 分布交错区一致。

T. zhukovskyi 很可能是 *T. timopheevi* 与 *T. monococcum* 的杂交种，经染色体天然加倍，并在自然选择过程中提高了它的可育性而形成的。

关于小麦属及其近缘植物的系统起源与其他植物相比较来说，还算是比较研究得清楚的。在染色体组的定名上虽然有一个不成文的习惯法，各家用起来也比较统一、一致，一些也作过校订修改（如 **D** 组，曾命名 **C** 组而与 *Aegilops caudata* 的 **C** 组相混淆），但 **B** 组、**G** 组与 **S** 组之间的关系目前还存在命名上的问题。这类问题的存在是很自然的，只有在深入研究的基础上逐步修正。正如一个种的鉴定需要在逐步深入研究过程中加以修订，种的命名也常常随之加以修改一样。

从目前的研究成果来看，小麦亚族的 **A** 与 **D** 染色体组的界限是十分清楚的。**B** 与 **G** 组之间虽然存在有较为显著的差别，但基本上是同一类型的。它们与 **S** 染色体组之间也有这种关系。近年来分子细胞遗传学的发展，全染色体组 DNA（total genomic DNA）原位杂交（genomic in situ hybridization—GISH）的试验结果显示 *Ae. speltoides* 的全染色体组 DNA 与小麦 **B** 染色体组的各条染色体可以全面杂交上（Mukai et al.，1993；Mukai，1994；Mukai，1995a、1995b、1995c），有力地说明 **B** 染色体组与 **S** 组之间具有密切而全面的亲缘同一性。它们之间虽然有一些差异，但只能是亚型间的差异，应为同一个染色体组。它们是染色体组演化过程十分活跃的一支，也是一种新种的形成过程的一个典型类群。根据 **B** 组定名在先的原则，为了表明它们之间的系统关系与等级关系，建议采用 Åskell Löve（1984）的意见将 *Aegilops* 中 Sitopsis 组的 **SS** 组修改为 **BB** 组，*Ae. speltoides* 的 **SS** 修改为 **B^{sp}B^{sp}**。*T. timopheevi* 的 **GG** 组，Dvorak 等（1997）已证明它就是 **SS** 染色体组。因而在这里应修改为 **B^{sp}B^{sp}**。*Ae. bicornis* 的 **S^{b}S^b** 改为 **B^{b}B^b**，*Ae. longissima* 的 **S^{l}S^l** 改为 **B^{l}B^l**，*Ae. searsii* 的 **S^{s}S^s** 组改为 **B^{s}B^s**。

在小麦的起源与分类系统问题上，1955 年苏联发表了 Синская 的一种主要基于旧的形式形态分类学的倒退的见解，她虽然也引用了一些种间杂交实验的资料，但是主观臆断地以李森科臆造的物种形成飞跃论为理论根据，完全偏见地无视现代细胞遗传学的大量实验论据与人工重新合成小麦种的无可辩驳的客观事实，毫无根据地否认远缘杂交在小麦属的种的建成中的作用。在她的臆断中，小麦属除一粒小麦外的各个种都起源于假设的原始莫迦小麦（*Triticum protomacha*），而它又起源于假设的"绝迹的原始偃麦草（*Protoelytrigia*）"。野生一粒小麦是从原始偃麦草不改变染色体数目情况下演化而来的，而其他小麦的祖先原始莫迦小麦"染色体数就有跳跃现象"，成为 2n＝28 或 2n＝42 的。这些小麦种都各自起源于不同的种，因而它们之间是各不相关的。

她对小麦属的分类系统作如下的划分：

Triticum L.

组Ⅰ（sectio Ⅰ）——一粒类组（Monococca Schiemann）

　1. 野生一粒小麦（*T. aegilopides* Bal.）

　2. 野生乌拉尔小麦（*T. urartu* Thum.）

　3. 栽培一粒小麦（*T. monococcum* L.）

组Ⅱ（sectio Ⅱ）——野生二粒类组（Dicoccoides Sinsk.）

亚组Ⅰ（subsectio Ⅰ）——真野生二粒类组（Eudicoccoides Sinsk.）

  1. 野生二粒小麦（*T. dicoccoides* Korn.）

亚组Ⅱ（subsectio Ⅱ）——外高加索组（Transcaucasica Sinsk.）

  1. 野生阿拉拉特小麦（*T. araraticum* Jacubz.）（*T. chaldicum* Men.）

  2. 提莫菲维小麦（*T. timopheevi* Zhuk.）

组Ⅲ（sectio Ⅲ）——真小麦类组（Eutriticea Sinsk.）

亚组Ⅰ（subsectio Ⅰ）——原始小麦类组（Prototriticea Sinsk.）

  1. 栽培莫迦小麦（*T. macha* Men.）

  2. 栽培科尔希小麦（*T. paleocolchicum* Men.）

  3. 古代化石小麦（*T. antiquorum* Heer.）

  4. 埃塞俄比亚小麦（*T. aethiopicum* Jacubz.）

亚组Ⅱ（subsectio Ⅱ）——普通类组（Vulgaria Sinsk.）

  1. 普通小麦（*T. vulgare* Vill.）（*T. compactum* Host.）

  2. 斯卑尔塔小麦（*T. spelta* L.）

  3. 圆粒小麦（*T. sphaerococcum* Perc.）

亚组Ⅲ（subsectio Ⅲ）——硬粒类组（Duriuscula Sinsk.）

  1. 硬粒小麦（*T. durum* Desf. emend.），包括圆锥小麦（*T. turgidum* L.）

  2. 栽培二粒小麦（*T. dicoccum* Schubl）

  3. 波斯小麦（*T. persicum* Vav.）（*T. carthlicum* Nevski）

Синская 的这种小麦起源与分类的观点不但没有任何确切事实根据，而且是完全经不起现代实验生物科学的实践论据的检验与分析的。这里只是附带地把它提一下，说明在20 世纪 50 年代的确还有这样一种从臆断出发的不切事实的观点发表。

七、近年来小麦分类学的发展

近 20 多年来，细胞学、遗传学与杂交育种的研究发展，对世界上这种最主要的农作物——小麦，积累了更加丰富的客观数据、资料，对小麦系统演化与分类问题更加清楚了。很自然的，在小麦分类学的领域中人们对旧的小麦分类学的概念相应地产生了许多疑问。例如说，六倍体的普通小麦系通常所认为的 6 个种，它们之间无论在形态特征上、杂种染色体正常配合的同质性上、正常繁育后代上、遗传性的差异程度上与一般品种间的差异没有质的不同，也没有量的不同。如 *T. spelta* 与 *T. aestivum* 之间只是一简单的 Q 与 q 基因的差异。*T. compactum* 与其他种的差别只是一个 c 基因，而 *T. sphaerococcum* 与 *T. aestivum* 之间只是一个 S 基因（Ellerton，1939；MacKey，1958）。因此，许多人对普通系的 6 个所谓的"种"就有了不同的看法，认为它们都不能成为一个独立的种。*T. aestivum*、*T. spelta*、*T. compactum*、*T. macha*、*T. vavilovii*、*T. sphaerococcum* 都是同为一个种，Thellung（1918）、MacKey（1954）、Sears（1956）把它们都看作是 *T. aestivum* 的亚种，即如下的关系：

Triticum aestivum L. emend. Thell.

  subsp. *spelta*（L.）Thell.

  subsp. *macha*（Dek. et Men.）MacKey

  subsp. *vavilovii*（Tuman）Sears

  subsp. *vulgare*（Vill.）MacKey

  subsp. *compactum*（Host）MacKey

  subsp. *sphaerococcum*（Perc.）MacKey

Bowden（1959）发表了他的分类研究，他把与小麦亲缘关系密切的 *Aegilops* 的一些种也合并在小麦属中，异源四倍体杂种起源的小麦他认为同属为一个种，其中含有 3 种变种，2 个变型，8 个栽培品种群。他认为六倍体的异源多倍体普通小麦不能算作为一个种。他根据一个旧有的分类学概念，即一个种必须在自然界有一个稳固的地理分布区，普通小麦栽培虽然分布于世界各地（可以说世界上占地理分布面积最广，群体数量最大的有花植物），但 Bowdewn 则认为它没有野生分布存在就不能算数。而异源四倍体同样是杂种起源的 *T. turgidum*，由于它有一野生变种 var. *dicoccoides* 就可以算是一个种。他把六倍体小麦 *T. aestivum*、*T. spelta*、*T. compactum*、*T. sphaerococcum*、*T. macha*、*T. vavilovii* 作为栽培品种群，而把它们看作一个种间杂种 *Triticum* × *aestivum* L. emend.。Bowden 的分类系统可归纳如下：

Bowden 的分类系统（1959）

Ⅰ. 二倍体种（2n＝14）

 1. *T. monococcum* L.（包括 *T. boeoticum* Boiss.，*T. thaoudar* Reut.）

2. T. *bicorne* Forsk.

Syn. *Aegilops bicornis*（Forssk.）Jaub. et Spach.

3. T. *speltoides*（Tausch）Gren. Ex Richter（＝*Aegilops speltoides* Tausch）

f. *ligusticum*（Savign.）Bowden comb. nov.（＝*Agropyrum ligusticum* Savign.）

4. T. *comosum*（Sibth. et Sm.）Richter（＝*Aegilops comosa* Sibth. et Sm.）

5. T. *uniaristatum*（Vis.）Richter（＝*Aegilops uniaristata* Vis.）

6. T. *longissimum*（Schwerinf. et Muschl. in Muschl.）Bowden，comb. nov.（＝*Aegilops longissima* Schw. et Musch.）

7. T. *umbellulatum*（Zhuk.）Bowden，comb. nov.（＝*Aegilops umbellulatum* Zhuk.）

8. T. *tripsacoides*（Jaub. et Spach）Bowden，comb. nov.

（＝*Aegilops tripsacoides* Jaub. et Spach.）

a. f. *tripsacoides*

b. f. *loliaceum*（Jaub. et Spach）Bowden，comb. nov.

（＝*Aegilops loiacea* Jaub. et Spach）

9. T. *dichasians*（Zhuk.）Bowden，comb. nov.（＝*Aegilops caudata* L. subsp. *dichasans* Zhuk.）

10. T. *aegilops* P. Beauv. ex R. et S.（＝*Aegilops squarrosa* L. [*]）

Ⅱ. 异源多倍体（杂种起源）

Ⅱ a. 异源四倍体种（2n＝28）

11. T. *turgidum* L. emend.

（1）栽培品种群

a. *turgidum*

b. *polonicum*

c. *dicoccoum*

d. *durum*

e. *carthlicum*

f. *palaeocolchicum*

g. *turanicum*

h. *aethiopicum*

（2）var. *dicoccoides*（Korn. in litt. in Schwinf.）Bowden，comb. nov.

（3）var. *timopheevi*

a. f. *timopheevi*

b. f. *zhukovskyi*（Men. et Er.）Bowden，comb. nov.

---

[*] T. *aegilops*：P. Beauv. ex R. et S.，1812 年，定名人 Ambrois Marie Francois Joseph Palisot de Beauvois 把它错误的认作是林奈的 *Ae. squarrosa* L.，也就根据 Linné 的 *Ae. squarrosa* L. 而将它组合到小麦属中，并改其学名为 T. *aegilops*，其实他所鉴定描述的植物并不是 *Ae. squarrosa* L.，而是完全不同的种，正确的名称应当是 *Ae. tauschii* Cosson。

（4） var. *tumanianii* （Jakubz.） Bowden，comb. nov. （= *T. dicoccoides* Korn. subsp. *armeniacum* Jakubz. var. *tumanianii*）

Ⅱ b. 异源六倍体（2n＝42）

    12. *Triticum*×* *aestivum* L. Emend.

        栽培品种群

        a. *aestivum*

        b. *spelta*

        c. *compactum*

        d. *sphaerococcum*

        e. *macha*

        f. *vavilovii*

Ⅱ c. 异源多倍体（2n＝28 或 42）

    13. *T. ovatum* （L.） Raspail （= *Aegilops ovata* L.）

    14. *T. triaristatum* （Willd.） Godr. et Gren. （= *Aegilops triaristata* Willd.）

    15. *T. kotschyi* （Boiss.） Bowden，comb. nov. （= *Aegilops kotschyii* Boiss.）

    16. *T. triunciale* （L.） Raspail （= *Aegilops triuncialis* L.）

    17. *T. cylindricum* Ces.，Pass. et Gib. （= *Aegilops cylindrica* Host）

    18. *T. macrochaetum* （Schuttl. et Huet，ex Duval-Jouve） Richter Syn. *A. biuncialis* Vis. （non *T. biunciale* Vill.）

    19. *T. crassum* （Boiss.） Aitch. et Hemsl. （= *Aegilops crassa* Boiss.）

    20. *T. turcomanicum* （Rosh.） Bowden，comb. nov. （= *Aegilops turcomanica* Rosh.）

    21. *T. juvenale* Thellung in Fedde

        Syn. *Aegilops juvenalis* （Thellung in Fedde） Eig in Fedde

    22. *T. ventricosum* Ces.，Pass. et Gib.

        Syn. *Aegilops ventricosa* Tausch.，*Ae. squarrosa* sensu Cosson，*Ae. squarrosa* sensu Willd.，*Ae. fragilis* Parlat.，*T. fragile* （Parlat.） Ces.，Pass. et Gib.，non. *T. fragile* Roth.

    Bowden 虽然认为这样才是符合自然系统关系，但是属的划分本来就带有很大的人为性质的。因为自然的单位只有个体在高等动植物中是绝对的，物种（species）是由生殖繁衍联系起来的个体群，由于它们具有共同的基因库（gene pool），从而反映出相类似的遗传表型，构成特殊的、客观存在的自然单位。除个体与高等生物的物种以外，其他属以上的聚类等级相互间都没有确切的界限，都是相对的，都存在中间类型。对它们的划分都必然具有人为性。因此我们说属的分合对自然系统关系是无关大局的，没有什么实际意义，只要能基本上反映出自然的聚类情况就恰当了。系统分类学研究的主要目的，无非是鉴定物种——客观存在的自然单位，物种间的亲缘系统，演化关系。为了人利用这些物种，以

---

    *   ×：在此处为分类学代表杂种植物的常用符号，不是育种学上代表杂交的符号。

及利用客观的演化规律改进这些物种，也就是主要为育种学服务，只要能反映客观的自然聚类关系，就达到了属的划分的目的。

Morris 与 Sears（1967）沿用 Bowden 的分类系统，但他们稍加以修改，他们根据近年的研究认为：

1. *T. timopheevi* 类群不仅在遗传上与其他四倍体小麦是隔离的，就是在野生种的地理分布上也比 *T. dicoccoides* 偏北得多，而将 *T. timopheevii* 升为种，在它之下立有 var. *timopheevii* 与 var. *zhukovskyi*（Men. et Er.）Morris et Sears 2 个变种。

同时他们把 Bowden 的 var. *tumanianii* 取消，他们认为这个变种就是 *T. araraticum*，而 *T. araraticum* 就是 *T. timopheevii* var. *timopheevii*，它仅是 *T. timopheevi* 的野生型。

2. 他们取消了 Bowden 所定的 *T. turcomanicum*，因为过去采集的这种六倍体植物与 *T. juvenale* 实际是相同的。

3. 他们增加了一个种，即 *T. columnare*（Zhuk.）Morris et Sears comb. nov.

4. 在栽培品种群一级中，Bowden 沿袭 Якуыцинер（1958）的看法，认为 *turanicum*、*ethiopicum* 与 *poleocochicum* 是 *T. turgidum* 的独立的品种群，但他们认为前三者应归入 *durum*，后者应归入 *dicoccum*，因此他们取消了 Bowden 的这 3 个品种群。另外，他们也把 *T. macha* 取消而把它归入 *T. spelta* 中。

Bowden、Morris 与 Sears 是代表现代小麦分类的一大派，也就是把 *Aegilops* 并入 *Triticum* 属成为一个大属的学派观点。他们的观点，实际上是 Hackel 的见解的继承，不过着眼于细胞遗传学的研究成果。

与之相反，就是主张 *Aegilops* 与 *Triticum* 各自独立成小属的观点。例如瑞典的 MacKey（1966，1968）根据小麦植物的遗传学研究分析认为小麦属只有 5 个种。他的分类系统如表 10 所示。

表 10 以遗传学资料为根据的 *Triticum*（L.）Dumort 属的分类系统

（MacKey，1966）

一粒系（2n=14） Monococca F_1	二粒系（2n=28） Dicoccoides F_1	六倍体系（2n=42） Speltoidea F_1
T. monococcum L. 　subsp. *boeoticum*（Boiss.）MK. 　subsp. *monococcum* MK.	*T. timopheevi* Zhuk. 　subsp. *araraticum*（Jakubz.）MK. 　subsp. *timopheevi* *T. turgidum*（L.）Thell. 　subsp. *dicoccoides*（Korn.）Thell. 　subsp. *dicoccum*（Schrank）Thell. 　subsp. *palaeocolchicum*（Men.）MK. 　subsp. *turgidum*（L.）MK. 　subsp. *durum*（Desf.）MK. 　subsp. *turanicum*（Jakubz）MK. 　subsp. *polonicum*（L.）MK. 　subsp. *carthlicum*（Nevski）MK.	*T. zhukovskyi* Men. et Er. *T. aestivum*（L.）Thell. 　subsp. *spelta*（L.）Thell. 　subsp. *vavilovii*（Tum.）Sears 　subsp. *macha*（Dek. et Men.） 　subsp. *vulgare*（Vill.）MK. 　subsp. *compactum*（Host）MK. 　subsp. *sphaerococcum*（Perc.）MK.

MacKey（1968）根据遗传学资料，认为 *T. timopheevi* 是一个年青的、多倍体性的，同时它与其他种不配合的机制是属中唯一的物种形成过程的特性。因此，他认为

T. timopheevi Zhuk. 应独立成种，由它再发展成为六倍体的 *T. zhukovskyi* Men. et Er. 也应独立成种。他把 *durum*、*turgidum*、*polonicum* 作为 *turgidum* 种下的品种族，本来它们之间的界限就十分不清楚，中间类型把它们相互间连接了起来，遗传上十分相近。

近年来在小麦属演化研究上一个新进展是阐明了核质关系问题。由于种间杂交积累了许多细胞核与细胞质间相互关系的资料，木原（1966、1968）注意到核与质间关系在系统演化上的意义。一个细胞中的遗传物质可以分为核内的，也可以说是位于染色体上的与核外的（也可以说是染色体外的，存在于细胞质中的叶绿体、线粒体等细胞器中的 DNA）两部分。它们是完全不同的遗传传递与作用系统，它们相互配合才构成完整的遗传系统。在小麦亚种间杂交中，不同的核质配合（子代的细胞质几乎全为母本供给，在互作母本时即可观测到）有各种不同的反应表现，可简略概括如表 11。

表 11   在异种细胞质中的染色体组相互作用导致的异常性表现
（根据木原，1968）

异　　常　　性	细　　胞　　质	细　　胞　　核
1）雄性不育	*Ae. caudata*	*T. aestivume* *
2）杂种优势	*Ae. caudata*	Salmon（*T. aestivum*）
3）杂种纤弱（致死）	*Ae. longissima*	*Ae. aucheri*
4）形成单倍体与双胚	*Ae. caudata*	Salmon（*T. aestivum*）
5）雌蕊化	*Ae. caudata*	除 *T. durum melanopus* 以外的其他二粒小麦
	T. aestivum	*Secale cereale*
6）抽穗期变迟	*Ae. ovata*	二粒系小麦
7）无胚麦粒	*Ae. caudata*	*T. aestivum*
8）条斑花叶	*T. monococcum*	*T. turgidum*
	var. *boeoticum*	*nigrobarbatum*
9）雌性不育	*Ae. caudata*	*T. durum reichenbachii*

根据一些研究者的结果集合编制。

为了文字明确以及学名统一订正，对木原的原表稍作文字性修改。* *T. aestivume* = *T. aestivum erythrospermum*。

如前所述，小麦的附随体染色体最显著的有 2 对，是属于 **B** 染色体组的 1**B** 与 6**B**。*T. monococcum* ssp. *urartu* 的 1 对与 *Ae. tauschii* 的 1 对，在四倍体与六倍体小麦中都隐伏不见（Morrison，1953）。我们知道附随体染色体 1**B**、6**B** 上具有核仁形成体（nucleolar organizer），说明四倍体与六倍体小麦的核仁与 **B** 染色体组是相适应的。而相适应的核仁合成相适应的核糖体（ribosomes），因而与合成相适应的蛋白质直接相关。木原（1959）发现一个 *Ae. caudata* 的附随体染色体恢复了在 *Ae. caudata* 细胞质中的小麦核的能育性，这一事例正好证明双二倍体必须具有与细胞质供给者相适合的核仁。末本（Suemoto，1968）对四倍体小麦的细胞质来源作了一个实验性检验，他分别以 *T. monococcum* var. *boeoticum* 与 *Ae. speltoides* 为母本给子代供给细胞质，以 *T. turgidum*、*T. timopheevi* 作父本进行杂交，从杂交后代的反应可以清楚地看到，*T. turgidum* 核在野生一粒小麦细胞中只能形成小而干枯的花药、不育的空瘪的花粉，但雌蕊正常。*T. turgidum* 核在 *Ae. speltoides* 细胞质中则雄蕊正常发育开裂散粉，花粉正常，雌蕊也正常（图 10、图 11）。在连续回交下，*T. turgidum* 在 *T. boeoticum* 细胞质中，花粉与自交麦粒活力一直等于零，而回交结实率显著升高，这一结果表明 *T. turgidum* 核在野生一粒小麦细胞质呈完全雄性不育，其雌性器官却是正常的。这种雄性不育是由于 **B** 染色体组与

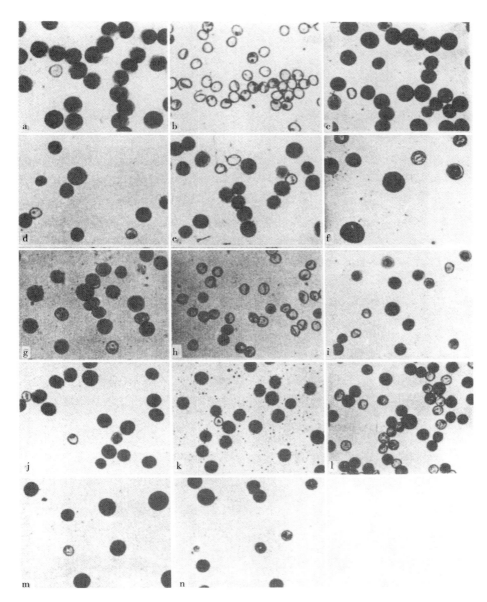

图 10　花粉粒

a. 对照，*T. turgidum*　b. 品种 No. 267-1-4，*T. boeoticum*×*T. turgidum*　c. 255-1-6，*Ae. speltoides*×*T. turgidum*　d. 250-3-1，*T. monococcum vulgare*×*T. turgidum*　e. 243-1-2，（**S**ᵇ**S**ᵇ**AA**×*T. dicoccum*）×*T. turgidum*　f. 244-2-1，*Ae. longissima*×*T. turgidum*　g. 247-1-1，*Ae. sharonensis*×*T. turgidum*　h. 280-1-1，（*T. boeoticum*×*T. turgidum*）×*T. vulgare*　i. 262-1-1，（*Ae. speltoides*×*T. turgidum*）×*T. vulgare*　j. 272-1-1，（*T. boeoticum* × *T. turgidum*）×*T. dicoccoides kotschvanum*　k. 对照，*T. timopheevi*　l. 306-4-3，*T. boeoticum*×*T. timopheevi*　m. 303-1-2，*Ae. speltoides*×*T. timopheevi*

n. 290-1-9，（*T. boeoticum*×*T. turgidum*）×*T. timopheevi*

［仿末本雏子（Hinako Suemoto），1968］

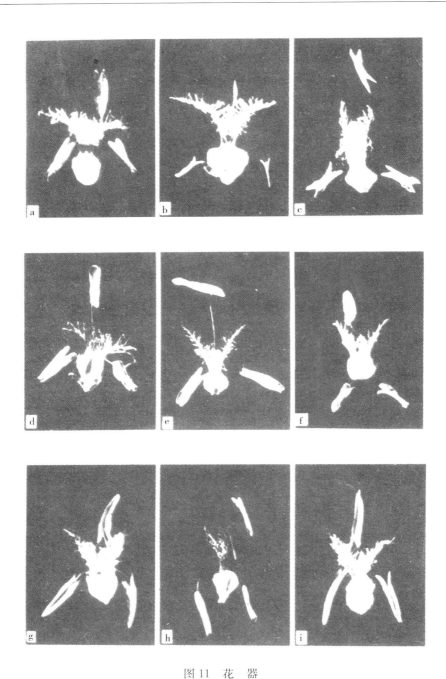

图 11 花 器

a. 对照，*T. turgidum*　b. 品种 no. 267 - 1 - 4，*T. boeoticum* × *T. turgidum*

c. 255 - 1 - 6，*Ae. speltoides* × *T. turgidum*　d. 对照，*T. timopheevi*

e. 306 - 1 - 4，*T. boeoticum* × *T. timopheevi*　f 与 g. 303 - 1 - 2，303 - 2 - 2，*Ae. speltoides* × *T. timopheevi*

h 与 i. 288 - 1 - 4，290 - 1 - 9（*T. boeoticum* × *T. turgidum*）× *T. timopheevi*

［仿末本雏子（Hinako Suemoto），1968］

野生一粒的细胞质不适合引起的，而不是不同染色体组间作用引起的。另一方面也却可以看到，*T. turgidum* 核在 *Ae. speltoides* 细胞质中花粉活力的恢复与回交结实率增进是一致的，随回交代数而增高。这种回交早代的不育性显然是染色体减数分裂行为反常引起，而不是细胞质造成的。由此看来，*T. turgidum* 的细胞质是来自 *Ae. speltoides* 或近缘种，而不是来自 *T. monococcum*；*T. aestivum* 的细胞质来自 *T. turgidum*，也就很清楚地来自 *Ae. speltoides*。至于 *T. timopheevi* 的细胞质的来源这一试验结果看来还不能确定，但从资料看来，它与 *Ae. speltoides* 的细胞质之间比之 *T. monococcum* 更相近些，也可以看出它与 *T. turgidum* 的细胞质也有一点差异。在这以后末本（1973）的试验结果清楚表明，*Ae. speltoides* 的细胞质与 *T. timopheevi* 的细胞质非常相近，其相近的程度比 *T. turgidum* 与 *T. aestivum* 还近一些。可以把 *Ae. speltoides* 的 **B**^{sp} 染色体组看成是 *T. timopheevi* 的染色体组的直接供予者与细胞质基因组的供给者。

综合上述可以看出，在形成 *T. turgidum* 的过程中，*Ae. speltoides* 是母本，*T. monococcum* ssp. *urartu* 是父本，*Ae. speltoides* 是 **B** 染色体组与细胞质供予者。在 *T. aestivum* 的形成过程中，*T. turgidum* 是母本，*Ae. tauschii* 是父本，*T. turgidum* 是 **A** 与 **B** 染色体组以及细胞质的供与者。

大塚（Ohtsuka，1983）以 *Ae. tauschii* 的核质杂种的 *Ae. tauschii* 细胞质为测试材料，与 100 份四倍体小麦杂交以观察它们的遗传亲和性。测试的结果，根据它们对 *Ae. tauschii* 细胞质的亲和性可以把它们分为三类，即 **AB**、**AG** 与 **AB′**。

T. turgidum、*T. durum*、*T. dicoccum* 与巴勒斯坦野生二粒小麦（**AB** 型），在 *Ae. tauschii* 的细胞质背景下表现严格的结合子致死，这些种的核对 *Ae. tauschii* 细胞质不亲和。另一方面，*T. timopheevi* 与 *T. araraticum*（**AG** 型）细胞核与 *Ae. tauschii* 细胞质发育成正常植株，它们对 *Ae. tauschii* 细胞质完全亲和。*T. persicum*、*T. pyramidale*、*T. palaeocolchicum* 和少数美索不达米亚野生二粒小麦（**AB′** 型），与 **AB** 型以及 **AG** 型都不同，它们在 *Ae. tauschii* 细胞质中形成侏儒植株与叶绿体花叶。观察的数据表明，这种对细胞质的不同表现，反映了四倍体小麦系统发育的分化情况（表 12、表 13、表 14）。

表 12　（*Ae. squarrosa*）**AABB＋1D** 系（作母本）和不同四倍体小麦杂交 F$_1$ 颖果形态与幼苗生长发育的分离

（根据大塚，1983）

父　本	种子形态			幼苗发育			
	杂交花数	正常种子	发育不全种子*	正常植株	侏儒植株**	萌芽后早夭	不发育
二粒系小麦（**AABB** 染色体组）							
T. durum var. *reichenbachii*	294	24	208	20	0	0	4
T. turgidum var. *nigro-barbatum*	206	41	130	33	0	3	5
T. polonicum var. *vestitum*	270	99	118	99	0	0	0
T. dicoccum var. *liguliforme*	248	41	66	40	0	0	1
T. dicoccoides var. *spontaneo-nigrum*	432	27	258	21	0	0	6
T. persicum var. *stramineum*（＝*carthlicum*）	74	73***	0	6	35	18	14

（续）

父　　本	种子形态			幼苗发育			
	杂交花数	正常种子	发育不全种子*	正常植株	侏儒植株**	萌芽后早夭	不发育
T. pyramidale var. *recognitum*	92	66***	0	9	47	6	4
T. palaeocolchicum var. *schwamilicum* （＝*georgicum*）	172	102***	0	20	14	25	43
提莫菲维系小麦（**AAGG** 染色体组）							
T. timopheevi var. *typicum*	60	40	0	38	0	1	1
T. araraticum var. *thmaniani*	254	179	0	159	0	6	14

注：＊ 发育不全的麦粒都不发芽。＊＊ 侏儒植株在冬季停止生长，同时一些表现叶绿体镶嵌花叶。
＊＊＊ 皱缩（能发芽）麦粒包括在内。

表 13　不同类型的四倍体小麦细胞核与（*Ae. squarrosa*）AABB＋1D 系杂交 F₁ 对 *Ae. squarrosa* 细胞质所表现的麦粒形态与幼苗发育情况

（根据大塚，1983）

父本类型	麦 粒 形 态			幼 苗 发 育	
	有 生 活 力		发育不全（结合子致死）	正常植株	侏儒植株（镶嵌花叶）
	正 常	皱 缩			
AB type	(sq) **AABB**＋1D	—	(sq) **AABB**	(sq) **AABB**＋1D (2n＝29)	—
AG type	(sq) **AABB**＋1D	—	—	(sq) **AABG**＋1D	—
	(sq) **AABG**			(sq) **AABG** (2n＝29 & 28)	
AB′type	(sq) **AABB**′＋1D	(sq) **AABB**′	…	(sq) **AABB**′＋1D (2n＝29)	(sq) **AABB**′ (2n＝28)

表 14　基于细胞核对 *Ae. squarrosa* 细胞质的不同反应的四倍体小麦的分类

（根据大塚，1983）

	AB 型种	**AB**′型种	**AG** 型种
野生	叙利亚-巴勒斯坦 *T. dicoccoides*(**AABB**)；4 strains	美索不达米亚* *T. araraticum*(**AAGG**)；1 strain──	美索不达米亚* *T. araraticum*(**AAGG**)；18 strains
	美索不达米亚* *T. dicoccoides*(**AABB**)；5 strains──	美索不达米亚* *T. dicoccoides*(**AABB**)；3 strains──	外高加索 *T. araraticum*(**AAGG**)；6 strains
栽培 包壳	*T. dicoccum*(**AABB**)；17 strains	*T. palaeocolchicum* (＝*georgicum*)(**AABB**)；4 strains	*T. timopheevi*(**AAGG**)；9 strains
裸粒	*T. persicum* (＝*carthlicum*)(**AABB**)；1 strain──	*T. persicum* (＝*carthlicum*)(**AABB**)；9 strains	
	T. orientale (＝*turanicum*)(**AABB**)；1 strain──	*T. orientale* (＝*turanicum*)(**AABB**)；2 strains	

（续）

AB 型种	AB′ 型种	AG 型种
T. durum(**AABB**)；12 strains	*T. pyramidale*(**AABB**)；4 strains	
T. turgidum(**AABB**)；3 strains		
T. aethiopicum(**AABB**)；2 strains		
T. polonicum(**AABB**)；2 strains		
T. isphahanicum(**AABB**)；1 strain		

* 由京都大学美索不达米亚北部高地植物考察队田中正武等采自美索不达米亚北部高地的野生种系。

六倍体小麦 *T. aestivum* 对节节麦的细胞质与上述二粒系小麦的遗传亲和性相关联。

根据大塚测试的结果，*T. macha* 与某些由 *T. macha* 衍变而来的一些密穗小麦是属于 **AB**′ 型，一般普通小麦属于 **AB** 型（表 15）。

表 15　鉴别不同普通系小麦中 AABB 染色体组对 *Ae. squarrosa* 细胞质的亲和性的
反应型的杂交试验的种子形态与幼苗生长发育情况

（根据大塚，1983）

普通系小麦供试验杂交组合	结实（%）	种子形态		幼苗发育 *			
		有生活力正常种子	发育不全种子（%）	非镶嵌花叶植株	镶嵌花叶植株**（%）	发芽早夭	不发芽
T. spelta var. *duhamelianum*							
(*T. spelta*×**AB** type 4x[1])×**AB** type 4x[1]	56.9	141	0	132	0	6	3
[(sq)*T. spelta*×**AB** type 4x[1]]×**AB** type 4x[1]	38.6	219	111（33.6%）	131	0	4	0
(*T. spelta*×**AB**′ type 4x[2])×**AB** type 4x[1]	41.4	264	0	—	—	—	—
[(sq)*T. spelta*×**AB**′ type 4x[2]]×**AB** type 4x[1]	35.8	236	51（17.8%）	—	—	—	—
T. macha var. *sub-letschumicum*							
(*T. macha*×**AB** type 4x)×**AB** type 4x[1]	52.0	579	0	226	0	11	0
(sq)*T. macha*×**AB** type 4x[1]	43.7	459	114（19.9%）	133	31（13.0%）	40	35
(*T. macha*×**AB**′ type 4x[2])×**AB** type 4x[1]	50.3	474	0	—	—	—	—
[(sq)*T. macha*×**AB**′ type 4x[2]]×**AB** type 4x[1]	45.7	649	0	—	—	—	—
T. aestivum(=*vulgare*) var. *erythrospermum*(T. v. e.)							
(T. v. e.×**AB** type 4)x[1]×**AB** type 4x[1]	35.7	137	0	—	—	—	—
[(sq)T. v. e.×**AB** type 4x[1]]×**AB** type 4x[1]	24.0	152	82（35.0%）	—	—	—	—
(T. v. e.×**AB**′ type 4x[3])×**AB** type 4x[1]	21.5	101	1	—	—	—	—

（续）

普通系小麦供试验杂交组合	结实（%）	种子形态		幼苗发育 *			
		有生活力 正常种子	发育不全 种子 （%）	非镶嵌 花叶植株	镶嵌花叶 植株 * * （%）	发芽早夭	不发芽
[(sq)T. v. e. ×**AB**′ type 4x[3]]×**AB** type 4x[1]	32.2	274	42 （13.3%）	—	—	—	—
cv. Selkirk							
（Selkirk×**AB** type 4x[4]）×**AB** type 4x[4]	49.3	354	1	329	0	19	6
[(sq)Selkirk×**AB** type 4x[4]]×**AB** type 4x[4]	36.8	494	286 （36.7%）	294	0	28	7
（Selkirk×**AB**′ type 4x[5]）×**AP** type 4x[4]	36.3	434	0	—	—	—	—
[(sq)Selkirk×**AB**′ type 4x[5]]×**AB** type 4x[4]	32.0	304	54 （15.1%）	—	—	—	—
cv. Chinese Spring							
(sq)**AABB**＋1**D** line[6]× Tetra-Chinese Shring[7]	38.9	11	45 （80.4%）	—	—	—	—
cv. Prelude							
(sq)**AABB**＋1**D** line[6]×Tetra-Prelue[8]	48.1	19	80 （80.8%）	—	—	—	—
T. compactum var. *humboldti*							
（*T. compact*×**AB** type 4x[1]）×**AB** type 4x[1]	61.7	293	3	172	0	4	9
[(sq)*T. compact*×**AB** type 4x[1]]×**AB** type 4x[1]	35.8	236	69 （22.6%）	145	11 （6.5%）	12	1

注：1. *T. turgidum* var. *nigro-barbatum*；2. *T. palaeocolchicum*（＝*georgicum*）var. *schwamilicum*；3. *T. persicum*（＝*carthlicum*）var. *stramineum*；4. *T. durum* var. *reichenbachii* and *T. turgidum* var. *nigro-barbatum*；5. *T. persicum*（＝*carthlicum* var. *fuliginosum*）；6.（squarrosa）*T. durum* var. *reichenbachii*＋1**D**（等-染色体）；7. 由古田博士（未发表）选自 *T. aestivum* cv. 中国春的四倍体（**AABB** 染色体组）选系；8. 由 P. J. Kaltsikes 博士等（1969）选自 *T. aestivum* cv. Prelude 的四倍体（**AABB** 染色体组）选系。

* 来自部分有生活力种子的幼苗生长发育试验；* * 在低温下具有叶绿素镶嵌花叶的幼苗。

　　大塚的试验还指出，四倍体小麦中的埃及小麦品种群是 **AB**′型，它是次生四倍体小麦，是六倍体 **AB**′型密穗小麦与四倍体硬粒小麦杂交后形成的五倍体再形成的四倍体小麦。而波斯小麦则是古生科尔希二粒小麦与普通小麦杂交形成的次生四倍体 **AB**′型与 **AB**型小麦（图 12）。

　　在另一方面，冈本（1957a）用 *T. aestivum*（**AABBDD** 染色体组）与 *T. monococcum* var. *boeoticum*×*Ae. tauschii* 双异源二倍体（**AADD** 染色体组）杂交。在 F_1（**AABDD**）减数分裂中预计应该观察到 14 对二价体与 7 条单价体。但结果实际观察到的却是二价体最多的细胞也只有 13 对，平均只有 6 对。当他用只含单价体 5**B** 染色体的 *T. aestivum* 来杂交，其缺失 5**B** 染色体的杂种则观察到细胞中最高有达 15 对二价体，平均有 12 对二价

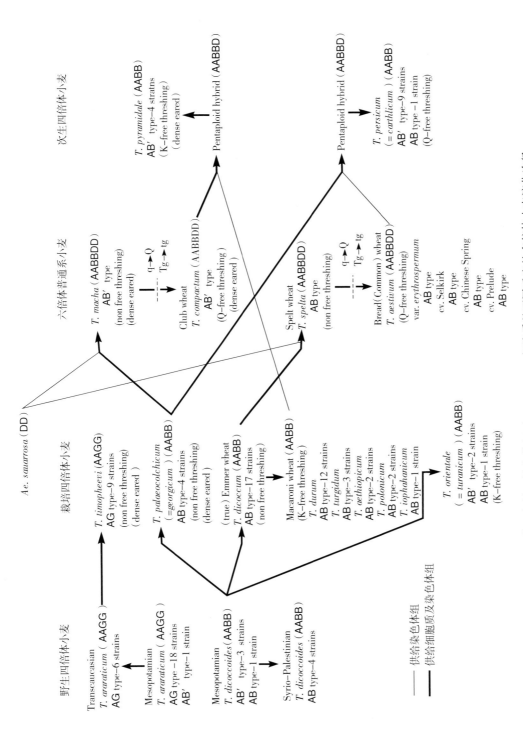

图12 基于第一与第二染色体组对 Ae.squarrosa 细胞质的不同反应的多倍体小麦演化途径

（根据大塚,1983）

体的情况。Sears 与 Okomoto（1958）观察到具有 **AABD** 染色体的杂种 F_1 代减数分裂时细胞中只观察到 3～7 对二价体，平均 5 或 6 对。当杂种缺失 5**B** 时，则观察到多的有 13 对二价体，平均 10 对。其中有一个细胞观察到所有的染色体都配了对。除了一粒小麦的 **A** 可以与普通小麦的 **A** 配对外，显然 **B** 染色体组与 **A** 组也配了对，从含有三价体的情况来看可以推测 **B** 组与 **D** 组也配了对。从 Riley（1958）的结果看来，5**B** 染色体常有抑制染色体配对的基因，使多少有差异的部分同源染色体（homoeologus chromosomes）不能配对。因此不同组的稍有差异的部分同源染色体不能配对，而同组完全同源的染色体则可以正常配对。这个基因控制着异源多倍体染色体组间不配对从而使这个多倍体在减数分裂时呈现与正常二倍体相似的分裂行为。这一基因 Ph 也可称作二倍体化基因（diploidizing gene），它位于 5**B** 染色体的长臂（5**B**L）上（Riley 与 Law，1965；Riley，1966）。一粒小麦的 **A** 组以及其他一些自花授粉性的 *Aegilops* 种的染色体组（例如 *Ae. tauschii* 的 **D** 组，*Ae. umbellulata* 的 **U** 组，*Ae. bicornis* 的 **B**[b] 组，*Ae. longissima* 的 **B**[1] 组等），与之相对应的染色体上（如小麦中的 5**A**L 与 5**D**L）带有的等位基因对它则呈隐性。它之所以使多倍体在减数分裂时具有二倍体化的特性从而避免了二次配对现象的发生与分裂时产生不正常行为，是由于这些基因的活性使各染色体组在进入前减数分裂染色体聚合的时间各组稍有不同，可以观察到在四倍体小麦中 **A** 组先开始，其后才是 **B** 组。在普通小麦中的正常顺序是 **D** - **A** - **B**。前减数分裂染色体聚合可能是起始于核蛋白中 DNA 高分子量碱性蛋白平衡的改变（Riley，1966）。

就在这个关于 5**B** 染色体的短臂上（5**B**S）带有起着时间开关作用的基因，当减数分裂进一步进行时，5**B**S 这个时间开关作用指令全部染色体组同步发生交叉从而使二价体间不会相互连接，而染色体互换本身以及交叉端移化的特性是由部分同源染色体（3**A**，3**B** 与 3**D**）上的基因所控制。缺失 5**B**S 则将失去正确的时间控制，其结果是形成同步配对现象。如果 5**B** 缺失，或者 5**B**L 上是隐性的 ph 基因，这就不但增加部分同源染色体间的配对，同时它也起着配对染色体间基因交换的开关的作用而大大增加基因交换的频率．这对育种家调控基因组合来说是十分有用的。

5**B**S、5**D** 以及 5**A** 对 5**B**L 的二倍体化基因有抑制作用，5**B**S、5**D**、5**A** 的剂量增加将增加染色体组间二次配对（Riley，1968）。

Mello-Sampayo（1968）进一步观察到 3**D** 上也载有抑制染色体组间二次配对的基因系统，但从系统演化上来看起主导作用的还是 5**B**L。

由于以上这些基因的作用使小麦属多倍体种在减数分裂时具有二倍体化的正常分裂，从而使这些异源多倍体能够较为容易地形成稳定纯育的新种，从这里也可以看出 *Ae. speltoides* 不但是四倍体与六倍体小麦的细胞质、核仁以及 **B** 染色体组的供与者，同时也是多倍体小麦减数分裂二倍体化遗传基因的主要供与者。*Ae. speltoides* 在小麦多倍体种的形成过程中起着特殊突出的重要作用。

根据小麦亚族种属间杂交试验分析积累的资料，可以清楚地看到有一种明显的围绕中心染色体组演化的现象（Zohary 与 Feldman，1962）。在 *Triticum-Aegilops* 复合群中 *T. monococcum*（**A** 染色体组）、*Ae. umbellulata*（**U** 染色体组）与 *Ae. tauschii*（**D** 染色体组）发展成为高度特化的自花授粉遗传型，自体授粉的一年生植物，它们总是与含有 **B**

（＝**S**）、**C** 或 **M** 类群染色体组的二倍体植物杂交合成四倍体或六倍体新种。这些染色体组类群的二倍体种如 *Ae. speltoides* 与 *Ae. mutica* 都带有一对 5BL 上二倍体化基因呈显性的等位基因，同时它们表现异花授粉特性（Zohary 与 Imber，1963；Riley 与 Law，1965；Riley，1966）。含有 **C** 染色体组的 *Ae. caudata* 虽然具有的是一种隐性等位基因（Riley 与 Law，1965），但其表现隐性的程度又不如其他的，例如 *Ae. longissima*（Upadhya，1966），或许显示出较近才转变成为自花授粉的（MacKey，1968c）。这样一个自花授粉种与一个异花授粉种杂交形成一个二倍体化自花授粉的异源四倍体。这就很自然地由于这种一些细胞遗传学的原因，从而在 *Triticum-Aegilops* 群演化上发展成 3 个明显的中心，3 个染色体组类群。MacKey（1968c）依据这些研究结果又发表了一个新分类系统，如表 16。

表 16　MacKey 的分类系统[*]

（1968）

属　　　种	2n	染色体组型与类型	附随体染色体对数	对 5BL 等位基因的反应
Aegilops L.				
Polyoides（Zhuk）Kihara				
Ae. umbellulata Zhuk.	14	**C**u	2	隐性
Ae. ovata L.	28	**C**u**M**	2	
Ae. triaristata Willd.	28	**C**u**M**t	1	
Ae. recta（Zhuk.）Chenn.	42	**C**u**M**t**M**t2	2	
Ae. columnaris Zhuk.	28	**C**u**M**c	3	
Ae. biuncialis（Vill.）Vis.	28	**C**u**M**b	3	
Ae. variabilis Eig	28	**C**u**S**v	3	
Ae. triuncialis L.	28	**C**u**C**	3	
Cylindropyrum（Jaub. et Spach）Kihara				
Ae. caudata L.	14	**C**	2	隐性
Ae. cylindrica Host	28	**CD**	1～3	
Vertebrata（Zhuk.）Kihara				
Ae. tauschii Cosson	14	**D**	1	隐性
Ae. crassa Boiss. 4X	28	**DM**cr	2	
Ae. crassa Boiss. 6X	42	**DD**2**M**cr	3	
Ae. vavilovii（Zhuk.）Chenn. *	42	**DM**cr**S**1	3	
Ae. ventricosa Tausch.	28	**DM**v	1	
Ae. juvenalis（Thell.）Eig	42	**DC**u**M**j	2	
Amblyopyrum（Zhuk.）Kihara				
Ae. mutica Boiss.	14	**M**t	2	显性
Comopyrum（Jaub. et Spach）Sen. -Korch.				
Ae. comosa Sibth. et Sm.	14	**M**	2	隐性
Ae. uniaristata Vis.	14	**M**u	1	
Sitopsis Jaub. et Spach				
Ae. speltoides Tausch	14	**S**（＝**B**）	2	显性

（续）

属　　　种	2n	染色体组型与类型	附随体染色体对数	对 5BL 等位基因的反应
Ae. bicornis (Forsk.) Jaub. et Spach	14	**S^b**	2	隐性
Ae. longissima Schweinf. et Muschl. *	14	**S^c**	2	
Crithodium Link				
Cr. aegilopoides Link	14	**A**	1	隐性
Triticum L. emend MacKey（nov emend.）				
Dicoccoidea Flaksb.				
Tr. timopheevi Zhuk.	28	**AB（＝AG）**	2	
Tr. turgidum (L.) Thell.	28	**AB**	2	
Speltoidea Flaksb.				
Tr. zhukovskyi Men. et Er.	42	**AAB（＝AAG）**	2	
Tr. aestivum (L.) Thell.	42	**ABD**	2	
Triticale（Tscherm.）MacKey comb. nov.				
Tr. turgidosecale MacKey sp. nov.	42	**ABR**		
Tr. aestivosecale MacKey sp. nov.	56	**ABDR**		
Trititrigia MacKey sect. nov.				
Tr. turgidomedium MacKey，sp. nov.	42	**ABX**		
Tr. aestivomedium MacKey，sp. nov.	56	**ABDX**		

　　*　MacKey 上述分类系统中所用染色体组符号与木原等所用的有所不同，在木原等（1954）《小麦的研究》一书中 *Ae. longissima* 的染色体组为 **S^l**，在这里 MacKey 用 **S^c** 来表示 *Ae. longissima* 的染色体组，而用 **S^l** 表示 *Ae. vavilovii* 的染色体组中的 S 染色体组。

　　MacKey 虽然很重视 *T. timopheevi* 的演化成新种的形成过程，但他在 1966 年发表的分类系统上却没有很好地反映出来，在 1968 年的新分类系统中解决了这个问题。Lilienfeld 与木原（1934）把 *T. timopheevi* 另列为第四系，反映了 *T. timopheevi* 连接在不同的一个演化路线上是比较符合它们本身的发展路线的恰当处理。MacKey（1968）只按染色体倍数性把 *T. turgidum* 与 *T. timopheevi* 归入 Dicoccoidea 组，而把 *T. zhukovskyi* 与 *T. aestivum* 归入 Speltoidea 组，则不能完全反映演化的系统关系。他的人工合成的种的处理还是比较恰当的。另外把 *T. monococcum* L. 改为 *Crithodium aegilopoides* Link 有其的好的一面，一方面可以避免把 **A** 染色体组亲系看成是建成小麦属的主流，从而容易忽视 **B** 染色体组亲系在小麦属建造中的突出作用。另外，也可表明小麦属的杂种起源性质。但 **B** 染色体组亲系是杂交母本——细胞质供给者却没有表示出来。但在另一方面却增加了分类上的繁琐，同时也与长期的习惯，特别是农业上对栽培一粒小麦的习惯看法相矛盾，另立新属在演化理论上与实际应用上都不是绝对必要的。除去人工合成的新种外，MacKey（1966）把小麦属归并为 6 个种也基本上是正确的。因为细胞学与遗传学的研究说明了有 6 个这样的自然单位，因而应当有这样 6 个分类单位。

　　但他把原来习用的旧有种归为亚种只能说是一种打不破传统的旧观念的反映。比如说 *T. aestivum*（L.）subsp. *vavilovi*（Tum.）Sears 作为亚种，那么同样是小穗轴伸长的裸粒品种——西辐 1 号不是也应当作为一个亚种了吗？分枝型的普通小麦是不是也应当作为亚种？同样的情况存在于二粒系的种内，四川的矮蓝麦与通常所谓的 *T. sphaerococcum* 是两个种间的同型系列变异（homologous series of variation），那是否也把它作为 *T. turgidum* 种内的一个亚种？它们在遗传学上与育种学上的意义与地位完全是相同的，分类学上同级的，把它们（简阳矮蓝麦与 *sphaerococcum*）作为亚种都是毫无意义的，无论在演化的理论研究，还是在遗传上作为研究材料，育种学上实际运用都只能造成繁琐与混乱。而实际上它们只是分类学上研究得不深入时，根据形态学粗浅的见解所作的不恰当的分类划分，从而定立的错误的种名，实际上它们都应当是异名（synonym），都应该废弃。而这样一些被描述为"种"或"亚种"类群，都只能是一些农业上的品种，或品种类群——品种族，或在自然选择下形成的生态型——变种。

Chen、Gray 与 Wildman（1975）对叶绿体片段 1 蛋白质多肽组分析，显示出四倍体小麦与六倍体小麦，无论是 *T. turgidum* 的二粒小麦，野生二粒小麦 *T. timopheevi* 抑或是 *T. aestivum*，它们的图谱与 *Ae. speltoides* 十分一致，而与 *T. monococcum*、*T. urartu* 以及 *Ae. tauschii* 显然不同（图 13）。说明多倍体小麦的叶绿体基因组是来自 *Ae. speltoides*，或与其十分相近的二倍体种，并且在杂交形成异源多倍体时，*Ae. speltoides* 或其十分相近的二倍体种是母本。

Johnson 与 Dhaliwal（1976、1978）、Dhaliwal（1977）在报告中指出，*T. monoco-*

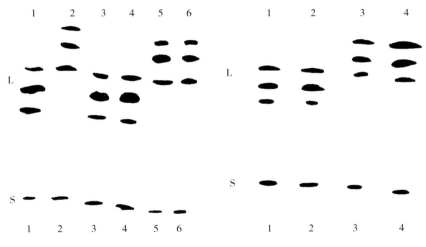

图 13　不同小麦与亲缘物种的叶绿体蛋白的多肽组分带谱

左：

1. *T. tauschii*　2. *T. speltoides*　3. *T. monococcum* ssp. *urartu*

4. *T. monococcum* concv. 一粒小麦　5. *T. turgidum* concv. 二粒小麦

6. *T. aestivum*

右：

1. *T. monococcum* var. *boeoticum*

2. *T. monococcum* var. *boeoticum* × *T. turgidum* var. *dicoccoides*

3. *T. turgidum* var. *dicoccoides* × *T. monococcum* var. *boeoticum*

4. *T. turgidum* var. *dicoccoides*

L. 大亚单位多肽；S. 小亚单位多肽

（根据 Chen、Gray 与 Wildman，1975，复制）

ccum var. *boeoticum* 与 *thaoudar* 之间的杂交则不相同。以 *boeoticum* 为母本，F₁ 能受精结实，F₁ 植物也能正常生长，但是 F₁ 植株不再正常结实（虽然其花粉中有1.8%～28.4%是能用 I₂-KI 染上色，看来是正常的花粉粒）；其减数分裂在 MI 常具有 6 个闭合的环状二价体与 1 个棒状二价体，外观上看不出有什么染色体结构性上大的差异，不妨碍染色体的配对，但它们染色体组间一些微小的差异已足以引起配子体发育受阻，而导致 F₁ 植株不育。如以 *urartu* 作为母本，则在幼胚发育时即因发育受阻而导致死亡，在自然生长情况下不结实。幼胚经人工培养能发育成为 F₁ 植株，F₁ 植株有 10.8% 的花粉粒能用 I₂-KI 染色，表明近于正常，但 F₁ 植株仍完全不能结实。以 *urartu* 作母本，栽培一粒小麦作父本，则 F₁ 植株能正常生长。从叶上具毛与否和花药长度来看，栽培一粒小麦近于 *boeoticum* 与 *urartu* 之间的中间性状。Johnson 与 Dhaliwal（1976）认为，似乎有可能栽培一粒小麦是 *boeoticum* 与 *urartu* 之间的杂种起源。Dhaliwal（1977）更认为栽培一粒小麦是来源于 *boeoticum*，并渗入了有限的 T. *urartu* 遗传物质。作者认为它们的染色体组符号，T. *monococcum* 及其变种 var. *boeoticum* 与 var. *thaoudar* 定为 **Aᵐ**，T. *urartu* 的染色体组应定为 **A**，因为 T. *urartu* 染色体组与原来在二粒系小麦中订立的 **A** 组，以及普通小麦种的 **A** 组是完全一样的。

从 *boeoticum* 以及 *thaoudar* 与 *urartu* 在它们共同的分布区内的自然情况下，具有生殖隔离的客观现实情况来看，它们在系统演化上已是各自独立发展类群。在种群演化上，正如 T. *timoppeevi* 与 T. *turgidum* 的关系一样，把它们看成是独立的种是恰当的，MacKey（1975）把 T. *urartu* 当成独立的种来处理也恰如其分。

这里我们还是把 MacKey（1975）的分类系统介绍如表 17，供参考。

表 17　根据遗传学概念的 *Triticum*（L.）SUM. 属下分类

（MacKey，1975）

Monococca Flaksb

2n＝14

T. *monococcum*（L.）MK　一粒小麦

　ssp. *boeoticum*（Boiss）MK　野生一粒小麦

　　var. *aegilopoides*（Bal. ex Korn.）MK

　　var. *thaoudar*（Reut.）Perc.

　ssp. *monococcum*

T. *urartu* Tum.　乌拉尔图小麦

Dicoccoidea Flaksb. 2n＝28	conv. *turanicum*（Jakubz.）MK. 东方小麦
T. *timopheevi*（Zhuk.）MK. 提摩菲维小麦	conv. *polonicum*（L.）MK. 波兰小麦
ssp. *araraticum*（Jakubz.）MK. 阿拉拉特小麦	ssp. *carthlicum*（Nevski）MK. 波斯小麦
ssp. *timopheevii*（Zhuk.）MK. 提摩菲维小麦	Speltoidea Flaksb. 2n＝42
T. *turgidum*（L.）Thell. 圆锥小麦	T. *zhukovskyi* Men. et Er. 茹可夫斯基小麦
ssp. *dicoccoides*（Korn.）Thell. 野生二粒小麦	T. *aestivum*（L.）Thell. 普通小麦
ssp. *dicoccum*（Schrank）Thell. 二粒小麦	ssp. *spelta*（L.）Thell. 斯卑尔塔小麦
ssp. *paleocolchicum*（Men）MK. 考尔希二粒小麦	ssp. *macha*（Dek. et men.）MK. 莫迦小麦
ssp. *turgidum*（L.）MK. 圆锥小麦	ssp. *vulgare*（Vill.）MK. 普通小麦
conv. *turgidum*（L.）MK. 圆锥小麦	ssp. *compactum*（Host）MK. 密穗小麦
conv. *durum*（Desf.）MK. 硬粒小麦	ssp. *sphaerococcum*（Perc.）圆粒小麦

　　T. timopheevi 与 *T. turgidum*、*T. aesticum* 杂交会形成细胞质雄性不育（Wilson 与 Ross，1962；Maan 与 Lucken，1968），表明 *T. timopheevi* 类群的细胞质与 *T. turgidum*、*T. aestivum* 的细胞质有所不同。*T. timopheevi* 的细胞质与 *Ae. speltoides* 的细胞质十分相似，*T. turgidum*、*T. aestivum* 与 *Ae. speltoides* 虽然也可以说是相近的类型，但它们之间

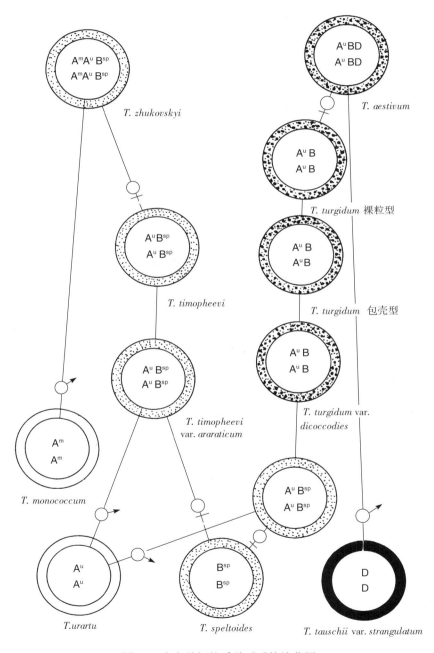

図 14　小麦种间核质关系系统演化图

表 18 小麦演化关系新近见解

（按 Felldman，1976；依 Croston 与 Williams，1981）

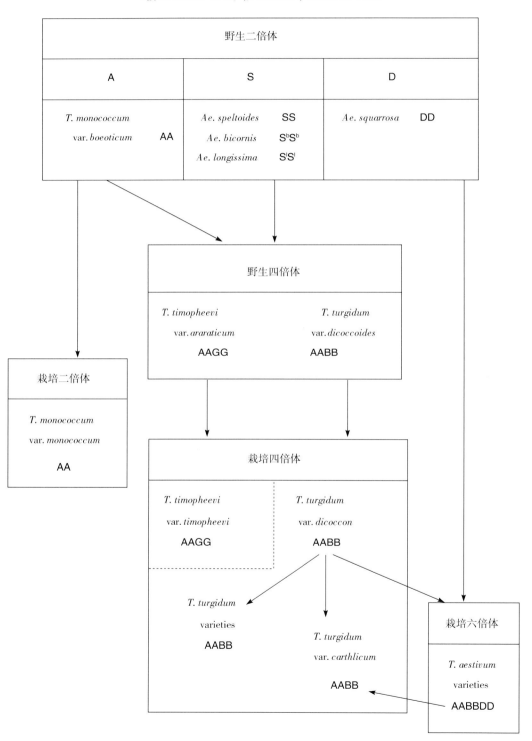

表 19 *Triticum* L. 种的系统
（根据 Дорофеев 与 Мигущова，1979）

一般特征	2n	*Triticum* 亚属			*Boeoticum* 亚属		
		组	染色体组组成	种	组	染色体组组成	种
一粒小麦	14	Urartu Dorof et A. Filat	**A**u	*T. urartu* Thum. ex Gandil.	Moncoccon Dum.	**A**b	*T. boeoticum* Boiss.
	14		**A**u	无		**A**b	*T. monococcum* L.
	14		**A**u			**A**b	*T. sinskajae* A. Filat. et Kurk.
二粒小麦	28	Dicoccoides Flaksb.	**A**u**B**	*T. dicoccoides*（Koern. ex Aschers. et Graebn.）Schweinf.	Timopheevii A. A. Filat. et Dorof.	**A**b**G**	*T. araraticum* Jakubz.
	28		**A**u**B**	*T. dicoccum*（Schrank）Schuebl.		**A**b**G**	*T. timopheevi*（Zhuk.）Zhuk.
	28		**A**u**B**	*T. ispahanicum* Heslot		**A**b**G**	无
	28		**A**u**B**	*T. kuramyschevii* Nevski		**A**b**G**	无
	42		**A**u**B**	无		**A**b**G**	*T. zhukovskyi* Menabde et Ericzjan
四倍体裸粒	28		**A**u**B**	*T. durum* Desf.		**A**b**G**	无
	28		**A**u**B**	*T. turgidum* L.		**A**b**G**	无
	28		**A**u**B**	*T. jakubzineri* Udacz. et Schachm.		**A**b**G**	无
	28		**A**u**B**	*T. turanticum* Jakubz.		**A**b**G**	无
	28		**A**u**B**	*T. aethiopicum* Jakubz.		**A**b**G**	无
	28		**A**u**B**	*T. polonicum* L.		**A**b**G**	无
	28		**A**u**B**	*T. persicum* Vav.（= *T. carthlicum* Evski）		**A**b**G**	*T. militinae* Zhuk. et Migusch.
斯卑尔塔小麦	42	Triticum	**A**u**BD**	*T. spelta* L.	Kiharae Dorof	**A**b**GD**	*T. kiharae* Dorof. et Migusch.
	42		**A**u**BD**	*T. macha* Dekapr. et Menabde		**A**b**GD**	无
	42		**A**u**BD**	*T. vavilovii* Jakubz.		**A**b**GD**	无
六倍体裸粒	42		**A**u**BD**	*T. aestivum* L.		**A**b**GD**	无
	42		**A**u**BD**	*T. compactum* Host		**A**b**GD**	无
	42		**A**u**BD**	*T. sphaerococcum* Perciv.		**A**b**GD**	无
	42		**A**u**BD**	*T. petropavlovskyi* Udacz. et Migusch.		**A**b**GD**	无

的差异要大一些（末本，1968、1973）。这些客观事实显示了 *T. timopheevi* 的细胞质直接来源于 *Ae. speltoides*。近年来分子遗传学的"连续核苷酸序列（RNS）"分析的结果更证实 **G** 染色体组就是 **S** 染色体组（Dvorak，1998）。*T. turgidum* 类群的细胞质从何而来？可能有两种稍有不同的推测途径：一种就是它来源于已绝灭的，与 *Ae. speltoides* 相近似的另一个 *Sitopsis* 二倍体种，这也就是 Konzak（1977）的推测。另一种可能是当原始的四倍体小麦，也就是与 *T. timopheevi* var. *araraticum* 相当的四倍体小麦，从 *Ae. speltoides* 与 *T. urartu* 杂交形成以后，在继续天然杂交与基因突变过程中，在改变其核内的 **B^{SP}** 染色体组为 **B** 组的同时，也发生了细胞质的突变，从而形成 *T. turgidum* var. *dicoccoides* 的细胞质，细胞质突变发生在原始四倍体小麦形成以后。因此，在 *T. turgidum* 中，核仁形成体主要是 1**B** 与 6**B** 染色体上，核仁形成体的基因是与细胞质相适应的 **B** 染色体组的改变，当然也可能包括 1**B**、6**B** 的改变，而导致细胞质类型的改变。*T. turgidum* var. *dicoccoides* 这样一个较为古老的天然双二倍体种，它的新型 **B** 染色体组以及与之相适应的新型细胞质，在自然选择下使最适者保存发展了起来。从而构成 *T. turgidum* var. *dicoccoides* 的特殊类型的细胞质，正如其特殊类型的 **B** 染色体组一样，而不再与其二倍体亲本相似。小麦属种的核质起源关系表示如图 14。

1976 年，Feldman 在 Simmonds 编辑的《作物演化》一书中所写的"小麦"一章发表了他对小麦演化的见解，后为 Croston 与 Williams（1981）所引用，其看法可以反映如表 18。

1979 年，苏联的 В. Ф. Дорофеев 与 З. Ф. Мигущова 发表一篇题为"小麦属种的系统"的文章，他们将小麦属分为两个亚属，即 *Triticum* 亚属与 *Boeoticum* 亚属。在细胞学上前者 **A** 染色体组为 **A^u** 型，后者为 **A^b**（=**A^m**）型。整个属的分类系统如表 19 所示。他们提出这个系统有一点似乎是可取的，即以 **A^u** 与 **A^b** 染色体组将小麦属分为两个亚属，他们认为在形态上可以从叶片是否被长毛来识别，十分方便。但 Дорофеев 与 Мигущова 把栽培一粒小麦放在 *Boeoticum* 亚属中则不太恰当。前面已经谈到，栽培一粒小麦可能是 *boeoticum* 与 *urartu* 之间的杂种起源，正如 Dhaliwal（1977）所认为的它是在 *boeoticum* 的基础上渗入了 *urartu* 的遗传物质。从染色体组来讲，*T. monococcum* 虽然可以属于 **A^b**，但形态上无长毛。这在 Дорофеев 与 Мигущова 的系统中是没有反映出来的。另外，*T. timopheevi* 的 **A** 染色体组是来源于 *T. urartu*，是 **A^u**，不是 **A^b**；他们将 *T. zhukovskyi* 放在四倍体包壳小麦群之中，在染色体组组成中也未能反映 **A^{b}A^{b}A^{u}A^{u}GG** 染色体组的组成，显然都是不恰当的。他们因袭苏联学派无视生殖隔离与染色体组型的自然类群系统的物种划分的客观原则，而以主观形态指标来划分，把没有生殖隔离、染色体组相同、存在连续中间类型的人为种，都认为是种一级单位，作者认为也是很不恰当的。这样的分类系统不是自然系统，而是人为分类。*T. kiharae* 从染色体组型来看，是可以定为种。但它是在收集材料中发现的，很可能是人工合成材料。像这样人工合成的新种还有许多，它还没有一定的分布区，列入自然分类系统中也会"挂一漏万"。作者认为不列为好。

由于细胞遗传学研究的深入发展，到 20 世纪 80 年代，在小麦族的染色体组分析上虽然尚未彻底把自然界存在的组查清，但已积累了相当丰富的资料，使属种间的自然关系有了比较清晰的轮廓。Áskell Löve（1982）对麦类禾草（wheatgrasses）属的演化提出一个基于染色体组组合的概念，他把属界定为一种染色体组或一种染色体组的组合，即为一个属。他在 1984 年发表的"小麦族大纲"（Conspectus of the *Triticeae*）中，把小麦属（*Triticum* L.）分为以下 3 个属：

    1. *Crithodium* Link（1852），Linnaea 9：132.

        C. monococcum（L.）Á. Löve，1984. Feddes
          Repert. 95：490.

          ssp. *monococcum*（L.）Á. Löve，1984. Feddes
            Repert. 95：490.   **A**

          ssp. *aegilopoides*（Link）Á. Löve，1984.
            Feddes Repert. 95：490.   **A**

        C. urartu（Thumanian）Á. Löve，1984. Feddes
          Repert. 95：491.   **A**

        C. jerevani（Thumanian）Á. Löve，1984. Feddes
          Repert. 95：491.   **AA**

    2. *Gigachilon* Seidl（1836），in Berchtold & Seidl，Oekon. -techn. Fl. Bohmens 1：425.

          sect. Gigachilon

        G. polonicum（L.）Seidl，1836. in Berchtold &
          Seidl，Oekon. -techn. Fl. Bohmens 1：425.   **AB**

          ssp. *polonicum*（L.）Á. Löve，1984. Feddes
            Repert. 95：496.

          ssp. *carthlicum*（Nevski）Á. Löve，1984. Feddes
            Repert. 95：496.

          ssp. *dicoccoides*（Korn. ex Schweinf.）Á. Löve，
            1984. Feddes Repert. 95：496.

          ssp. *dicoccon*（Schrank）Á. Löve，1984. Feddes
            Repert. 95：497.

          ssp. *durum*（Desf.）Á. Löve，1984. Feddes
            Repert. 95：497.

          ssp. *palaeocolchicum*（Á. Löve & D. Löve）
            Á. Löve，1984. Feddes Repert. 95：497.

          ssp. *turanicum*（Jakubz.）Á. Löve，1984. Feddes
            Repert. 95：497

          ssp. *turgidum*（L.）Á. Löve，1984. Feddes
            Repert. 95：497.

        G. aethiopicum（Jakubz.）Á. Löve，1984. Feddes
          Repert. 95：497.   **AB**

sect. Kiharae (Dorofeev & Migusch.) Á. Löve,

1984. Feddes Repert. 95：497.

G. timopheevii (Zhuk.) Á. Löve, 1984. Feddes

Repert. 95：497.　　　　　　　　　　**AB**

ssp. *timopheevii*

ssp. *armeniacum* (Jakubz.) Á. Löve, 1984.

Feddes Repert. 95：497.

G. zhukovskyi (Menabde & Ericzjan) Á. Löve,

Feddes Repert. 95：498.　　　　　　　**AAB**

3. *Triticum* L., 1753. Sp. Pl.：85, p. p.　　　　**ABD**

T. aestivum L., 1753. Sp. Pl.：85.

ssp. *aestivum* (L.) Bowden, 1959. Canad. J.

Bot. 37：674.

ssp. *compatum* (Host) Thell., 1918. Naturw.

Wochenschr. 17：471.

ssp. *hadropyrum* (Flaksb.) Tzvelev, 1973.

Nov. Sist. Vyssch. Rast. 10：43.

ssp. *macha* (Dekapr. & Menabde) MacKey, 1954.

Svensk Bot. Tidskr. 48：586.

ssp. *splta* (L.) Thell., 1918. Naturw.

Wochenschr. 17：471.

ssp. *sphaerococcum* (Perc.) MacKey, 1954.

Svensk Bot. Tidskr. 48：580.

ssp. *vavilovii* (Jakubz.) Á. Löve, 1984.

Feddes Repert. 95：499.

他把山羊草 (*Aegilops*) 属划分为以下 13 个属：

1. *Sitopsis* (Jaub. & Spach) Á. Löve (1982), Biol. Zentralbl. 101：206.

S. speltoides (Tausch) Á. Löve, comb. nov.　**B**

S. bicornis (Forssk.) Á. Löve, 1984. Feddes

Repert. 95：491.　　　　　　　　　　**B**

S. longissima (Schweidf. & Muschl.) Á. Löve,

comb. nov.　　　　　　　　　　　**B**

S. searsii (Feldman & Kislev) Á. Löve, 1984.

Feddes Repert. 95：492.　　　　　　　**B**

S. sharonensis (Eig) Á. Löve, 1984. Feddes

Repert. 95：492.　　　　　　　　　　**B**

2. *Orrhopygium* Á. Löve (1982), Biol. Zentralbl. 101：206.

O. caudatum (L.) Á. Löve (1982), Biol.

Zentralbl. 101：206.　　　　　　　　　　　　　　　　**C**

3. *Patropyrum* Á. Löve（1982），Biol. Zentralbl. 101：206.

　　P. tauschii（Cosson）Á. Löve，1982. Biol.

　　　　Zentralbl. 101：206.　　　　　　　　　　　**D**

　　　　ssp. *tauschii*（Cosson）Á. Löve. 1984. Feddes

　　　　　　Repert. 95：493.

　　　　ssp. *strangulatum*（Eig）Á. Löve，1984. Feddes

　　　　　　Repert. 95：493.

　　　　ssp. *salinum*（Zhuk. ）Á. Löve，1984. Feddes

　　　　　　Repert. 95：493.

4. *Comopyrum*（Jaub. & Spach）Á. Löve（1982）. Biol. Zentralbl. 101：207.

　　Co. comosum（Sibth. & Smith）Á. Löve，1982.

　　　　Biol. Zentralbl. 101：207.　　　　　　　　**M**

　　　　ssp. *comosum*（Sibth. et Smith）Á. Löve，1984.

　　　　　　Feddes Repert. 95：493.

　　　　ssp. *heldreichii*（Holzm. ）Á. Löve，1984.

　　　　　　Feddes Repert. 95：494.

5. *Amblyopyrum*（Jaub. & Spach）Eig（1929），Agric. Ree.（Tel-Aviv）2：199.

　　Am. muticum（Boiss. ）Eig，1929. Agric. Ree.

　　（Tel-Aviv）2：199.　　　　　　　　　　　　　**Z**

　　　　ssp. *muticum*（Boiss. ）Á. Löve，1984.

　　　　　　Feddes Repert. 95：494.

　　　　ssp. *loliaceum*（Jaub. & Spach）Á. Löve，

　　　　　　1984. Feddes Repert. 95：494.

6. *Chennapyrum* Á. Löve（1982），Biol. Zentralbl. 101：207.

　　Ch. uniaristatum（Vis. ）Á. Löve，1982. Biol.

　　　　Zentralbl. 101：207.　　　　　　　　　　　**L**

7. *Kiharapyrum* Á. Löve（1982），Biol. Zentralbl. 101：207.

　　K. umbellulatum（Zhuk. ）Á. Löve，1982.

　　　　Biol. Zentralbl. 101：207.　　　　　　　　**U**

　　　　ssp. *umbellulatum*（Zhuk. ）Á. Löve，1984.

　　　　　　Feddes Repert. 95：495.

　　　　ssp. *transcaucasicum*（Dorof. & Migusch. ）

　　　　　　Á. Löve，1984. Feddes Repert. 95：495.

8. *Aegilemma* Á. Löve，1982，Biol. Zentralbl. 101：207.

　　Ae. kotschyi（Boiss. ）Á. Löve，1982，Biol.

　　　　Zentralbl. 101：207.　　　　　　　　　　　**BU**

　　Ae. peregrina（Hackel）Á. Löve，1984. Feddes

Repert. 95：499 **BU**

 ssp. *peregrina*（Hackel）Á. Löve，1984. Feddes

  Repert. 95：499.

 ssp. *cylindrostachys*（Eig & Feinbrunn）

  Á. Löve，1984. Feddes Repert. 95：499.

9. *Cylindropyrum*（Jaub. & Spach）Á. Löve（1982），Biol. Zentralbl. 101：207.

 C. cylindricum（Host）Á. Löve，1982. Biol.

  Zentralbl. 101：207. **CD**

 ssp. *cylindricum*（Host）Á. Löve，1984. Feddes

  Repert. 95：500.

 ssp. *pauciaristatum*（Eig）Á. Löve，1984. Feddes

  Repert. 95：500.

10. *Aegilopodes* Á. Löve，1982. Biol. Zentralbl. 101：207

 Ae. triuncialis（L.）Á. Löve，1982. Biol.

  Zentralbl. 101：207. **CU**

 ssp. *triuncialis*（L.）Á. Löve，1984. Feddes

  Repert. 95：501

 ssp. *persica*（Boiss.）Á. Löve，1984. Feddes

  Repert. 95：501.

11. *Gastropyrum*（Jaub. & Spach）Á. Löve（1982）. Biol. Zentralbl. 101：208.

 Ga. ventricosum（Tausch）Á. Löve，1982. Biol.

  Zentralbl. 101：208. **DM**

 Ga. crassum（Boiss.）Á. Löve，1984. Feddes **DM**

  Repert. 95：501.

 Ga. glumiaristatum（Eig）Á. Löve & McGuire，1984.

  Feddes Repert. 95：502 **DDM**

 Ga. vavilovii（Zhuk.）Á. Löve，1984. Feddes

  Repert. 95：502 **DMM**

12. *Aegilonarum* Á. Löve（1982），Biol. Zentralbl. 101：208.

 Ae. juvenale（Thell.）Á. Löve，1982. Biol.

  Zentralbl. 101：208. **DUM**

13. *Aegilops* L.（1753），Sp. Pl.：1050.

 Ae. ovata L. 1753 Sp. Pl. 1050，emend. Roth. 1793，

  in Usteri，Ann. d. Bot. 4：41. **UM**

 Ae. geniculata Roth，1787，Bot. Abhandl. Beobacht.：45. **UM**

 ssp. *geniculata*（Roth）Á. Löve，1984. Feddes

  Repert. 95：503.

 ssp. *globulosa*（Zhuk.）Á. Löve，1984. Feddes

Repert. 95：503.

Ae. lorentii Hochst.，1845，Flora 28：25.   **UM**

  ssp. *lorentii*（Hochst.）Á. Löve，1984. Feddes

    Repert. 95：503.

  ssp. *archipelagica*（Eig）Á. Löve，1984. Feddes

    Repert. 95：504.

  ssp. *pontica*（Degen）Á. Löve，1984. Feddes

    Repert. 95：504.

Ae. columnaris Zhuk.，1928，Tr. Prikl. Bot. Genet.

    Sel. 18：448.   **UM**

Ae. recta（Zhuk.）Chennaveeraiah，1960. Acta Horti.

    Gotob. 23：165.   **UMM**

    Löve 的上述分类，山羊草属（*Aegilops*）被分为 13 个属，其中就有 9 个单种属。像这样到了一个极端，显然就失去分属的意义。发表后 10 多年来，只有第二届小麦族国际会议关于小麦族染色体组符号的命名报告引用了他这个系统，来比较旧用符号与新建议符号的异同，目的是便于比较（因为只有 Á. Löve 在他这个系统中作过整个族的染色体组命名）。作者没有看到任何其他有关小麦属与山羊草属的文献采用他这个分类系统。Löve（1984）这个小麦族大纲有它进步的一面，即引用细胞遗传学以及现代各个学科的新成果，希望按客观的自然系统把小麦族各个分类群系统地加以整理，使它符合客观实际。Á. Löve 是个先行者，但他受到历史的局限，当时还有一些染色体组未发现或未被公认，如 **Y** 染色体组；一些分类群（taxon）——物种的染色体组组成也还未查清，例如 Löve 的 **J** 染色体组与 **E** 染色体组实际上只是变型的差异（**J**=**E**^{b}，**E**=**E**^{e}）。同时，Löve 没有看到"属"具有一定程度的人为性。客观存在的自然单位只有个体，而物种是由生殖传递联系起来的个体群，也有比较清楚的界限，但种以上的分类单位是没有截然的界限的。虽然是在自然演化进程中相近的种群常常彼此间多少有聚类的表现，但是它不是客观存在的自然单位，已如前述。

    不同的种与种间、属与属间，它们的遗传，以及演化距离也是各不相同的，例如 Yen，Y.（颜旸）和 Kimber（1990）用变量（variable）$\log_e(x/y)$ 来测定含 **S** 染色体组的各个种群间的遗传距离。测定的结果表明，虽然它们相互间都同样是 **S** 染色体组亚型间的差异，但是它们相互间的遗传距离却是各不相等的。测定的数据如下：

Ae. searsii—*Ae. speltoides* = 1.964

Ae. searsii—*Ae. bicornis* = 1.919

Ae. searsii—*Ae. longissima* = 2.070

Ae. bicornis—*Ae. speltoides* = 1.614

Ae. bicornis—*Ae. longissima* = 2.031

Ae. bicornis—*Ae. sharonensis* = 2.111

Ae. speltoides—*Ae. sharonensis* = 1.361

Ae. speltoides—*Ae. longissima* = 2.966

Ae. longissima—Ae. sharonensis = 1.355

至于其他种间遗传距离的差异可就更大得多。例如，上述含 **S** 染色体组的物种间只是染色体亚型的不同就构成不同的种。而就在同一的 *Triticum-Aegilops* 种群中，其他的种与种之间的差异却是染色体组或染色体组组合的不同。例如 *T. turgidum* 与 *T. timopheevi* 之间，*T. turgidum* 与 *T. aestivum* 之间就是这样。当然，这里面还有一个小问题，那就是定染色体组或亚型的标准虽然也有个规范，但是遗传距离本身就是相对的。虽然这并不影响染色体组及其亚型的确定，也不影响染色体组及其亚型的科学客观真实性，而实质上它们之间具有相对性。至于属与属间，属以上的分类等级由于没有确切的界限，其间有许多的中间类型。因而，种以上的分类群的划分，必然具有不同程度的人为性。种聚类为属是分类学上应用的需要，多数成为单种属，就实际上取消了属的建制，失去了属的意义。Á. Löve 没有认识到由于种间的遗传与演化的距离客观上不是相等的，因而种以上的自然聚类群间因中间类型的存在而界限是模糊的。为了应用，既然属以上的分类不可避免地带有人为性，就更需要尊重习惯。这也是 Á. Löve 的这个系统在小麦属的分类上不为人们所接受的主要原因，过于繁琐。作者认为属的恰当的处理是在反映自然聚类的同时又照顾传统习惯，便于应用就是恰当的了。

在 1985 年苏格兰爱丁堡大学 Davis，P. H. 主编的《土耳其及东爱琴群岛植物志 (Flora of Turkey and the East Aegean Islands)》一书，主张 *Aegilops* 与 *Triticum* 仍然分为两属。*Aegilops* 属由 Davis 自己编写，记载了 15 个种。

1. *Ae. speltoides*
2. *Ae. markgrafii*
3. *Ae. cylindrica*
4. *Ae. tauschii*
5. *Ae. crassa*
6. *Ae. comosa*
7. *Ae. uniaristata*
8. *Ae. umbellulata*
9. *Ae. peregrina*
10. *Ae. kotschyi*
11. *Ae. triuncialis*
12. *Ae. bicornis*
13. *Ae. columnaris*
14. *Ae. neglecta*
15. *Ae. geniculata*

其中采用 *Ae. markgrafii* (Greuter) Hammer 而取代了 *Ae. caudata* L.，把 *Ae. caudata* L. 作为异名。同样用 *Ae. neglecta* Req. ex Bertol 取代了 *Ae. triaristata* Willd.，*Ae. geniculata* Roth 取代了 *Ae. ovata* L. 及 *Ae. ovata* sensu Willd.。

最近一段时间，欧洲有好几位分类学家做了同一类的事情。如 Greuter（1968）、Slageren（1994），他们把合法的学名当成不合法的异名来处理。他们这种做法，与近年

来把 **D** 染色体供体种被人错定的学名——*Ae. squarrosa* L. 更正为 *Ae. tauschii* Cosson 一事完全不同。因为当年 Linné 从来就没有过把 **D** 染色体供体植物称为 *Ae. squarrosa* L. 这样的事实，他称为 *Ae. squarrosa* L. 实际是 *Ae. triuncialis* L. 的一种变型，以及应为 *Ae. speltoides* Tausch 与 *Ae. ventricosa* Tausch 的几份标本。把含 **D** 染色体组的二倍体植物叫做 *Ae. squarrosa* L. 是后人把它搞错了的，用它的正确学名更正过来当然是必要的。上述这种取代，则完全不同。因为 Linné 是根据特定的标本来描述、来定的名。长期以来为学者所公认，只是年代久远而标本不存在了。新指定一份模式标本就把原来合理的学名也要改了，这不但容易造成混乱，也不符合实事求是的科学原则。后人随便指定一份标本就把前人的合法定名给取代了，也不公平。即使于命名法规上有"根据"，不合理的法规也应当修订，法规是人定的。虽然它有其权威性，但在一定的国际会议上也是允许修订的。

同书，由 Kit Tan 编写的 *Triticum* 属，Tan 承认 10 个种，2 个亚种，2 个变种，即：

1. *T. boeoticum* Boiss.

    subsp. *boeoticum*

    subsp. *thaoudar*（Reuter ex Hausskn.）Schiemann

2. *T. monococcum* L.

3. *T. timopheevi*（Zhuk.）Zhuk.

    var. *araraticum*（Jukubz.）Yen

    var. *timopheevi*.

4. *T. dicoccoides*（Koern.）Koern.

5. *T. dicoccon* Schrank

6. *T. durum* Desf.

7. *T. turgidum* L.

8. *T. polonicum* L.

9. *T. carthlicum* Nevski

10. *T. aestivum* L.

Tan 的这个处理是完全无视现代实验生物学的科学数据，在 20 世纪 90 年代，还完全停留在半个世纪以前陈旧的形态分类学老框框之中。把 *T. boeoticum* 与 *T. monococcum* 并列成为同一级的种，把 *T. turgidum*、*T. dicoccon*、*T. durum*、*T. polonicum*、*T. carthlicum* 与 *T. dicoccoides* 也并列成为同一级的种，而在演化序列上与 *boeoticum* 以及 *dicoccoides* 相当的 *araraticum* 却又作为 *T. timopheevi* 的一个变种 var. *araraticum*，说明作者对现代实验科学的成果不但是"熟视无睹"，而且概念上也完全是混乱的。

1994 年，荷兰瓦金尼津农业大学（Wageningen Agricultural University）与叙利亚国际干旱地区农业研究中心（International Center for Agricultural Research in the Dry Areas）联合出版于 M. W. van Slageren 编著的《野生小麦：山羊草与无芒麦（禾本科）专著〔Wild wheats：a monograph of *Aegilops* L. and *Amblyopyrum*（Jaub. & Spach）Eig（Poaceae）〕》。在这本书中，作者对 Linné 前的文献作了比较详细的叙述，虽然题为"野生小麦"，也正如书名，它是一本山羊草与无芒麦属的专著。对于小麦属，他只对野生种

作如下的叙述：

Ⅰ. sect. *Monococcon* Dumort.，Observ. Gramin. Belg. 94（1824）.

    1. *T. monococcum* L.

        a. ssp. *monococcum*——栽培型

        b. ssp. *aegilopoides*（Link）Thell.——野生型

    2. *T. urartu* Tumanian ex Gandilyan，Bot. Zhurn. 57：176（1972）.

Ⅱ. sect. *Dicoccoide* Flaksb.，Ann. State Inst. Exp. Agric. 6（2）：39（1928）.

    3. *T. turgidum* L. Sp. Pl.（ed. 1）1：86（1753）.

        a. ssp. *turgidum*

        b. ssp. *carthlicum*（Nevski）Á. Löve & D. Löve

        c. ssp. *dicoccon*（Schrank）Thell.

        d. ssp. *durum*（Desf，）Husn，

        e. ssp. *paleocolchicum*（Menabde）Á. Löve & D. Löve

        f. ssp. *polonicum*（L.）Thell.

        g. ssp. *turanicum*（Jakubz.）Á. Löve & D. Löve

        h. ssp. *dicoccoides*（Korn. ex Asc. & Graebn.）Thell.

    4. *T. timopheevi*（Zhuk.）Zhuk.

        a. ssp. *timopheevii*——栽培型

        b. ssp. *armeniacum*（Jakubz.）van Slageren——野生型

Ⅲ. sect. *Triticum*.

    5. *T. aesticum* L.

        a. ssp. *aestivum*——面包小麦

        b. ssp. *compactum*（Host）MacKey

        c. ssp. *macha*（Dekapr. & Menabde）MacKey

        d. ssp. *spelta*（L.）Thell.

        e. ssp. *sphaerococcum*（Percival）MacKey

    6. *T. zhukovskyi* Menabde & Ericz.

    van Slageren 对小麦属的处理基本上是按瑞典学者 MacKey（1954b）的系统处理的。已如前述，MacKey 的观点在 1954 年以后已有很大的发展（MacKey，1957），van Slageren 还在按 MacKey 旧体系表达，比如 MacKey 已不再把 *turgidum*，*durum*、*turanicum*、*polonicum* 看成是亚种，而把它们看做是品种群（conv.）。这一很大的进步 van Slageren 却没有跟上。虽然 MacKey 的见解还不是完全符合现代实验生物学的客观论据。

    这本书主张 *Aegilops*、*Amblyopyrum* 与 *Triticum* 三属分离。前面我们已经论证了属的分合是无关大局的，只要与自然聚类基本一致就恰当了。*Amblyopyrum* 与 *Aegilops* 及 *Triticum* 两个聚类群距离都比较远，把它单独分开是比较切合自然聚类实际的。

    在 *Aegilops* 与 *Amblyopyrum* 两属上作者作了大量而详细的考证工作，很有参考价值。正如上述，作者也是跟随 Greuter 把 *Ae. ovata* L. 作为 *Ae. geniculata* Roth 的异名来处理。理由是 Greuter 把 Roth 在 1787 发表的 *Ae. geniculata* Roth 的标本指定为这一分

类群的"指定模式标本（LT）"，因此就把先发表的 *Ae. ovata* L. 颠倒过去作为 *Ae. geniculata* Roth 的异名，而把原来 *Ae. ovata* L. 的异名 *Ae. geniculata* Roth 又倒过来作为学名。van Slageren 认定 *Ae. squarrosa* L. 不能作为二倍体的染色体供体植物的学名是因为 1966 年 Bowden 已把 LINN1218.9 号标本指定为 *Ae. squarrosa* L. 的指定模式标本，而它却是 *Ae. triuncialis* 一种变型。因此，**D** 染色体供体植物就不能再用它来作为学名，只能用 *Ae. tauschii* Cosson 作为它的学名。笔者认为把 *Ae. tauschii* Cosson 作为这个分类群的学名是正确的，但是他所说的理由却是一种本末倒置的逻辑，一种刻板的形式主义的观点。笔者认为之所以 *Ae. tauschii* Cosson 是 **D** 染色体供体植物的唯一正确的学名，主要是因为 Cosson 早在 1849 年，首先正确鉴定、描述，并正式命名发表了这个分类群，而以 *Ae. tauschii* Cosson 作为它的学名。而 *Ae. squarrosa* L. 这个学名的定名人——Linné，却从来就没有用 *Ae. squarrosa* L. 这个学名来称呼过这种植物。

另外，这本专著也没有根据现今已积累的实验科学的论据来校订分类群的界限。例如，他仍然把 *Ae. geniculata* Roth 与 *Ae. biuncialis* Vis.，*Ae. columnaris* Zhuk. 与 *Ae. neglecta* Req. ex Bertol（*Ae. triaristata* Willd.）分别处理成独立的种。没有根据分子指纹的资料来订正它们之间的关系。

我们引用他的一个表（表 20），也就把他的分类体系简要概括地表达出来了。

表 20 **Aegilops、Amblyopyrum** 属分类群的模式［包括指定模式（lecto-）
及新模式（neotypes）］

［根据 van Slageren（1994）稍作删改］

分　类　群	模　式
Aegilops L. 属	模式种 *Ae. triuncialis* L.
	Hammer（1980）设计，Jarvis（1992）在指定
	模式特别会议上支持 Hammer 以它代替
	Ae. ovata L.
Aegilops 的组	
1. sect. *Aegilops*	模式种 *Ae. triuncialis* L.
2. sect. *Comopyrum*（Jaub. & Spach）Zhuk.	模式种 *Ae. comosa* Sm. in Sibth. & Sm.
3. sect. *Cylindropyrum*（Jaub. & Spach）Zhuk.	模式种 *Ae. cylindrica* Host
4. sect. *Sitopsis*（Jaub. & Spach）Zhuk.	指定模式种 *Ae. speltoides* Tausch
	Hammer 设计（1980）
5. sect. *Vertebrata* Zhuk. emend Kihara	模式种 *Ae. tauschii* Coss.
Aegilops 的种	
1. *Ae. bicornis*（Forssk.）Jaub. & Spach	［埃及］Forsskål s. n.（主模式 **C**）
var. *bicornis*	
var. *anathera* Eig	［利比亚］Ruhmer s. n.（401?）
	(lectotype：**PR**；isolectotype：
	BR、FI、JE、MPU-Maire、P)

（续）

分 类 群	模 式
2. *Ae. biuncialis* Vis.	Type：R. de Visiani（1842） Flora dalmatica 1，原表 1，原图 2 中的 绘图附解剖图，Gandilyan 设计（1980）
3. *Ae. caudata* L.	〔希腊〕de Tournefort 4940（neotype： **P-TRF**，isoneotype：**LE**） Scholz 与 Slageren（1994）设计
4. *Ae. columnaris* Zhuk.	〔土耳其〕Zhukovsky s. n. （lectotype：**WIR 635**）
5. *Ae. comosa* Sm. in Sibth. & Sm.	〔希腊〕Sibthorp s. n.（holotype：**OXF**）
var. *comosa*	
var. *subvantricosa* Boiss.	〔希腊〕von Heldreich 606 （lectotype：**G-BOIS**；iso- lectotype：**A，C，G，FI，JE，K， L，LE，LY，LY-Gandger， LY-Jordan，MPU，P，PL，W**）
6. *Ae. crassa* Boiss.	〔伊朗〕Kotschy 248（holotype：**G-BOIS**； isotype：**BM，C，FI，G，K，L， LE，MO，OXF，P，PI，PRC，TUB**）
7. *Ae. cylindrica* Host	〔匈牙利〕Kitaibel 226（lectotype：**BP**； isolectotype：**B-W 18878-1**）
8. *Ae. geniculata* Roth	〔德国〕Roth s. n.（holotype：**B-W**； isotype：**BM，LE，TUB**）
9. *Ae. juvenalis*（Thell.）Eig	〔法国〕Touchy s. n.（holotype：**MPU**）
10. *Ae. kotschyi* Boiss.	〔伊朗〕Kotschy 366a（lectotype：**G-BOIS**；isolectotype： **BM，C，E，FI，G，K，LE，OXF，P，PI，PRC，TUB**）
11. *Ae. longissima* Schweinf. & Muschl.	〔埃及〕Schweinfurth s. n.（lectotype：**B**； isolectotype：**CAIM，MPU，US**）
12. *Ae. neglecta* Req. ex Bertol.	〔法国〕Requien s. n.（holotype： **BOLO-Bertoloni**；isotype：**MPU -Duval-Jouve**）
13. *Ae. peregrina*（Hack. in J. Fraser）Maire & Weiller	〔联合王国，苏格兰〕Fraser s. n. （lectotype：**E**；isolectotype：**K，RNG**）
var. *peregrina*	
var. *brachyathera*（Boiss.）Eig	〔黎巴嫩〕Blanche 805（lectotype：**G-BOIS**）
14. *Ae. searsii* Feldman & Kislev ex Hammer	〔巴勒斯坦〕Feldman，Kislev & Kushnir s. n.（holotype：**HU**；isotype：**K**）

（续）

分　类　群	模　　式
15. *Ae. sharonensis* Eig	［巴勒斯坦］Eig s. n.（holotype：**HU**；isotype：**MPU**）
16. *Ae. speltoides* Tausch	［土耳其］Bornmiller 1735（neotype：**B**；isoneotype：**BM，FI，G，JE，K，L，LD，LY-Jordan，LY-Gandoger，NY，OXF，P，SO，W，Z**）
var. *speltoides*	
var. *ligustica*（Savign.）Fiori	［意大利］Savignone s. n.（neotype：**FI**；isoneotype：LY-Gandoger）
17. *Ae. tauschii* Cosson	Lectotype：J. Ch. Buxbaum，Plantarum minus cognitarum Centuria 1：原书中表 50，原书中图 1（1728）的绘图
18. *Ae. triuncialis* L.	［西班牙］Loefling 701（holotype：**LINN** 1218. 8）Bowden（1959）指定
var. *triuncialis*	
var. *persica*（Boiss.）Eig	［伊朗］Kotschy 365（holotype：**G-BOIS**；isotype：**BM，C，E，FI，G，JE，K，LE，MO，MPU，OXF，P，PI，PRC，TUB**）
19. *Ae. umbellulata* Zhuk.	［土耳其］Zhukovsky s. n.（lectotype：**WIR** 1439）Zhkovsky 在 **WIR** 标本上指定，未刊印
20. *Ae. uniaristata* Vis.	［克罗地亚，达尔马提亚］de Visiani s. n.（holotype：**PAD**；isotype：**W**）
21. *Ae. vavilovii*（Zhuk.）Chennav.	［叙利亚］Vavilov 29028（lectotype：**WIR** 747）
22. *Ae. ventricosa* Tausch	［西班牙］Boissier s. n.（neotype：**G**；isoneotype：**A，BR，C，E，F，G，JE，K，LE，MPU，NY，P，PI，TUB，W**）
Amblyopyrum（Jaub. & Spach）Eig	模式种 *Am. muticum*（Boiss.）Eig
1. *Am. muticum*（Boiss.）Eig	［土耳其］Aucher-Eloy 2977（holotype：**G**；isotype：［有毛的标本］**BM，FI，G-BOIS，K，MPU，OXF，P**）
var. *muticum*	
var. *loliaceum*（Jaub. & Spach）Eig	［土耳其］Aucher-Eloy 2977（holo type：**P**；isotype：［无毛的标本］**BM，G，G-BOIS，MPU，OXF**）

1998 年 8 月，在加拿大沙斯卡通（Saskatoon）召开的第九届国际小麦遗传学会议

上，Dvorak 对 *Triticum-Aegilops* 类群的染色体组分析作了一个很好的总结性报告。他把迄今为止的各家用细胞遗传染色体组分析、细胞质细胞器的核苷酸序列分析、细胞核核苷酸重复序列分析（RNS）的数据资料汇集成一个比较表，小麦及山羊草各种群的亲缘关系就一目了然，十分清楚了。今将他这个比较表介绍如表 21。

表 21 **Triticum-Aegilops** 种群染色体组的分析结果

种	染色体配对分析		细胞器基因组	RNS
	（1）	（2）	（3）	（4）
T. monococcum	A	A	A	A^m
T. urartu	—	—	—	A
Ae. speltoides	S	S	S，G，G^2	S
Ae. searsii	–	S^s	S^v	S^s
Ae. bicornis	S^b	S^b	S^b	S^b
Ae. sharonensis	S^1	S^1	S^1	S^1
Ae. longissima	S^1	S^1	S^{12}	S^1
Ae. uniaristata	M^u	N	N	N
Ae. comosa	M	M	M	M
Ae. heldreichii	M	M	M^h	M
Ae. caudata	C	C	C	C
Ae. umbellulata	C^u	U	U	U
Ae. mutica	M^t	T	T，T^2	T
Ae. tauschii	D	D	D	D
T. turgidum	AB	AB	B（近于 S）	AB（近于 S）
T. aesticum	ABD	ABD	B	ABD
T. timopheevi	AG	AG	G	AS
T. zhukovskyi	–	–	G	ASA^m
Ae. cylindrica	DC	DC	D	DC
Ae. ventricosa	DM^{cr}	DN	D	DN
Ae. crassa	DM^{cr}	DM*	D^2	DN
Ae. crassa var. *glumiarista*	DD^{2}M^{cr}	DDM	D^2	D^{c}X^{c}D
Ae. vavilovii	DM^{cr}S^p	DMS	D^2	D^{c}X^{c}S^s
Ae. juvenalis	DC^{u}M^j	DMU	D^2	D^{c}X^{c}U
Ae. triuncialis	C^{u}C	UC	U，C^2	UC
Ae. columnaris	C^{u}M^c	UM	U	UX^t
Ae. triaristasta	C^{u}M^t	UM	U	UX^t

（续）

种	染色体配对分析		细胞器基因组	RNS
	（1）	（2）	（3）	（4）
Ae. recta	C^{u}M^{t}M^t	UMN	U	UX^{t}N
Ae. ovata	C^{u}M^o	U M	M^o	UM^o
Ae. biuncialis	C^{u}M^b	U M	U	UM^o
Ae. kotschyi	C^{u}S^v	U S	S^v	US^1
Ae. variabilis	C^{u}S^v	U S	S^v	US^1

* 表示在多倍体中与相关的二倍体染色体组相比较已有所改变（Kimber，1994）。

（1）Kihara（1963、1970）。

（2）Kimber（1994）；Kimber and Feldman（1987）。

（3）Ogihara and Tsunewaki（1988）；Wang、Miyashita and Tsunewaki（1997）。

（4）Dubcovsky and Dvorak（1995）；Dvorak et al.（1993）；Dvorak，McGuire and Cassidy（1988；Dvorak and Zhang（1990）；Zhang and Dvorak（1992）；Zhang、Dvorak and Waines（1992）。

八、小麦属的分类

迈入 21 世纪，小麦及其近缘属种经过 3 个世纪、各国众多的科学家们前赴后继地潜心研究，特别是 20 世纪借助于细胞遗传学、分子遗传学与分子细胞遗传学的新技术对它们的研究，取得了丰硕的成果，使小麦及其近缘属种间的系统演化关系得到了澄清。因此有了可靠的客观论据来编排它们间的顺序，较客观地反映它们的系统演化，这是种质资源科学管理的前提，也是利用这些资源于育种所必要的理论知识。根据这些成果，可以澄清、回答、肯定以下的问题。

1. 属（genus）、种（species）、亚种（subspecies）、变种（varietas）、变型（forma）、品种族（或品种群）（concultivar 或 cultivar-group）、品种（cultivar）概念的界定。不同类群的生物，这些等级的概念应当是不同的，虽然也多少有它们的相似性。例如，细菌、病毒与高等植物，它们这些等级的概念就完全不同。因为客观上它们之间系统演化的模式就各不相同，差别非常之大。有许多科学家发表了对上述这些分类单位各自的观点，现不作一一的评述。只谈笔者的看法和在这本书中划分的原则。

（1）个体与种。前面笔者已经谈到，在生物界中只有个体的概念是绝对的。种在高等植物中是因生殖繁衍联系起来的特定个体群，它们有共同的基因库（gene pool）。种间具有一定的生殖隔离，不能自由杂交或杂交以后不能正常传递后代。反映在细胞学的特征上，则为具有特定的染色体组或染色体组亚型（以小麦属为例来说，如：**A**，**D**，**B^{sp}**，**B^1**，**B^s**……）或染色体组组合（如：**BA**，**BAD**，**B^{sp}AA^m**……）。

（2）亚种。亚种是一个非常不规范的分类名词，特别是在小麦族中，不同作者的概念相距非常之大，甚至同一作者在同一文章中也是混乱的。例如表 17，MacKey 把 *turgidum*、*durum*、*turanicum*、*polonicum* 都作为 *T. turgidum* 的变种族（conv.）（他的变种族相当于栽培品种族，他处理的全是栽培品种群），而把遗传上同等级的 *carthlicum* 作为 *T. turgidum* 的亚种来对待。同样把只是基因组合间差异的 *spelta*、*macha*、*vulgare*、*compactum*、*sphaerococcum* 也作为 *T. aestivum* 的亚种来对待。亚种以及变种等，种以下的分类群从遗传学的角度来看都是一种染色体组（含亚型）或染色体组组合中的不同的基因组合，遗传学上没有等级间的差异。在育种应用上也应当是同等对待的。纯属人为划分，没有什么实际意义。在本书中根据小麦-山羊草复合群的实际情况，笔者取消了这一繁琐的分类级。

（3）属。属是相近似的种的聚类群。属间没有遗传与演化上的特定界限，常具有中间类群。虽然也反映一定的自然聚类关系，但是属与属间的划分必然具有人为性。

（4）变种、栽培品种族、栽培品种、变型。已如上述，这些分类级别，包括亚种，它们在遗传学的概念上实际是同一级的个体聚类群，即基因组合相近的个体群。由于中间类群的存在，它们的划分具有显著的人为性。它们的存在是相对的。但是另一方面，由于生态、地理条件的不同而构成的不同的自然选择；由于栽培条件与经济目的的不同而构成的不同的人工选择；由于选择淘汰了中间类型的个体，在实际上形成一些特定的群体。除常具有它们自己的显著形态特征外，对人来说，也常具有特殊的经济价值。因而它的划分是重要的。在本书中界定为：

a. 由自然选择形成的相近似基因组合个体群，称为变种。虽然在某些变种间生殖传递有不正常反应〔如致死基因（lethal gene）的作用〕，但它们还不是属于染色体组亚型程度的差异。笔者还是把它们作为变种一级。

b. 在自然选择下形成的差异较小但确具一定特性的个体群，称之为变型。但在本书中不涉及这一分类等级。

c. 由人工选择形成的相近似基因组合个体群，称为栽培品种（或品种）。这一重要的农业生产资料，应当在品种审定与登记中作主要记录。在本书中不涉及这一等级。

d. 把一些相近似品种合在一起的人为归类，称之为栽培品种族（或品种群）——concultivar 或 cultivar-group，它应当是与变种一级相当的人为分类群，在资源管理与应用上有重要意义。本书中将反映这一等级的人为分类群。

2. 属的划分本身具有很大的人为性，已如上述。只要符合国际植物学命名法规（International Code of Botanical Nomenclature），又与物种的自然聚类相近似，合乎习惯，便于应用，就应当是合理的、好的分类。至于 *Triticum* 与 *Aegilops* 两个属名，都是符合国际植物学命名法规的，二者都是合法的（Yen et al.，1997）。为避免资源应用与管理上发生混乱，科学研究上名词的混乱，作者认为以统一为好。统一为一属也不太大，只有20多个种。并且已有100多年的使用历史，现今也有一半左右的学者采用这个系统。把这20来个种都归入 *Triticum*，这样用一个属名，在管理上比两个简便一些。当然，只要是合法的、合理的，采用两个属的方案也无不可。如采用 *Triticum* 与 *Aegilops* 两属的分类，Sitopsis 组则应组合到 *Triticum* 属中才符合自然聚类关系。这是在前面已经充分论证了的结论。本书采用 *Triticum* 单一属的方案。

3. 从现今已有的数据资料看来，在这一复合群中，除 **B**（＝**S**）组以外，就是 **D** 组与 **U** 组是自然聚类的轴心染色体组，以它们为中心，大体上形成三个聚类群。把它们分别划分为 *Triticum*、*Vertebrata* 与 *Aegilops* 倒是很恰当的。从形态学上来看，界限也是分明的，*Triticum* 属颖具显著或不太显著的脊，外稃单芒，穗轴节不嵌合在小穗中，成熟时小穗楔落或樽落；*Vertebrata* 属颖不具脊，外稃单芒，穗轴节与小穗相互嵌合使穗呈圆柱形，成熟时小穗樽落；*Aegilops* 属颖与外稃具多芒或多齿，稀单芒，成熟时伞落。这样就是把 *Aegilops* 的 Sitopsis 组合并在 *Triticum* 属中，把 Vertebrata Zhuk. 组升为属——*Vertebrata*，包括木原扩大的种，再合并木原的 Cylindropyrum 组的种于其中。*Aegilops* 其余的种仍留在 *Aegilops* 属中。不过，*Vertebrata* 升为属要为多数人所习用还是有一定的困难的。因此笔者建议把关系十分紧密的 Sitopsis 合并在 *Sitopyros* 亚属（或 *Triticum* 属）中，Vertebrata 仍留在 *Aegilops* 亚属（或属）中，这样划分可能不太违背习惯，也还是切合自然系统中种的自然聚类关系。过去在 *Aegilops* 属中的 *Ae. mutica* Boiss.，含 **T** 染色体组，实验证明与 *Aegilops - Triticum* 群各个种都无直接亲缘关系。Eig 早在1929年，在他的山羊草属专著中除继承 Jaubert 与 Spach 把 *Amblyopyrum* 作为亚属外，他把

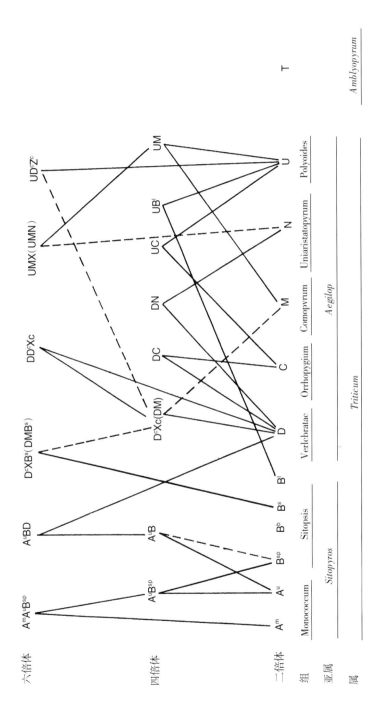

图 15　小麦－山羊草复合群及其近缘属生物系统关系图

[本图根据核苷酸重复序列(RNS)分析数据编制。与细胞学分析有出入的将细胞学分析结果反映在括号中。*T.triunciale* 有两类不同的细胞质，一种其环状叶绿体 DNA 带有一短支链，另一种不带支链。说明这一物种曾有两种不同的起源途径，其亲本 *T.caudatum* 与 *T.umbellulatum* 曾经发生过互为父母本的不同起源过程]

Jaubert 与 Spach 的其他 5 个亚属合在一起成为另一个真山羊草亚属——*Eu-Aegilops* Eig，实际上他已把 *Amblyopyrum* 与其他的山羊草的各个种群区别开了。可以说不再包含在 *Aegilops* 之内。同年，他又把它作为独立的属正式发表。作者认为这是正确的处理。这也是 van Slageren（1944）花了 10 页的篇幅（72～82 页）来论证的一个结论。

为了与当前多数人的习惯相近，遵照老传统把 *Aegilops* 合并在 *Triticum* 属中，按 Hackel 的处理形式，把 Hackel 的组升为亚属（subgenus），即：subgenus *Sitopyros*（Hackel）Yen et J. L. Yang 与 subgenus *Aegilops*（Hackel）Yen et J. L. Yang。山羊草属的 sect. Sitopsis（Tausch）Gren. 划归 *Sitopyros* 亚属。早在 20 世纪 60 年代，印度学者 Chennaveeraiah（1960、1962）根据细胞学的研究资料就表达过这个合理意见。而 *Amblyopyrum* 组按 Eig（1929），Löve（1982），van Slageren（1994）的意见独立成属。这样属名除 *Amblyopyrum* 属外，都是 *Triticum*，合乎多数人的习惯。

综合各学科现有科学分析的资料，将小麦-山羊草复合群的物种演化系统关系显示如图 15。按这一系统的物种演化与聚类关系可以将小麦属（*Triticum* L. emend.）系统分类如下。

小麦属及钝麦属种、变种、品种族的检索表

1. 穗状花序宽大呈卵圆形、椭圆形、纺锤形、锥形、长方形、线形或圆柱形；小穗 2～15 枚，如在 15～20 枚或以上，排列都较紧密，成两行；穗轴节间短于或近等长于小穗，稀长于小穗；颖舟形，颖与外稃常具芒，如无芒，尖端多呈锐齿；小穗伞落，樽落或楔落 ·················· genus *Triticum*
    2. 穗状花序两侧扁压；小穗通常 10～25 枚或以上，稀 8 枚，排列成两行，常斜伸上举不与穗轴相平行；颖常具脊，除个别品种族外，一般无芒，中下部小穗外稃通常具长芒或喙状尖齿，顶部小穗第一小花外稃一般都有芒；穗轴坚韧或楔落，稀樽落 ·················· subgenus *Sitopyros*
        3. 颖具脊；穗状花序明显扁压，椭圆形，纺锤形或长方形 ·················· sect. *Monococcum*
            4. 颖具由基部直达顶端的双脊，双脊顶端形成二齿，或内侧一脊较弱，其尖端形成钝肩。
                5. 小穗二列，排列紧密，穗状花序无顶生中央小穗，小穗含 2～4 小花，仅基部一或二小花结实，颖具发育良好的双脊，尖端形成二齿尖，内稃成熟时从中央纵裂为二，颖果两侧扁压，上下两端尖锐，少顶毛。2n=14。
                    6. 小穗仅一小花结实，仅一长芒或短芒。
                        7. 小穗具一长芒，包壳。
                            8. 叶片毛短而稀少；秆壁薄；穗轴节间两脊几无毛。A^m 染色体组
                                ·················· *T. monococcum* concv. monococcum
                            8. 叶片大脉上着生一行长毛；秆壁厚并常有实心茎秆；穗轴节间两脊丛生长毛。A^m 染色体组 ·················· *T. monococcum* var. *boeoticum*
                        7. 小穗具短芒；裸粒。A^m 染色体组 ·················· *T. monococcum* concv. sinskajae
                    6. 小穗基部两小花结实，具二长芒。
                        9. 叶片大脉上有长毛，花药长大，长 3～4mm，两端孔裂，干燥时不成螺旋状扭曲。A^m 染色体组 ·················· *T. monococcum* var. *thaoudar*
                        9. 叶片大脉上无长毛；花药细小，长 1.5～2mm，全长纵裂，干燥时成螺旋状扭曲。A 染色体组 ·················· *T. urartu*
                5. 小穗二列，通常不十分紧密，穗状花序具顶生小穗，顶端小穗与侧生小穗背腹面呈 90° 相

交排列，部分类群排列紧密，颖双脊的内侧一脊通常发育很弱，多构成单脊单齿的外观；外稃通常都具发育强大的长芒，稀无芒，内稃双脊，不开裂；颖果两侧不扁压，横断面成圆形或近半圆形，上下两端钝圆。

10. 包壳。

  11. 穗轴节易楔落。

    12. 穗长方形，颖脊与芒发育良好，被毛少。四倍体，2n＝28，**BA** 染色体组
                                         …… *T. turgidum* var. *dicoccoides*

    12. 穗长方形或线形，两侧扁压，颖脊与芒发育较弱，多长毛，四倍体，2n＝28，**B^{sp}A** 染色体组 …… *T. timopheevi* var. *araraticum*

  11. 穗轴节坚韧。

    13. 叶片脉脊上无长毛，颖与外稃一般无毛，四倍体，2n＝28，**BA** 染色体组
                                         …… *T. turgidum* concv. dicoccon

    13. 叶片脉脊上着生长毛。

      14. 麦粒两侧不扁压。四倍体，2n＝28，**B^{sp}A** 染色体组
                                         …… *T. timopheevi*

      14. 麦粒两侧扁压。六倍体，2n＝42，**B^{sp}AA^{m}** 染色体组
                                         …… *T. zhukovskyi*

10. 裸粒。

  15. 颖一脊发育良好，舟形，短于外稃。2n＝28，**BA** 染色体组。

  16. 麦粒粉质 …… *T. turgidum* concv. turgidum

  16. 麦粒燧质 …… *T. turgidum* concv. durum

  15. 颖脊发育不良，短于或长于外稃。2n＝28，**BA** 染色体组。

    17. 颖短于外稃，仅上部具不明显的脊，尖端具一短芒
                                         …… *T. turgidum* concv. carthlicum

    17. 颖长于外稃，纸质，无脊，叶状；外稃有长芒或无芒
                                         …… *T. turgidum* concv. polonicum

4. 颖上部具脊，下部具脊或无明显的脊。第二脊通常都不发育，颖端仅具一喙状尖凸起或发育成一短芒。六倍体，2n＝42，**BAD** 染色体组。

18. 颖尖无短芒。

  19. 包壳。

    20. 穗轴节成熟时断裂。

    21. 樽落 …… *T. aestivum* concv. spelta

    21. 楔落 …… *T. aestivum* concv. tibetanum

    20. 穗轴节成熟时不加大压不断裂。

      22. 小穗轴不伸长。

      23. 颖与外稃短圆，具芒或勾曲短喙 …… *T. aestivum* concv. yunnanense

      23. 颖与外稃长舟形，芒细短 …… *T. aestivum* concv. macha

      22. 小穗轴伸长 …… *T. aestivum* concv. vavilovii

  19. 裸粒。

    24. 冬性，苗期分蘖多，匍匐；叶细小，春化期长，需 0～5℃低温 30～60d
                                         …… *T. aestivum* concv. hybernum

    24. 春性，苗期分蘖少，直立或斜伸；叶较宽大，春化期短，需 5℃以上低温 0～30d

25. 小穗在穗轴上排列不十分紧密，每厘米不到 3 枚。
  26. 穗轴节上只着生 1 个小穗 ·················· *T. aestivum* concv. aestivum
  26. 穗轴节上着生多个小穗或分枝。
    27. 节上并列着生 3 个小穗 ·············· *T. aestivum* concv. tripletum
    27. 节上着生分枝 ······················ *T. aestivum* concv. ramulostachye
25. 小穗在穗轴上排列十分紧密，每厘米着生 3 枚以上。
  28. 小穗排列长，呈篦齿状，与穗轴几成垂直；颖、外稃舟形；麦粒不足球形
    ······················· *T. aestivum* concv. compactum
  28. 小穗在穗轴上排列紧密，但与穗轴不近垂直，向上斜伸；颖与外稃圆形；麦粒
    小，近球形 ·············· *T. aestivum* concv. sphaerococcum
18. 颖尖具短芒。颖长大，纸质，叶状，与外稃等长或长于外稃
  ··················· *T. aestivum* concv. petropavlovskyi
3. 颖无脊；穗状花序无明显的扁压，线形，楔落 ················· sect. *Sitopsis*
29. 颖上端平截并形成肥厚边缘，稀具一细齿。
  30. 侧生小穗外稃无芒，具短喙，顶生小穗外稃具长芒。2n=14，**B**^{SP}染色体组
    ···················· *T. speltoides* var. *aucherii*
  30. 侧生小穗与顶生小穗外稃都具芒。2n=14，**B**^{SP}染色体组
    ···················· *T. speltoides* var. *ligusticum*
29. 颖上端具二齿，不形成肥厚边缘。
  31. 穗状花序细短，小穗多在 12 枚以下；小穗一般仅含 3 小花。
  32. 侧生小穗外稃无芒，顶生小穗外稃具强大的长芒，芒长等于或长于穗长，其基部两侧
    各着生一细支芒。2n=14，**B**^{s}染色体组 ··············· *T. searsii*
  32. 侧生小穗与顶生小穗皆具二芒，顶生小穗芒并不特别强大。2n=14，**B**^{b}染色体组
    ······························· *T. bicorne*
  31. 穗状花序粗长，小穗多在 15 枚以上；小穗一般含 3～5 小花。
  33. 侧生小穗无芒，顶生小穗具强大的长芒。2n=14，**B**^{l}染色体组
    ······························ *T. longissimum*
  33. 侧生小穗与顶生小穗皆具芒，顶生小穗芒并不特别强大。2n=14，**B**^{l}染色体组
    ······················· *T. longissimum* var. *sharonense*
2. 穗状花序两侧不扁压；小穗通常 10 枚以下，稀达 13 枚，小穗通常与相对应的穗轴节间相嵌合，小
  穗排列成一行或两行，上举与穗轴相平行；颖无脊；芒发育常比外稃芒强壮；如无芒，常形成肥厚
  外翻的上沿或宽大的齿；外稃通常都具芒，穗轴伞落或樟落 ············· subgenus *Aegilops*
34. 穗状花序逐节樟落 ····················· sect. *Vertebrata*
  35. 穗状花序长圆柱形。
  36. 颖与外稃密被短毛。2n=42，**D**^{c}**X**^{c}**B**^{s} 染色体组 ·········· *T. crassum*
  36. 颖与外稃不密被短毛。
    37. 颖无毛，上缘平截，无齿，肥厚外翻。
    38. 穗状花序小穗不特别膨大与穗轴嵌合成圆柱状。2n=14，**D** 染色体组
      ···················· *T. tauschii* var. *typicum*
    38. 穗状花序小穗特别膨大，使全穗呈念珠状。2n=14，**D** 染色体组
      ···················· *T. tauschii* var. *trangulatum*
    37. 颖疏生长或具极短细刺毛，上端具短芒、喙、与齿，不特别肥厚。

39. 穗状花序小穗中部不特别膨大，呈桶形。

  40. 上部小穗外稃芒特长，宽扁成叶状。2n＝28，D^cX^c 染色体组

                         T. plathyatherum

  40. 中上部侧生小穗颖与外稃具一短芒，顶生小穗颖与外稃具长芒，但细窄不呈叶状。2n＝28，**DC** 染色体组   *T. cylindricum*

39. 穗状花序小穗中部特别膨大呈圆球形。2n＝28，**DN** 染色体组

                         T. ventricosum

34. 穗状花序长披针形。

41. 穗状花序细长，5～10 枚小穗；颖具 2～3 小齿，被银白色细毛；侧生小穗外稃具短喙与二齿，顶生小穗外稃具一较长的芒。2n＝42，$D^cX^cS^s$ 染色体组   *T. syriacum*

41. 穗状花序粗短，4～7 枚小穗，颖具二齿一喙或 1～2 芒，疏生短刺毛，外稃具一喙或一短芒，颖芒常长于稃芒。2n＝42，D^cX^cU 染色体组

                         T. juvenale

35. 穗状花序全穗伞落。

  42. 穗状花序呈细长，圆柱形。

    43. 具小穗 4～8 枚；侧生小穗颖具一短芒及一齿，顶生小穗颖上端逐渐尖窄形成一强大尾状长芒，基部无齿状凸起。2n＝14，**C** 染色体组   sect. *Orrhopygium. T. dichasians*

    43. 具小穗 3～5 枚；侧生小穗颖具二齿；外稃具一短喙；顶生小穗颖具三长芒，外稃常具一长芒。2n＝14，**M** 染色体组   sect. *Comopyrum*

    44. 小穗不膨大   *T. comosum*

    44. 小穗中下部膨大   *T. comosum* var. *heldreichii*

  42. 穗状花序粗短，披针形、卵圆形或尖塔形。

    45. 侧生小穗颖具一芒与一钝齿，外稃具 2 短裂片，顶生小穗颖具一长芒或基部 1 齿裂呈短芒。2n＝14，**U** 染色体组   sect. *Uniaristatopyrum. T. uniaristatum*

    45. 侧生小穗与顶生小穗颖多芒   sect. *Polyoides*

    46. 穗上段小穗突然瘦小使穗呈尖塔形或上部不瘦小呈卵圆形。

      47. 穗呈卵圆形，发育小穗通常 3 枚集中在顶端，稀 2 或 4 枚。退化基部小穗 0～2 枚。

        48. 颖具 4～7 芒，外稃 2～4 芒。2n＝28，UM^o 染色体组

                      T. ovatum var. *vulgare*

        48. 颖具 2～3 芒，外稃 3 芒。2n＝28，MU^o 染色体组

                     T. ovatum var. *biunciale*

      47. 穗呈尖塔形。

        49. 发育小穗颖具 4 芒以上。

        48. 发育小穗通常 5 枚，退化基部小穗 2～4 枚，稀 3 或 6 枚；颖具 4～5 芒，外稃 2～3 短芒，穗与芒都较纤细。2n＝14，**U** 染色体组   *T. umbellulatum*

        49. 发育小穗颖少于 4 芒。

          50. 侧生发育小穗颖通常具不等宽的 2 芒，上端瘦小的小穗常比其相对应的穗轴节间短。2n＝28，UX^t 染色体组   *T. triaristatum* var. *columnare*

          50. 侧生发育小穗颖通常具 3 芒。

            51. 上段瘦小小穗与相对应穗轴节间等长。2n＝28，UX^t 染色体组

                       T. triaristatum

            51. 上段瘦小小穗短于相对应穗轴节。2n＝42，UX^tN 染色体组

·· *T. rectum*

46. 穗状花序向上下两端渐尖使穗呈披针形。

52. 小穗第一颖中部脉等宽近平行，颖果黏稃。

53. 穗状花序较窄，发育小穗通常 4 枚，稀 2 或 6 枚；基部退化小穗通常 3
枚，稀 2 或 4 枚；颖具 3 芒，大小近相等，中芒常稍短。2n＝28，**US**[I]染
色体组 ·· *T. peregrinum* var. *kotschyi*

53. 穗状花序较宽，发育小穗通长 3～5 枚，稀 2 或 7 枚；基部退化小穗通常
3 枚，稀 2 枚；颖具 2～3 齿或长宽均不相等的短芒。2n＝28，**US**[I]染色
体组·· *T. peregrinum* var. *variabile*

52. 小穗第一颖中部脉距不等，侧生小穗颖 2～3 芒，中芒较短小；顶生小穗颖
3 芒，长于侧生小穗，中芒最长大，颖果不黏稃。2n＝28，**UC** 染色体组
·· *T. triunciale*

1. 穗状花序细长呈线形，小穗通常 15～20 枚，个别多于 20 枚，排列十分稀疏近于一行，穗轴节间明
显长于小穗；颖倒梯形，颖与外稃皆无芒，尖端最多仅呈钝凸；小穗楔落。2n＝14，**T** 染色体组
··· genus *Amblyopyrum*

54. 叶、颖、外稃皆被毛 ··· *Am. muticum*

54. 叶、颖、外稃皆无毛 ····························· *Am. muticum* var. *loliaccum*

Triticum L. emend.，根据 Linné，1754. Gen. Pl.，ed. 5，37；1753，Sp. Pl.，ed. 1，85.
小麦属

指定模式种（lectotype species）：*T. aestivum* L.（参阅 Hitchcock，Prop. Brit.
Bot. 121，Aug. 1929）。

subgenus _Sitopyros_（Hackel）Yen et J. L. Yang，stat. nov. 根据 _Triticum_ sect. Sitopyros
Hackel，1887. in Engler et Prantl，Die naturllichen Pflanzenfamilien Ⅱ，80.
小麦亚属

sect. Monococcum Dumort.，1823. Observ. Gram. Fl. Belg.：94. 一 粒 小 麦 组

1. _Triticum monococcum_ L.，1753. Sp. Pl.，ed. 1.86. 一粒小麦

异名：*T. pubescens* M. Bieb.，1800. Beschr. Lander Casp. Meere：81；

T. hornemennii Clemente，in Herrera 1818. Agric. gener.，1：3；

Crithodium aegilopoides Link，1834. Linneaea，9，132；

Nivieria monococcum Seringe，1841. Cer. Eur. 73；

Ae. crithodium Steud.，1855. Syn. Gram.：355；

T. vulgare bidens Alef.，1866. Landw. F：334；

T. monococcum β lasiorrachis Boiss. 1884. Fl. Orient. 5：673；

Cr. monococcum（L.）A. Love，1984. Feddes Repert. 95：490。

形态学特征：鞘叶具二脉。幼苗匍匐、半直立或直立。叶窄小，直立型则叶常较宽，
栽培品种叶面毛较少而短；野生变种叶面常具细毛，在叶片纵突的脉脊上常有一行长毛。
秆细长，直立，栽培品种常中空壁薄，节上具向下弯曲的毛；野生变种常有实心茎秆类
型，中空的壁也较厚，节上也具白色下弯的毛。穗细长扁平，栽培品种小穗排列常较野生
变种紧密，穗轴扁平易折，无毛或边缘密生短毛；野生变种常具长毛，稀短毛或无毛。顶

端小穗不发育，不实。两侧小穗具 3 小花，或 2 小花，一般最下部小花结实 1 粒，上部小花不实。一个小穗结实 2 粒的情况较少。颖革质，窄长，龙骨显著且直与尖端锐齿相连纵贯全颖；侧脉显著直达颖尖端第二齿。外稃长于颖，稃尖具曲芒或粗糙有细齿的直芒；小穗上部小花常具短芒或无芒，稀具长芒。内稃完整，在成熟时呈纵向裂开。花药长 3.0～3.9mm。颖果小，两端尖锐，两侧扁平，腹沟浅，燧质，顶毛常较少，琥珀黄、粉红色、红色或绿色。

细胞学特征：2n ＝14，A^m 染色体组，含一对具随体的染色体，随体不十分显著。

concv.（cultivar-group）：

（1）*monococcum* 栽培一粒小麦（图 16）

二年生或一年生，冬性或春性。在新石器时代广泛栽培于西欧到小亚细亚一带。现今在外高加索、北高加索、巴尔干半岛、小亚细亚、摩洛哥、西班牙等地。以其耐寒，耐热，耐旱作牧草在贫瘠山区有零星少量栽培。

（2）*sinskajae* 辛斯卡娅一粒小麦（曾在 1975 年被定名为 *T. sinskajae* A. Filat. et Kurk.）（图 17）

与通常包壳一粒小麦不同的裸粒一粒小麦，是俄罗斯发现的一种新变异品种。

var. *boeoticum*（Boiss.）* Kneuck.，1903. in Allg. Bot. Zeitschr. 9：34. 野生一粒小麦（图 18）

异名：*Crithodium aegilopoides* Link 1834. Linneaea，Ⅸ：132；

　　　T. boeoticum Boiss.，1853. Diagn. Cer. I. fasc. 13：65；

　　　T. aegilopoides（Link）Bal. ex Koern.，1885. Handb，d. Getreideb. I：109（非 Forsskal，1775；以及 Mazzuoato，1807）；

　　　T. spontaneum subsp. *aegilopoides* Flaksb. 1935. Културная Флора СССР，Т. I.（Пшеница）33，in clavi：339。

一年生或二年生，通常冬性，稀春性。小穗仅第一小花外稃具发育良好的长芒，通常仅第一小花结实，形成 1 粒颖果。这一野生变种分布于高加索、克里米亚半岛、小亚细亚、叙利亚、伊拉克北部、伊朗西北部、黎巴嫩、保加利亚东南部、希腊中部和北部、南斯拉夫南部、阿尔巴尼亚南部。分布中心集中在高加索与克里米亚一带里海东岸山区。生长于红色石灰土及冲积土上，稀树干草原及地中海夏旱灌丛中。这一野生小麦变种于 1833 年第一次在希腊的那卜利亚（Nauplia）与科林斯（Corinth）之间发现，Link 以 *Crithodium aegilopides* 名称于 1834 年发表已如前述。

var. *thaoudar*（Reut.）Flaksb.，1913. Bull. Angew. Bot. St. Petersb. 6：673. 野生二芒小麦（图 18）

异名：*T. thaoudar* Reut. 1860. in Bourgeau，Pl. Exs. ex Boiss. 1884，Fl. Orient，5：673；

---

* 定名人 E. Boissier 原写作 "æoticum"，后来许多人写作 "boeoticum"，因为这一名字来源于采集地的地名——Boeotia，作者认为更正为 "*boeoticum*" 是正确的。而 Kit Tan（1985），van Slageren（1994）的意见是应拼音写为 "*baeoticum*"。

图 16　*Triticum monococcum* L. concv. einkorn 栽培一粒小麦
1. 成株　2. 颖果实　3. 小穗　4. 外稃　5. 第二与第三小花
6. 浆片，雄蕊，羽毛状的柱头及开裂的内稃　7. 内稃

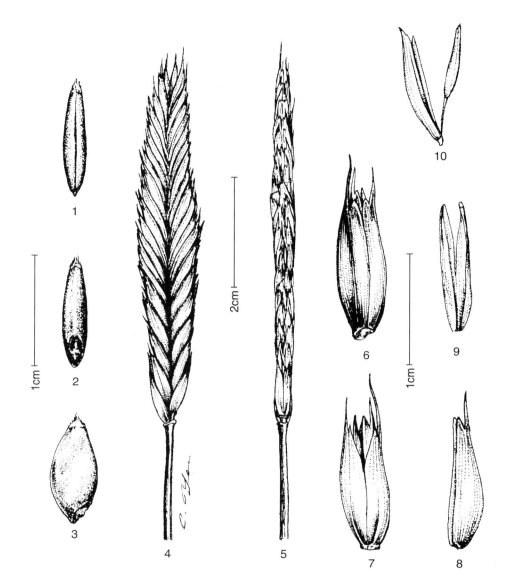

图 17　*Triticum monococcum* L. concv. sinskajae（A. Filat. et Kurk.）
　　　Yen et J. L. Yang 辛斯卡娅一粒小麦
　　　1. 颖果腹面观　2. 颖果背面观　3. 颖果侧面观　4. 穗正面观
　　　5. 穗侧面观　6. 小穗腹面并示颖片　7. 小穗背面并示颖片
　　　　　8. 外稃　9. 内稃　10. 第二与第三小花

T. *spontaneum* subsp. thaoudar Flaksb. 1935. Кулътурная Флора СССР，
T. I. （Пшеница）33，in clavi：339；

T. *baeoticum* subsp. *thaoudar*（Reuter）Schiemann，1948. Weizen. Rogen.
Oersta，Syst. Gesch. Verw. 28。

　　一年生或二年生，通常冬性，稀春性。小穗第一与第二小花外稃皆具发育良好的长

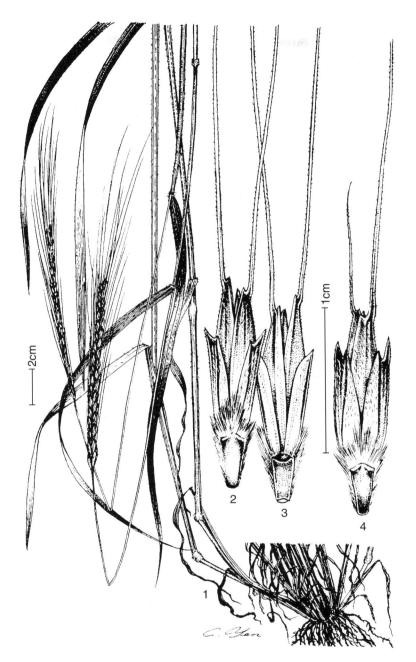

图 18　*Triticum monococcum* L. var. *boeoticum*（Boiss.）Yen et J. L. Yang
野生一粒小麦与 *Triticum monococcum* L. var. *thaoudar*（Reut.）
Flaksb. 野生二芒小麦
1. 成株　2. var. *thaoudar* 野生二芒一粒小麦小穗背面观
3. var. *thaoudar* 野生二芒一粒小麦小穗腹面观
4. var. *boeoticum* 野生一粒小麦小穗背面观

芒，通常小穗第一、第二小花都能结实，形成 2 粒颖果。这一野生变种分布于高加索、小亚细亚、伊拉克北部、克里米亚半岛、叙利亚、伊朗北部、巴勒斯坦、约旦西北部、黎巴嫩等亚洲地区；在欧洲仅见于保加利亚南部。多见于小亚细亚、伊朗西北部与叙利亚，少见于高加索与克里米亚，与 var. *boeoticum* 的集中分布区不一致。生长于红色石灰土、冲积土，稀树干草原林间开阔地或矮灌丛中。

2. *T. urartu* Tum. ex Gandilyan，1972. Бот. Журн. т. 57.（2）：173～181. 根据：*T. uraratu* Tum. 1938. Тр. Ар м. Филиала АН СССР，сер. Биолог.，Ⅱ：210～215（只有俄文描述为不合法裸名），**乌拉尔图小麦**（图 19）

异名：*Crithodium urartu*（Thumanian）Á. Löve，1984. Feddes Repert. 95：491；

T. baeoticum subsp. *urartu*（Tum.）Vav.，1964. Пшеница：17。

形态学特征：一年生或二年生，株高约 90 cm，胚芽鞘紫色，苗期疏散匍匐，茎无毛。叶线形至披针形，宽 0.7～1.0 cm，长 15cm；叶鞘具极短毛，后期脱落；叶耳白色。穗长形，较窄，长 7～9cm，宽 0.6～0.7cm，成熟时穗轴在节上断折碎落（楔落）；穗轴节间扁平，边缘密生长毛；小穗颖具双脊，双齿，其一较长，另一个明显较小，颖外表粗糙，常有疣瘤突起；第一与第二小花通常能育，第一与第二小花外稃具长芒；花药小，长 2～2.7mm。颖果两端尖锐，两侧扁平，腹沟浅，燧质，红黄色。

与 *T. monococcum* var. *thaoudar* 形态极为相似，但 *T. urartu* 叶片、叶鞘不具长毛或近无毛。花药较小，花药散粉时纵向全裂，与 var. *thaoudar* 的花药两端孔裂不同；干枯后呈螺旋扭曲，var. *thaoudar* 则不扭曲。与 *T. monococcum* 的野生变种杂交时，*T. urartu* 作父本，虽然 F_1 染色体配对近正常，但 F_1 不育。以 *T. urartu* 作母本，授粉后，幼胚发育受抑制。在自然情况下不能发育形成有生活力的颖果。*T. urartu* 与 *T. monococcum* 的野生变种 var. *beoticum* 以及 var. *thaoudar* 在共同分布区中具有生殖隔离，因而各自成为独立的自然种。

细胞学特征：2n = 14。含 **A** 染色体组，一对随体（5**A**）。

分布区：亚美尼亚、以色列、叙利亚、巴勒斯坦、伊朗西北部、土耳其东南部等肥新月地带的山区。生长于红色石灰土以及多种冲积土，稀树干草原开阔地、地中海夏旱灌丛中、农耕地边缘及路旁。

3. *Triticum turgidum* L.，1753. Sp. P1. 86. sensu lato，圆锥小麦（图 20）

异名：*T. polonicum* L.，1762. Sp. Pl. ed. 2：127；

T. levissimum Haller.，1768. Strip . ind. Helv. 209，No. 1423；

T. dicoccon Schrank，1789. Baiet. Fl. 1：389；

T. glaucum Moench，1794. Method.：174；

T. durum Desf.，1789. Fl. Atlant. 1：114；

T. farrum Bayle-Berelle，1809. Mon. de Agron，Cereali：50，t. 4，f. 1.2；

T. atratum Host，1809. Gram. Austr. 4：5，8；

T. atratum Schubl.，Char. et Descr.，1818. Cerealium in Hort Tubing.：32；

T. dicoccum Schubl.，Char. et Descr.，1818. Cerealium in Hort Tubing.：29；

T. amyleum Seringe，1819. Melanges bota-niques：124；

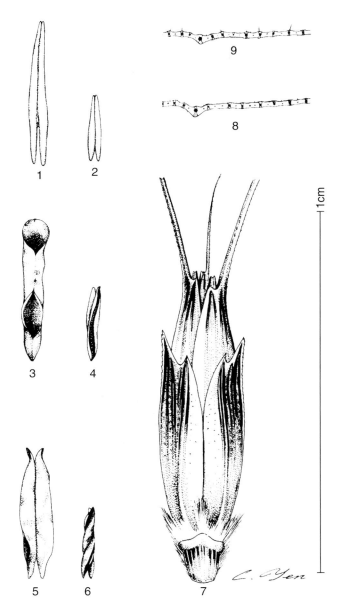

图 19 *Triticum urartu* Tum. ex Gandilyan（乌拉尔图小麦）与
T. monococcum var. *thoaudar*（野生二芒一粒小麦）的
形态差别

1. *T. monococcum* var. *thoaudar* 的花药　2. *T. urartu* 的花药显著比 var. *thoaudar* 的
花药短小　3. *T. monococcum* var. *thoaudar* 的花药呈孔裂　4. *T. urartu* 的花药呈全
裂　5. *T. monococcum* var. *thoaudar* 的花药干燥后不呈螺旋扭卷　6. *T. urartu* 的花
药干燥后成螺旋扭卷　7. *T. urartu* 的楔落小穗背面观，它也具双秆芒　8. *T. urartu*
的叶片横切面示脉脊上无长毛　9. *T. monococcum* var. *thoaudar* 的叶片横切面示脉脊
上具长毛

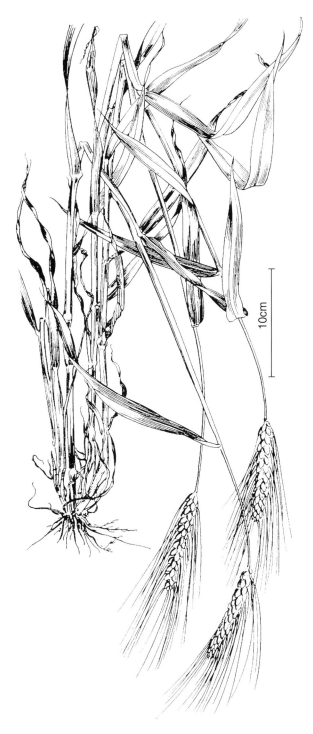

10cm

图 20 *Triticum turgidum* L. cv. Ailanmai
圆锥小麦品种：简阳矮蓝麦

T. atratum Roem. et Schult.，1819. Syst. Vegetab. 2，766，No. 15；

T. zea Wagini.，1819. Anb. d. Getred.：33；

T. spelta amylea Ser-inge，1841. Cer. Eur.，76（114）；

T. alatum Peterm.，1844. Flora，27：234；

T. abyssinicum Steud.，1855. Syn. Pl. Gram.：342；

Gigachilon polonicum Seidl.，Bercht. et Seidl.，1863. Oek. tech. Flora Bohmens 1：425；

T. vulgare durum Alef.，1866. Landw. Fl.：324；

T. vulgare dicoccum Alef.，1866. Landw. Fl. 331；

Deina polonica Alef.，1866. Landw. Fl.：336；

T. sativum dicoccum Hack.，1887. Nat. Pfl. ed. 2，2：81；

T. tenax B. II.，*durum*，Asch. et Graeb.，1901. Syn. 2：692；

T. dicoccoides（Koern.）Koern.，in litt. ex Schweinf.，1908. in Ber. d. Deutsch. Bot. Ges. 309；

T. hormonis Cook，1913. Bureau of Pl. Ind.（U. S. A.）Bull . No. 274：13，52；

T. persicum Vavilov，1919. in Ann. Acad. Petrovsk. 1～4；

T. orientale Perc.，1921. The Wheat Plant，：155，204；

T. pyramidale Perc. 1921. The Wheat Plant，：156，262；

T. carthlicum Nevski，1934. in Komarov，Fl. URSS，2：685；

T. abyssinicum（Vav.）Jakubz.，1939. Key to the true cereal crops，4th，ed. 92；

T. turanicum Jakubz.，1947. Селек. и Семен. 14（5）：40；

T. aethiopicum Jakubz.，1947. Селен. н Семен. 14（5）：46；

T. ispahanicum Heslot，1958. Copmpetes Rend Sanoes 247：2479。

形态学特征：鞘叶通常具 2 脉，印度-埃塞俄比亚型的二粒小麦品种有具 4～6 脉的类型。幼苗多直立，野生变种与一部分蓝麦品种群，苗期匍匐，叶面有毛或无毛。茎秆多中空、厚壁，少数为实心茎秆。穗椭圆形、纺锤形、长方形、分枝形，形状多样，因品种、变种而异。颖除波兰小麦品种群呈特殊的长叶状外，其余多具明显龙骨突起，常从基部直贯颖端锐齿呈显著特征。稃多具长芒，间或有短芒或无芒品种。颖果大，细长或圆形，多为燧质硬粒，面粉品质特佳。但蓝麦品种群则为粉质软粒，面粉缺乏面筋。

细胞学特征：2n＝28。**BA** 染色体组，可观察到两对随体十分显著的具随体染色体（1**B**，6**B**）。

concv.（cultivar-group）：

（**1**）*dicoccon* 栽培二粒小麦（图 21）（曾在 1789 年被定名为 *T. dicoccon* Schrank.）

冬性、半冬性或春性，鞘叶 2 脉或 4～6 脉。穗扁平，穗轴两侧缘常具刚毛，易折断或坚韧。小穗 3～4 小花，通常结实 2 粒。颖厚、韧、长、窄，外侧面扁平。外稃具三角

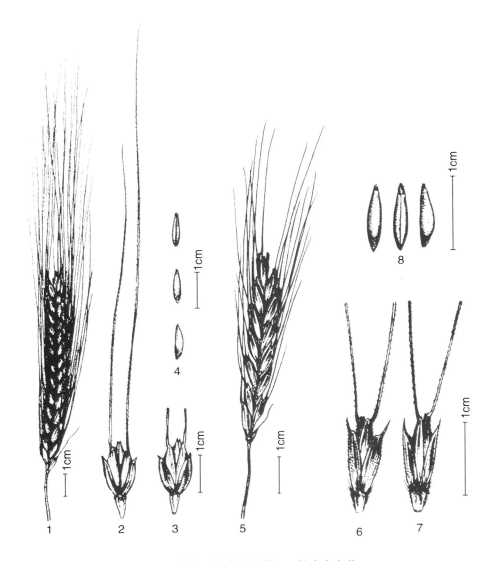

图 21　栽培二粒小麦和野生二粒小麦变种

1. *Triticum turgidum* L. concv. dicoccon 栽培二粒小麦的穗　2. 栽培二粒小麦小穗背面观　3. 栽培二粒小麦小穗腹面观　4. 栽培二粒小麦的颖果腹面、背面及侧面观　5. *Triticum turgidum* L. var. *dicoccoides* 野生二粒小麦的穗　6. 野生二粒小麦小穗的背面观示楔落　7. 野生二粒小麦小穗的腹面观　8. 野生二粒小麦的颖果背面、腹面及侧面观（由左至右）

芒或无芒，内稃卵圆至披针形，尖端呈窄二裂。粒细长，两端尖锐，腹面平或微凹，具窄腹沟，燧质，与稃壳不易分离——包壳。

　　在新石器时代广泛栽培于丹麦、德国、捷克、瑞士，直到埃及。在希腊-罗马时代逐渐为硬粒小麦与普通小麦取代。目前很少栽培，直接利用的经济价值不高。它具耐痨、耐热、耐旱与抗寒特性，仅零星栽培于南斯拉夫、高加索、伊朗、巴基斯坦与印度等地干旱山区。在美国栽培作牧草。

（2）*durum* 硬粒小麦（图 22）（曾在 1789 年被定名为 *T. durum* Desf.）

春性、半春性，稀冬性。苗期无毛或近于无毛。穗稍扁平或四棱形，穗轴通常坚韧不断折，近小穗基部正面与穗轴两侧边沿簇生细刚毛。颖窄长，外侧面扁平，显著的龙骨突

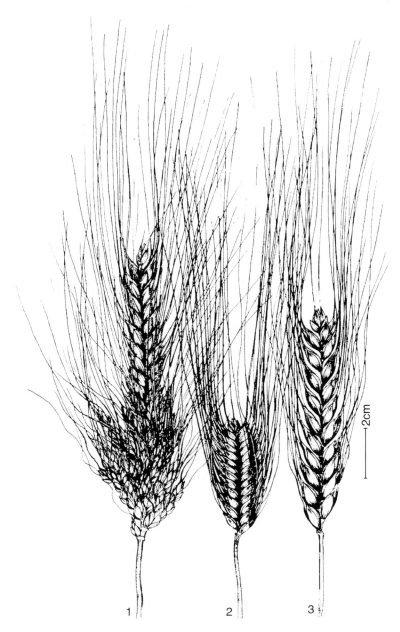

图 22　圆锥小麦品种河南佛手麦和硬粒小麦

1. *Triticum turgidum* L. concv. turgidum cv. Henanfushoumai 圆锥小麦品种：河南佛手麦

2、3. *Triticum turgidum* L. concv. durum 硬粒小麦

起由基部直贯尖端，无毛或有毛，通常无芒。外稃薄，背面较圆，小穗基部小花的外稃具平滑的长芒，上部小花则常仅具短芒。颖果细长，燧质，两端尖或稍尖常有显著背脊，断面常呈三角形，色白、琥珀色、红色，稀紫色。面粉品质优异，面筋含量高。在生产上以其优异的麦粒强面筋品质而有很高的经济价值，供作通心粉用。过去的品种产量低于普通小麦。栽培数量次于普通小麦而居第二位，近年来已选育出矮秆抗倒伏的高产品种。主产于地中海沿岸各国与前苏联，中国、伊朗、伊拉克、巴基斯坦、印度、加拿大、美国、墨西哥、阿根廷、乌拉圭、智利等国都有栽培。

（3） *turgidum* 圆锥小麦（见图20、图22）

春性、半冬性或冬性。苗期直立或匍匐。叶较短窄，色黑蓝绿色，常具软毛，特别是抽穗时常呈显著的蓝绿色，故习称蓝麦。穗常呈四棱形、椭圆形、纺锤形、长方形或分枝形。穗轴坚韧不易折断，边缘密生白毛直达小穗基部前方。小穗常具5～7小花，常结实3～5粒。颖革质，宽短，其长常仅及外稃长度的一半左右，外侧面凸起，5～7脉，龙骨突起显著，尖端多具齿，侧脉常显著。外稃薄，易脱落，常呈卵圆形，具9～15细脉，长芒粗壮稀无芒，芒多呈三棱形。颖果较大，宽短，背部隆起。蓝麦以软粒、粉质、面筋含量低为主要特征，为作饼干、蛋糕的好原料。虽然产量通常较高，但品质不宜做面包、馒头、面条等大宗面食，因而只有零星栽培。我国四川的矮蓝麦、鱼尾蓝麦、分枝蓝麦，河南佛手麦都属这一类。分枝麦在普通小麦中笔者把它另分为一品种族，是因为它在育种中有特殊的价值。品种族本身是一种人为分类，笔者认为划不划分应视人的经济重要性而定，不必苟同。

（4） *polonicum* 波兰小麦（图23）（曾在1762年被定名为 *T. polonicum* L.）

春性。苗期色黄绿，无毛。以穗具有特长大的叶状颖为特征。外稃具长芒或无芒。颖果特细长，燧质。其产量常较硬粒小麦低，因而各国只有零星栽培。

（5） *carthlicum* 波斯小麦（图24）（曾在1934年被定名为 *T. carthlicum* Nevski.）

春性，颖与外稃皆具长芒为显著特点。为四倍体小麦与六倍体小麦杂交后形成的次生四倍体小麦。

var. *dicoccoides* （ Koern. ex Schweinf. ） **Bowden，1959. Canadian J. Bot. 37：657～684. 野生二粒小麦变种**（见图21）

异名：*T. dicoccoides* Koern. ex Schweinf.，1908. Ber. Deutsch. Bot. Ges. 26a：310；

T. hernonis Cook，1913. U. S. Dept. Agric. Bull. 274：13；

T. turgidum ssp. *dicoccoides* （Koern.） Thell.，1918. Naturw. Wochenschr. 17：470；

Gigachilon polonicum ssp. *dicoccoides* （Koern. ex Schweinf.） Á. Löve，1984. Feddes Repert. 95：496。

形态学特征：一年生或二年生，冬性。鞘叶常具4脉，苗期匍匐，叶窄具粗毛或细柔毛。秆实心或厚壁中空，节上具向下曲毛。穗扁平，穗轴成熟时折断，折断处在小穗着生位置之上。穗轴扁平，平滑，两缘密生白、黄或黑褐长刚毛。顶端小穗常不发育，两侧小穗常具3小花，通常结实1粒或2粒。颖革质，窄长，无毛或具丝质毛，具显著有细齿的龙骨，直达颖尖，颖尖钝或锐齿，显著的侧脉伸达颖端第二齿。外稃稍

图 23　*Triticum turgidum* L. concv. polonicum 波兰小麦
1. 无芒品种：若羌古麦　2. 新疆波兰小麦　3. 外稃　4. 浆片、雄蕊、
羽毛状的柱头及内稃　5. 小穗示叶状长颖　6. 第二、三、四小花

短于颖或长于颖，顶端微分裂并具粗糙稍位于背面的芒。内稃尖端分裂，但成熟时并
不像一粒小麦那样完全裂开。颖果窄长，两端尖锐，两侧扁，断面近三角形，顶毛长，
通常白色。

　　分布区：以色列、巴勒斯坦、约旦、黎巴嫩、叙利亚沿地中海东岸一带、土耳其东南
部、伊拉克东北部、伊朗西北部。生长在红色石灰土、玄武岩土，地中海稀树干草原开阔
地及夏旱灌丛生态环境中。

　　4. *T. timopheevi* Zhuk.，1928. ТР. прикл Бот. Геи. и Сел. 19，2：64. 提摩菲维小麦

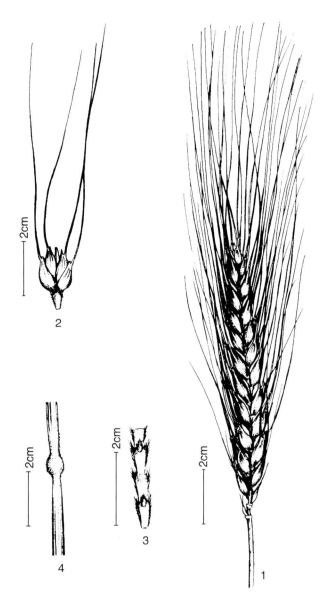

图 24　*Triticum turgidum* L. concv. carthicum 波斯小麦

1. 麦穗　2. 小穗背面观，示具长芒的颖　3. 穗轴，示轴上的硬毛

4. 示茎秆节上的短柔毛

异　名：*T. dicoccoides* subsp. *armeniacum* Jakubz.，1932. Тр. прикл Бот. Геи. и

Сел. сер 5（1）：164，195；

T. armeniacum（Jakubz.）Makushina，1938. in Compt. Rend.（Doklady）

Acad. Sc. URSS, n. s. 21：345；

T. araraticum Jakubz.，1947. Селек. и Семеи. 5：46；

T. chaldicum Menabde，1948. Pschen. Gruz.：196。

形态学特征：一年生或二年生，冬性或春性。苗期匍匐或半匍匐。叶鞘与叶片皆密生白色长毛。穗宽扁，小穗紧密（栽培品种）或窄扁，小穗较稀疏（野生变种），穗轴具短毛或长毛。颖革质较短，具单一龙骨突起。外稃较薄，有芒，芒较细软，较短。内稃常显著长于外稃，成熟时纵裂。颖果两端尖锐，大小中等，包壳。小穗通常结实 2 粒。细胞学特征：2n＝28，**B^{sp}A** 染色体组，具两对随体显著的随体染色体，核型与 T. turgidum **AB** 染色体组相近似。

concv.（cultivar-group）**timopheevi 栽培提摩菲维小麦**（图 25）

形态学特征：一年生或二年生，春性。穗宽扁，小穗紧密。以抗锈病、黑穗病、白粉病著称。直接的经济价值不大，仅少数栽培于乔治亚西部山区。各国目前多作为抗病原始材料供选育抗病品种之用。或利用他与其他种小麦核质间不调协关系选育雄性不育材料，作配制杂种小麦供杂交优势利用研究之用。

var. araraticum（Jakubz.）**Yen，1983. Acta Phytotax. Sinica 21（3）：294. 阿拉特小麦变种**（图 26）

异名：T. araraticum Jakubz.，1947. Селек. и Семеи. 5：46。

形态学特征：一年生或二年生，冬性。穗较窄扁，穗轴节间较长，小穗较疏。穗轴两缘具长毛，其他性状似栽培提摩菲维小麦。

分布区：亚美尼亚、阿塞尔拜疆、纳希契凡、伊朗西北部、伊拉克北部及土耳其东部。生长在红色石灰土、玄武岩土、石灰岩缝隙以及冲积土上，常绿硬叶栎林林间隙地、矮灌丛草原、石灰岩坡、农耕地边缘及道旁。

5. T. zhukovskyi Menabde et Ericzjan，1958. Comm. Georgian Br. Acad. Sci. USSR. NO. 16；1960. Soobsch. AN Gruz. SSSR 25：732. 茹可夫斯基小麦（图 27）

异名：Gigachilon zhukovskyi（Men. et Eric.）Á Löve，1984. Feddes Repert. 95：498。

形态学特征：半春性，半直立。苗期色淡绿，叶鞘与叶片具白色单细胞长毛。穗较窄长，稍扁平，较 T. timopheevi 的穗大。颖尖端具二齿，龙骨显著，穗部性状与生长习性酷似 T. timopheevi，抗病性也与之相似。

细胞学特征：2n＝42。**B^{sp}AA^{m}**染色体，四对具随体染色体，其中两对随体显著。

分布区：在前苏联格鲁吉亚西部发现，栽培面积非常小。为 T. timopheevi 与 T. monococcum 天然杂交形成，直接利用的经济价值不大。

6. T. aestivum L. 1753. Sp. Pl.，ed. I. i，85. 普通小麦（图 28 至图 32）

异名：T. hybernum L.，1753. Sp. Pl.，ed. I：86；

　　　T. spelta L.，1753. Sp. Pl. ed I：86；

　　　T. sativum Lam.，1786. Ency. Meth. 2：554；

　　　T. vulgare Vill.，1787. Hist. Pl. Dauph. 2：153；

　　　T. vulgare Host，1805. Icon. et Descr. Gram. Austr. 3：18；

　　　T. zea Host，1805. Icon. et Descr. Gram. Austr. 3：20，t. 29；

　　　T. compactum Host，1809. Icon. et Descr. Gram. Austr. 4：4，t. 7；

　　　T. sphaerococcum Perc.，1921. The Wheat Plant，a monograph：321；

图 25 *Triticum timopheevi* Zhuk. 提摩菲维小麦
1. 成株　2. 颖果　3. 小穗　4. 浆片、雄蕊、羽毛状的柱头及内稃　5. 麦穗

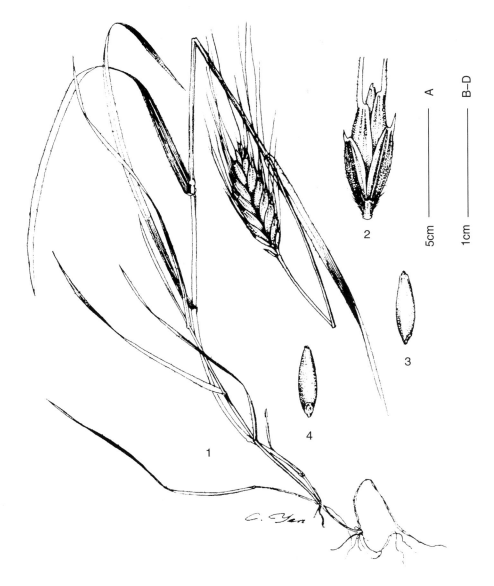

图 26　提摩菲维小麦阿拉拉特变种 *Triticum timopheevi* var. *araraticum*（Jakubz.）Yen

1. 植株　2. 小穗　3. 颖果侧面观　4. 颖果背面观

T. *macha* Dek. et Men.，1932. Тр. прикл Бот. Геи. и Сел. сер 5（1），14：38；

T. *vavilovi*（Tum.）Jakubz. 1933. Соц. Растениев.，No 7，222 ；1933. Природа，No 11，72；

T. *amplissifolium* Zhuk. 1949. ДАН СССР，Т. 69：261；

T. *petropavlovskyi* Udacz. et Migusch.，1870. Вестнцкк с/х Науки，9。

形态学特征：一年生或二年生，冬性、半冬性或春性。苗期匍匐或直立。幼嫩叶片无毛或纵脊背上具长毛，两侧常具短毛。茎秆节间中空，壁薄，稀实心或厚壁。穗长方形、

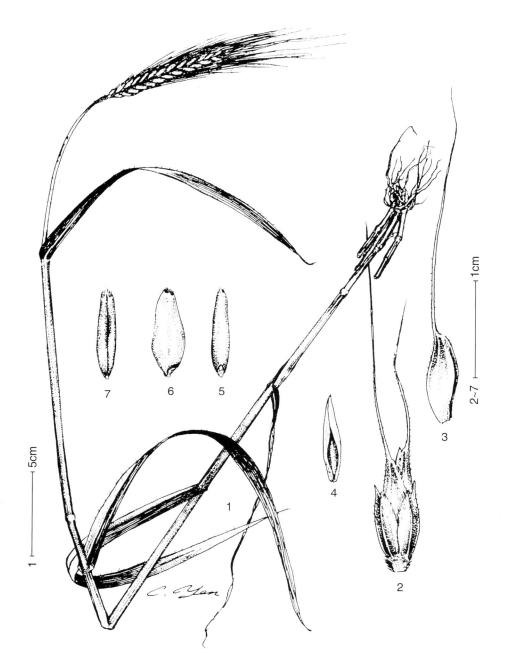

图 27　*Triticum zhukovskyi* Menabde et Ericzjan 茹可夫斯基小麦
1. 植株　2. 小穗　3. 外稃　4. 内稃　5. 颖果背面观　6. 颖果侧面观　7. 颖果腹面观

椭圆形、纺锤形、棒形、圆锥形、分枝形，形状多样视品种而异。小穗排列疏或密，小穗通常具 5～14 小花，结实 2～6 粒，稀 7～11 粒。颖较松。宽，侧凸圆，具脊，但通常仅存在于颖的上半部，下半部通常多圆平无脊，少数品种脊直达下半部，颖尖形成颖齿。外

图 28　*Triticum aestivum* L. concv. aestivum 普通小麦

1. 成株　2. 小穗背面观　3. 外稃、浆片、雄蕊、羽毛状的柱头及内稃　4. 颖果背面观与侧面观（从左至右）

秆薄，背圆无脊，具 7～11 脉，长芒、短芒或无芒，有毛或无毛。内稃与颖果易分离或包壳。粒较短圆，燧质或粉质。

细胞学特征：2n＝42，**ABD** 染色体组，含四对具随体的染色体，但只有 **B** 组的两对（1**B**，6**B**）显现，通常 **A** 组与 **D** 组各一对隐伏不见。

concv.（cultivar-groups）：

（1）hybernum 冬小麦

冬性、春化期长，0～5℃，约 30～60d。幼苗匍匐，分蘖多，叶细小。穗较小，小穗数多在 18 个以下。为北方冬麦区的一大类主要栽培品种。曾在 1753 年被定名为 *T. hybernum* L.。

（2）aestivum 春小麦（图 29 - 4）

春性、春化期短，5℃以上，30d 以内即可完成，一些弱春性品种，无春化期。分蘖少，幼苗直立或倾斜丛生（常为半春性品种）。叶片常宽大。穗长大，小穗数多，通常 18～25 个，高可达 35 个。为北方春麦区（日长反应强）与南方秋播春麦区（日长反应弱）的一大类主要栽培品种。

（3）compactum 密穗小麦（图 29 - 5）

小穗密集，平均每厘米穗轴上着生 3～4 个以上的小穗。穗常短小，呈卵圆形或长椭圆形。为一大类古老品种，新石器时代广泛栽培于欧洲各地，在亚欧大陆的农家品种（landraces）中各地都较为常见，少见于非洲。已如前述，这一密穗特征受单一 C 基因控制。曾在 1809 年被定名为 *T. compactum* Host。

（4）ramulostachye 分枝小麦（图 29 - 7）

穗分枝形，为普通小麦中一种特殊的基因型，可能受 br1、br2、br3 与 br4 等 3～4 对基因控制，其中 br4 基因可以表达为多小穗（Huang and Yen，1988）。从发育遗传与发育形态学来看，由于第二发育形态阶段持续时间长，从而形成分枝穗或多小穗。作为种质资源，这一基因系统对选育多小穗，提高穗粒数，增加产量具有重要经济价值。至于分枝穗性状，在目前实践数据中还显示不出它在高产育种中的经济价值（Yen et al.，1995）。农家地方品种河南小佛手属于这一品种族。

（5）macha 莫迦小麦（图 29 - 3）

茎秆中空壁薄，穗轴具刚毛，包壳，颖厚韧，具显著的脊由基部直达颖尖，一小穗结实 2 粒。曾在 1932 年被定名为 *T. macha* Dekaprel et Nenabde.。

（6）petropavlovskyi 新疆稻麦（图 30）

叶状长颖，颖多具芒。外稃具长芒或无芒，极似四倍体波兰小麦。春性。多分布在新疆的特殊地方品种，西藏也有发现。在 20 世纪 50 年代初，中苏联合考查中采集到多份材料，被鉴定为波兰小麦。后经细胞学鉴定为六倍体，含 **ABD** 染色体组。1970 年在苏联发表为 *T. petropavlovskyi* Udacz. et Migusch.。

（7）spelta 斯卑尔塔小麦（图 29 - 1，2）

颖果包壳，穗轴节樽落。这一品种族，有两种不同的类群，一种是分布在亚洲中西部的原生六倍体小麦，其 **ABD** 三组染色体都与其野生亲本的 **AB** 及 **D** 染色体组相一致，未发生过染色体结构性改变。另一种是欧洲的古老栽培品种（密穗小麦前的主要栽培品种族），它们是染色体结构已发生改变的次生性六倍体地方品种。这两种 spelta 小麦特有的"樽落"与"包壳"特性都是受单一的 **Q** 基因所控制。曾定名为 *T. spelta* L.。

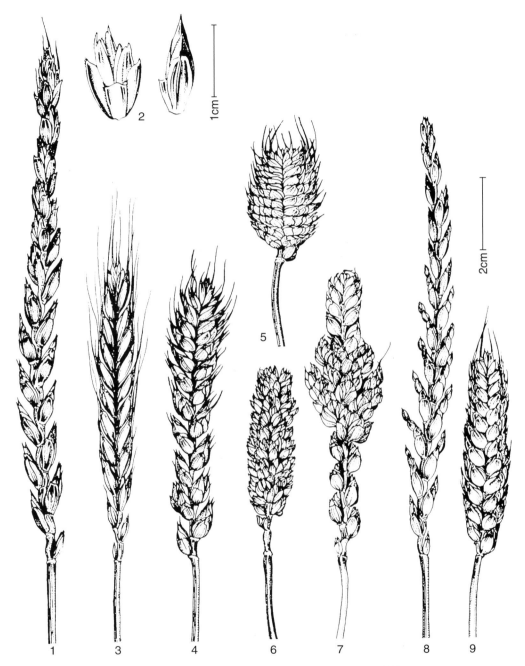

图 29 *Triticum aestivum* L. 普通小麦的各类品种族

1. *Triticum aestivum* L. concv. spelta 斯卑尔塔小麦 2. 斯卑尔塔小麦小穗腹面观及侧面观，示樽落的穗轴节
（左） 3. concv. macha 莫迦小麦 4. concv. aestivum 普通小麦 5. concv. compactum 密穗小麦 6. concv. triplet
三联小穗小麦 7. concv. ramulostachye cv. branch eared No. 1 普通小麦品种分枝 1 号 8. concv. vavilovi
瓦维洛夫小麦 9. concv. shaerococcum 印度矮生圆粒小麦

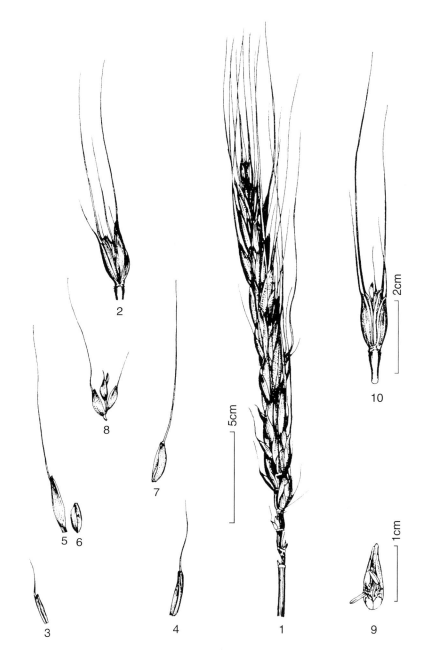

图 30　*Triticum aestivum* L. concv. petropavlovskyi 新疆稻麦

1. 麦穗　2. 小穗　3. 具芒的第一颖　4. 具芒的第二颖　5. 第一小花外稃　6. 内稃　7. 第二小花
8. 第三、四、五、六小花　9. 浆片、雄蕊、羽毛状的柱头及内稃　10. 个别出现的楔落的小穗

（8）vavilovii 瓦维诺夫小麦（图 29 - 8）

在亚美尼亚发现的一种小穗轴节间伸长的包壳小麦。除小穗轴伸长外，其他性状与斯卑尔塔小麦相近似。1933 年曾被定名为 *T. vavilovii*（Tum.）Jakubz. ex Zhukovsky。

（9）sphaerococcum 印度矮生圆粒小麦（图 29 - 9）

春性，矮秆，小穗排列较紧密，麦粒小而呈球形，叶片短小，上举，为其特征。与史前密穗 *T. compactum* var. *globiforme* 相类似。1921 年曾被 J. Percival 定名为 *T. sphaerococcum* Perc.。

（10）yunnanense 云南铁壳麦（图 31）

分布在云南西北部的地方品种群。圆颖，多花，颖果包壳，穗轴节通常坚韧不断。十

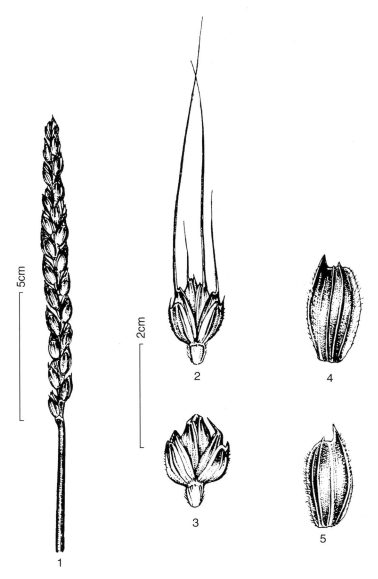

图 31 *Treiticum aestivum* L. concv. yunnanense 云南铁壳麦

1. 无芒品种的麦穗　2. 有芒品种的小穗示楔落的穗轴节　3. 无芒品种的小穗示楔落的穗轴节

4. 具双脊的第二颖　5. 具双脊的第一颖

分干燥的情况下，稍用力压穗轴可楔型断落。20世纪50年代金善宝鉴定为新亚种，曾定名为 *T. aestivum* subsp. *yunnanense* King，但为无效的裸名。

（11）tibetanum 西藏半野生杂草型小麦（图32）

在康藏高原混杂生长在地方品种中的一种断穗轴的杂草型普通小麦，圆颖、多花，颖果包壳，穗轴楔落。多为圆颖、多花类型。许多性状常与其伴生的地方品种相一致。它曾被邵启全（1980）定名为 *T. aestivum* subsp. *tibetanum* Shao.

（12）tripletum 三联小穗小麦（图29 - 6）

每个穗轴节具三联小穗。它是混生在西藏地方品种中的一种特殊类型。遗传性稳定。在形态学上，它是连接大麦亚族与小麦亚族的例证标本。

T. aestivum 为 *Triticum turgidum* 与 *T. tauschii* 天然杂交起源的栽培麦种，未曾发现有野生型，可能多次起源于里海西南沿岸栽培 *T. turgidum* 与 *T. tauschii*

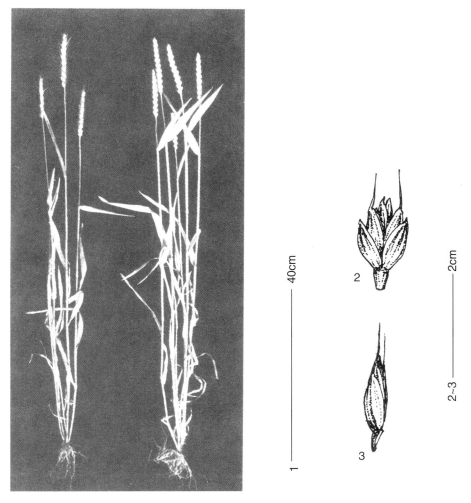

图32　*Triticum aestivum* L. concv. tibetanum 西藏半野生杂草型小麦
1. 植株　2. 小穗示楔落的穗轴节间　3. 小穗侧面观

var. *strangulata* 共同分布地区，现广布于世界各农区。

sect. Sitopsis（Jaub. et Spach）**Chennaveeraiah，1960，Acta Horti. Gotob. 23：163. 谷麦组**

7. *T. speltoides*（Tausch）Gren.，1857. in Mem. Soc. Enul. Daubs. Ⅲ，2：434. 拟斯卑尔塔小麦（图 33）

异名：*Ae. speltoides* Tausch，1837. Flora 20：108 - 109；

　　　Ae. aucheri Boiss.，1844，Diagn. Pl. Or.，N. S. 1，5：74；

　　　Agropyron ligusticum Savign.，1846. Atti　Ott. Riun. Sci. Ital.，Genova：601 - 602；

　　　Ae. ligustica（Ssvign.）Cosson，1864. Bull. Soc. Bot. Fr. 11：164；

　　　Ae. macrura Jaub. et Spach，1850. Illu. Pl. Or. 4：21；

　　　Sitopsis speltopides（Tausch）Á. Löve，1984. Feddes Repert. 95：491。

一年生或二年生。高 40～70 cm。叶线形，常具毛，横伸下垂。穗线形，长 6～18（大多 7～11）cm，小穗 6～15 个，穗轴节微曲，退化小穗以上常逐节楔落。小穗含 4～6 小花，稀 8 小花，上端 1～3 小花不育。颖截形，短于外稃 1/3，斜肩钝头，下部小穗颖内侧顶端具小尖。除顶端小穗外稃具长芒外，侧生小穗外稃无芒或有芒。颖果黏稃，横向扁平。

细胞学特征：2n ＝14。**B^{sp}**（＝ **S**）染色体组，含两对随体。

var. *aucheri*（Boiss.），Aschers.，1902. Magyer Bot. Lapok. 1：11. 顶芒变种

异名：*Ae. aucheri* Boiss. 1844. Diagn. Pl. Or.，N. S. 1，5：74；

　　　Ae. aucheri var. *polyathera* Boiss. 1884. Fl. Orient. 5：67；

　　　T. speltoides var. *polyathera*（Boiss）Aschere.，1902. Magyar Bot. Iapok 2：11。

形态学特征：叶有毛或无毛。穗较长（6～18 cm），侧生小穗外稃无芒。

分布区：以色列滨海平原、约旦、黎巴嫩、叙利亚、伊拉克北部、伊朗西部、土耳其东南部与西部及安拉托里亚高原、希腊、保加利亚南部。生长于红色石灰土、冲积土，栎树稀树草原、地中海夏旱灌木草原的开阔地。

var. *ligusticum*（Savign.）Aschere.，1902. Magyar Bot. Lapok. 1：12. 有芒变种

异名：*Agropyron ligusticum* Savign.，1846. Atti Ott. Riun. Sci. Ital.，Genova：601-602；

　　　Ae. ligustica（Savign.）Cosson，1864. Bull. Soc. Bot. Fr. 11：164；

　　　Ae. speltoides var. *ligustica*（Savign.）Fiori，1907. Fl. Anal. Ital. 4，Appenl. 32。

形态学特征：叶有毛。穗较短（6～12 cm），侧生小穗外稃具长芒。

分布区：以色列滨海平原、约旦、黎巴嫩、叙利亚、伊拉克北部、伊朗西部、土耳其东南部与西部及安拉托里亚高原、希腊、保加利亚南部。生长于红色石灰土、冲积土，栎树稀树草原，地中海夏旱灌木草原的开阔地。

8. *Triticum bicorne* Forsskal, 1775. Deser. Pl. Fl. Aegypt Arab. 1：26. 二角小麦（图 34）。

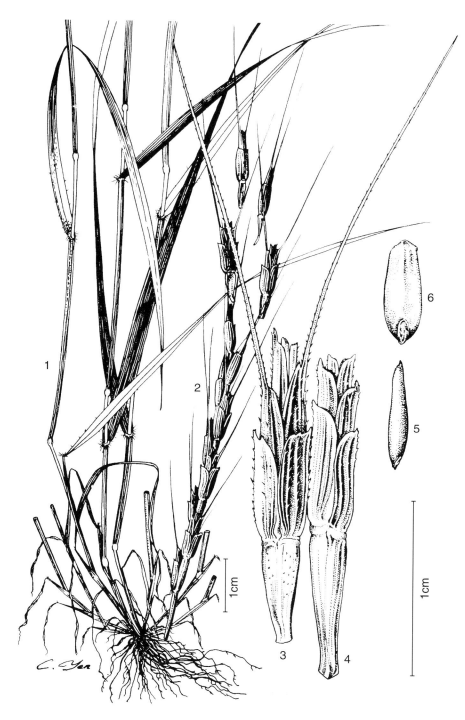

图 33 *Triticum speltoides* (Tausch) Gren. 拟斯卑尔塔小麦

1. 成株 2. 楔落的麦穗 3. *T. speltoides* var. *ligusticum* 的具颖芒的楔落侧生小穗

4. *T. speltoides* var. *aucheri* 的无颖芒的楔落侧生小穗 5. 颖果侧面观 6. 颖果背面观

异名：*Cr. aegyptiacum* Trin. ex Steud.，1840. Mon. ed. Ⅱ，1：440；

　　　Ae. bicornis (Forsskal) Jaub. et Spach，1850. Illu. Pl. Orient. 4：10；

　　　Sitopsis bicornis (Forskal) Á. Löve，1982. Biol. Zentralbl. 101：206。

形态学特征：一年生或二年生，高 15～45 cm，丛生，分蘖匍匐，拔节后秆再膝曲向上，穗下节间长，叶位低矮。穗线形，紧密，长 4～8 cm，穗轴节微曲，脱节于小穗之上，楔落。小穗椭圆或长椭圆形，比相邻穗轴节长，3 小花，上部 1～2 个不育，由于下部两小花常发育良好，第三小花退化，因而常使小穗顶端成二角状，因此而得名。小穗由中部向上下两端渐小。颖革质，顶端具分开的二齿。舟形外稃具芒，下部小穗外稃芒短或无芒，上部小穗外稃芒长。颖果黏稃。

细胞学特征：2n ＝ 14。B^b（＝ S^b）染色体组。

分布区：利比亚、下埃及与西奈半岛、南以色列、南约旦，以及塞浦路斯东北部。生长于沙质土开阔矮灌丛草原、草原及荒漠草原中。

9. *T. longissimum* (Schweinf. et Muschl.) **Bowden，1959. Can. J. Bot. 37：666. 长穗小麦**（图 34）

异名：*Ae. longissima* Schweinf. et Muschl.，1912. A Manual Fl. Egypt 1：156；

　　　Sitopsis longissima (Schweinf. et Muschl.) A. Löve，1984. Feddes Repert. 95：492。

形态学特征：一年生或二年生。株高 40～110 cm。苗期匍匐，拔节后茎秆膝曲直立。叶线形。穗长柱形，小穗 8～15 个，小穗常短于穗轴节（特别是下部），并紧贴穗轴节间，由中下部向顶端小穗逐渐瘦小，使穗形渐尖，长 10～20 cm，成熟时除基部外，逐节楔落。小穗含小花 3～5 朵。颖革质，粗糙，通常顶端具两齿，为膜质边缘所分隔，上部小穗颖有时具 3 齿，中央齿可伸长为短芒。外稃舟形，侧生小穗无芒，顶端小穗外稃尖端形成下部很宽的长芒，基部两侧常具小齿。颖果黏稃。

细胞学特征：2n ＝ 14。B^l（＝ S^l）染色体组。

分布区：下埃及及西奈半岛、以色列、约旦、南黎巴嫩海滨平原、叙利亚。多生长于沙土或沙壤土，草原或荒漠草原。

var. *sharonense* (Eig) **Yen et J. L. Yang, stat. nov.，根据 *Ae. sharonensis* Eig，1928. Notizbl. Bot. Mus. Dahlem 10：489. 沙荣长穗小麦变种**（图 34）

异名：*Ae. longissima* ssp. *artistata* Zhuk.，1928. Tr. Prikl. Bot. Genet. Sel. 18，1：543；

　　　Ae. longissima ssp. *sharonensis* (Eig) Chennave eraian，1962. Proc. Summer School of Botany，Dajeeling：46；

　　　T. sharonense (Eig) Morris et Sears，1967. in Quisenberry，Agron. Monogr. 13，Amer. Soc. Agron. (Madison，WI)，ed. 1：19；

　　　Sitopsis sharonensis (Eig) Á. Löve，1984. Feddes Repert. 95：492。

形态学特征：一年生或二年生。株高 40～100 cm。苗期匍匐，拔节后秆膝曲直立。穗宽线形，长 7～13 cm，穗轴节间弓形使穗轴成之形弯曲。小穗长椭圆形，14～22 个，由穗中下部向两端逐渐瘦小，成熟时逐节楔落。小穗含 3～5 小花，上部 1～3 朵

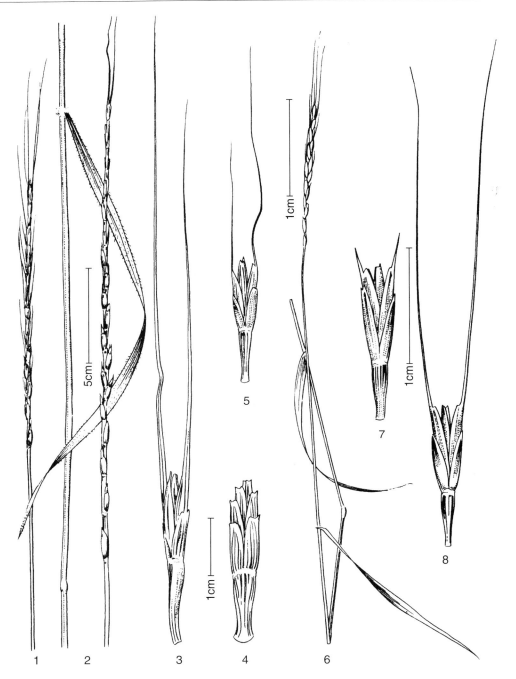

图 34 *Triticum longissimum*（Schweinf. et Muschl.）Bowden 长穗小麦，*Triticum longissimum*
（Schweinf. et Muschl.）Bowden var. *sharonense*（Eig）Yen et J. L. Yang 长穗小麦
沙荣变种与 *Triticum bicorne* Forskal 二角小麦

1. *Triticum longissimum*（Schweinf. et Muschl.）Bowden var. *sharonense*（Eig）Yen et J. L. Yang 的
有芒麦穗 2. *T. longissimum*（Schweinf. et Muschl.）Bowden 的顶芒麦穗 3. *T. longissimum* 的顶端
小穗 4. *T. longissimum* 的侧生小穗 5. *T. longissimum* var. *sharonense* 的侧生小穗 6. *Triticum bicorne* Forskal
7. *T. bicorne* 的侧生小穗 8. *T. bicorne* 的顶端小穗

不育。颖革质，端具二齿，内侧一齿有时可发育成短芒。外稃舟形，顶端具 4 ～ 6 cm 长的短芒，芒基部两侧有宽短的齿，由基部小穗到顶端小穗，外稃芒逐渐加长，顶端小穗外稃芒常长于外稃。颖果黏稃。

分布区：以色列及黎巴嫩滨海平原排水良好的沙土、沙壤土，开阔灌丛草原。

10. T. searsii（Feldman et Kislev）**Kimber et Sears, 1978. in Heyne, Agron. Monogr. 13, Amer. Soc. Agron.**（Madison，WI）**ed. 2：154.** 西尔斯小麦（图 35）

异名：*Ae. searsii* Feldman et Kislev，1978. Israel J. Bot. 26：191；

   Ae. searsii Feldman et Kislev ex Hammer，1980. in Feddes Repert. 91（4）：191（Index Kewensis ⅩⅦ 注：revised author attribution unnecessary）；

   Sitopsis searsii（Feldman et Kislev）Á. Löve，1984. Feddes Repert. 95：492。

形态学特征：一年或二年生。株高 20 ～ 50 cm。苗期匍匐，拔节后膝曲直立向上。穗线形，长 5 ～ 11 cm，向顶渐尖，小穗 8 ～12 个。小穗含 3 小花，上部小花不育。颖短于外稃 1/4，顶端两齿间为膜质边缘所分隔。侧生小穗外稃无芒，顶端小穗一小花外稃具短芒，另一小花外稃具极长的芒，等长或长于穗长，长芒基部两侧各有一短细芒。成熟时裸粒。

细胞学特征：2n = 14，**Bˢ**（= **Sˢ**）。

分布区：以色列、约旦、黎巴嫩东南部、叙利亚西南部。生长于红色石灰土、玄武岩土。分布于开阔干草原、荒漠化灌木草原，以及矮灌木丛中。

subgenus Aegilops（Hackel）**Yen et J. L. Yang, comb. et stat. nov. 根据 Triticum sect. Aegilops Hackel，1887. in Engler et Prantl, Die naturlichen Pflanzenfamilien Ⅱ：80.**

sect. Vertebratae Zhuk. , 1928. Tr. Prikl. Bot. Genet. Sel. 18, 1：464.

11. T. tauschii（Cosson）**Schmalh. , 1897. Fl. Mittl. Sud. Rast. 2：662.** 节节麦（图 36、图 37）

异名：*Ae. tauschii* Cosson，1849. Not. Pl. Rar. Nouv. 2：667；

   Ae. squarrosa auct. non L. 1753；

   T. aegilops P. Beauv. ,1812. Eas. Agrost. 103，146，180；

   Patropyrum tauschii（cosson）Á. Löve，1982. Biol. Zentralbl. 101：206。

形态学特征：一年生或二年生，春性或冬性。秆纤细，多分蘖，无分枝（稀有下部分枝），直立，高 20～120 cm。叶线形，长 10～20 cm。穗圆柱形，上端稍细，通常下端无不育小穗（稀1～2个），单一小穗紧嵌入穗轴节间中，与穗轴节间几等长（var. *typicum*）；或穗轴节间长于小穗，其下部细窄陷入小穗中（var. *strangulatum*），成熟时逐节樽落。小穗 5～13 个，樽形，含 3～5 小花，上端 1～3 小花不育。颖革质，近方形，具等距平行细脉，颖端平截，边缘肥厚稍外翻，无芒，具一小齿，或无齿。外稃下部膜质，上部裸露在颖外部分革质，顶端边缘肥厚，外稃上部具一脊，延伸成一芒，两侧成二齿状凸起，或平截，下部小穗外稃芒短，上部小穗外稃芒长。内稃膜质。颖果扁平，黏稃。

细胞学特征：2n = 14。**DD** 染色体组，一对随体染色体（5**D**）。

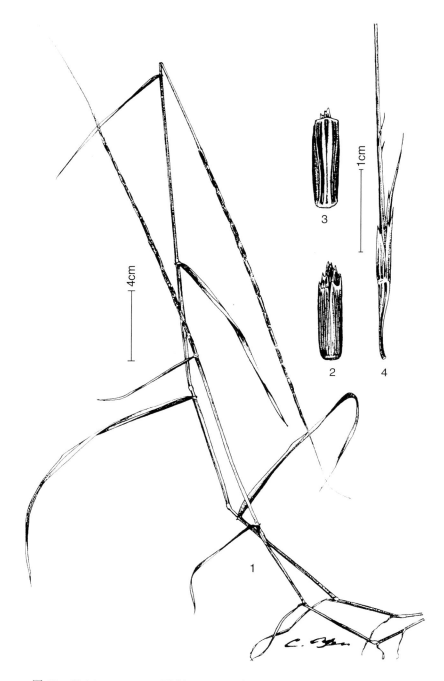

图 35 *Triticum searsii*（Feldman et Kislev）Kimber et Sears 西尔斯小麦
1. 成株　2. 樽落的侧生小穗背面观　3. 樽落的侧生小穗腹面观　4. 顶端小穗

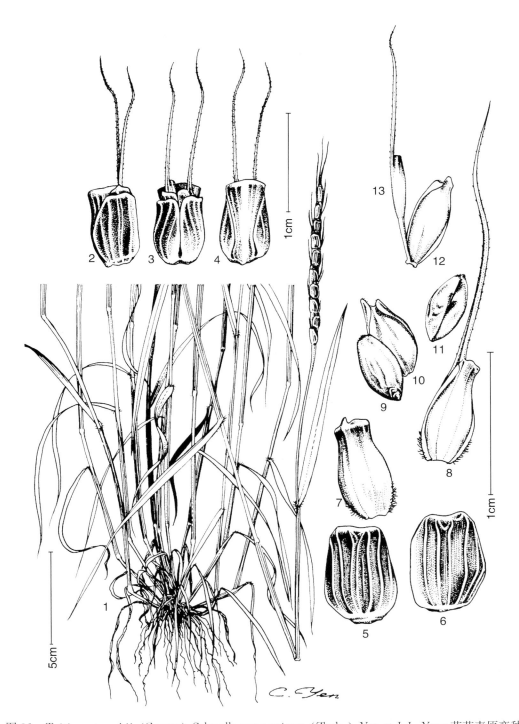

图 36　*Triticum tauschii*（Cosson）Schmalh. var. *typicum*（Zhuk.）Yen et J. L. Yang 节节麦原变种
　　1. 成株　2. 樽落小穗侧面观　3. 樽落小穗背面观　4. 樽落小穗腹面观　5. 第一颖　6. 第二颖
7. 第一小花外稃　8. 第二小花外稃　9. 颖果背面观　10. 内稃　11. 颖果腹面观　12. 第三小花　13. 第四小花

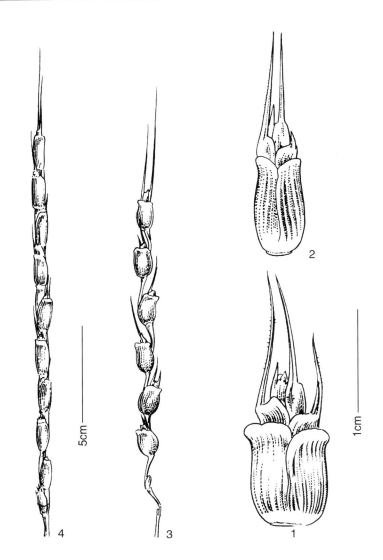

图 37　*Triticum tauschii*（Cosson）Schmalh. var. *trpicum*（Zhuk.）Yen et
J. L. Yang 节节麦原变种与 *Triticum tauschii*（Cosson）
Schmslh. var. *strangulatum*（Eig）Kimber et Feldman 节节麦串珠变种比较
1. 节节麦串珠变种的小穗　2. 节节麦原变种的小穗
3. 节节麦串珠变种的穗膨大的小穗　4. 节节麦原变种小穗与穗轴节相互嵌合呈圆柱状

　　分布区：高加索及外高加索、克里米亚、土耳其、叙利亚东北部、里海沿岸、中亚、西天山、阿富汗、巴基斯坦、克什米尔、中国新疆伊宁地区及黄河中游。生长在灰钙土、泥灰土、黄土、冲积沙土上。分布于退化地中海夏旱草原、矮灌丛草原、草原、干谷、农田边缘、道旁，或呈杂草型生长在麦田中（黄河中游），海拔 150～1 400m。

　　var. *typicum*（Zhuk.）Yen et J. L. Yang comb. nov. 根据 *Ae. squarrosa* ssp. *typica* Zhuk.，1928. Tr. Prikl. Bot. Genet. Sel. 18：549. 原变种

异名：*Ae. squarrosa* var. *meyeri* Griseb.，1853. in Ledeb. Fl. Ross. 4：326；

Ae. *squarrosa* var. *eusquarrosa* Kimber et Feldman，1987. Wild Wheat：66。

形态学特征：小穗于穗轴节间相互嵌合呈平滑的圆柱穗形，颖端外翻不很突出。

var. *strangulatum*（Eig）Kimber et Feldman，1987. Wild Wheat：66. 串珠变种

异名：*Ae. squarrosa* var. *strangulata* Eig，1928. Bull. Soc. Bot. Geneve 2，19：328。

形态学特征：穗轴节间长于近球形的小穗，使全穗呈链珠状，颖端外翻十分突出。

分布区：外高加索、伊朗西北部。生长在灰钙土、泥灰土、黄土、冲积沙土上。分布于矮灌丛草原、草原、干谷、农田边缘、道旁，或呈杂草型生长在麦田中，海拔 150～1 400m。

12. *T. plathyatherum*（Jaub. et Spach）Yen et J. L. Yang，comb. nov. 根据 *Ae. plathyathera* Juab. et Spach，1850. Ⅲ. Pl. Orient. 4：17. 宽芒麦（图 38）

异名：*Ae. crassa* Boiss.，1846. Diagn. Pl. Orient. N. S. 1，7：129；

Gastropyrum crassum（Boiss.）Á. Löve，1984. Feddes Repert. 95：501。

形态学特征：一年生或二年生。分蘖稠密，秆高 20～30 cm。叶线形，穗圆柱形，顶端渐尖，粗壮，长 4～8 cm，穗轴节间与小穗等长或稍长，相互紧密嵌合，成熟时逐节樽落。小穗 11～15 个，樽形，含 3～5 花，上部 1～3 花不育。颖革质，长方形，密被短毛，多数平行细脉，顶端平截，通常具二浅齿，稀 1 或 3～4 齿，稀发育成一短芒。外稃上端裸露在颖外部分革质，下部为颖所覆盖呈膜质，脊延伸成齿或芒，芒两侧常各具一齿，穗上端小穗其外稃具宽叶状长芒。内稃膜质。颖果黏稃。

细胞学特征：2n ＝ 28. **D^{c}X^c** 染色体组。

分布区：外高加索、土耳其斯坦、帕米尔-阿拉伊、阿富汗、伊朗、伊拉克（库德斯坦与美索不达米亚）、叙利亚东北部、土耳其东南部。生长于灰钙土、黄土与冲积土，以及石质山坡与砾石阶地上。分布于退化凋落的地中海夏旱草原、桧柏林、矮灌丛草原、草原、干谷、农田边缘及道旁，海拔 200～900m。

13. *T. crassum*（Boiss.）Aitch. et Hemsl.，1888. Trans. Linn. Soc. London 11，3：127. 粗厚麦（图 39）

异名：*Ae. crassa* Boiss.，1846. Diagn. Pl. Or. N. S. 1，7：129～130；

Gastropyrum glumiaristatum Á. Löve et McGuire，1984. Feddes Repert. 95：502。

形态学特征：一年生或二年生。形态特征与 *T. plathyatherum* 十分近似，顶端小穗外稃长芒细窄不呈宽叶状。

细胞学特征：2n ＝ 42. **DD^{c}X^c** 染色体组。

分布区：外高加索、土耳其斯坦、帕米尔-阿拉伊、阿富汗、伊朗、伊拉克（库德斯坦与美索不达米亚）、叙利亚东北部、土耳其东南部。生长于灰钙土、黄土与冲积土，以及石质山坡与砾石阶地上。分布于退化凋落的地中海夏旱草原、桧柏林、矮灌丛草原、草原、干谷、农田边缘及道旁，海拔 200～900m。

14. *T. syriacum* Bowden，1966. Canad. J. Genet. Cytol. 8：135. 叙利亚麦（图 40）

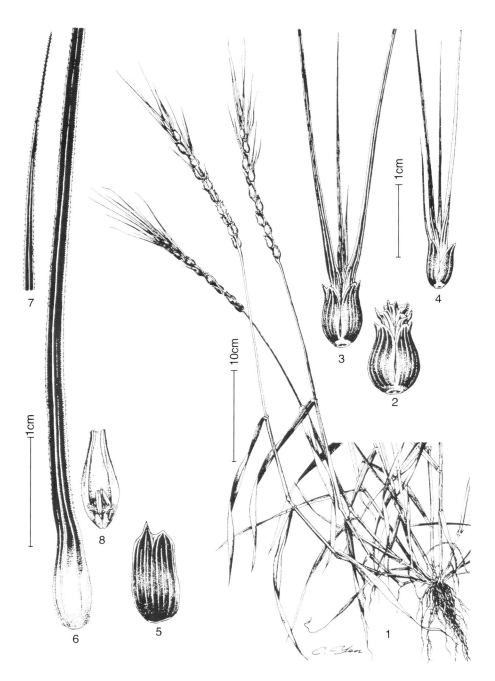

图 38　*Triticum plathyatherum*（Jaub. et Spach）Yen et J. L. Yang 宽芒麦
1. 成株　2. 穗下部侧生樽落无芒小穗背面观　3. 穗上部侧生长芒樽落小穗背面观
4. 顶生长芒樽落小穗，示第二颖亦具长芒　5. 颖具双齿　6. 外稃并示宽大叶状的长芒的中下部
7. 外稃宽大叶状的长芒的上段　8. 浆片、雄蕊、羽毛状的柱头及内稃

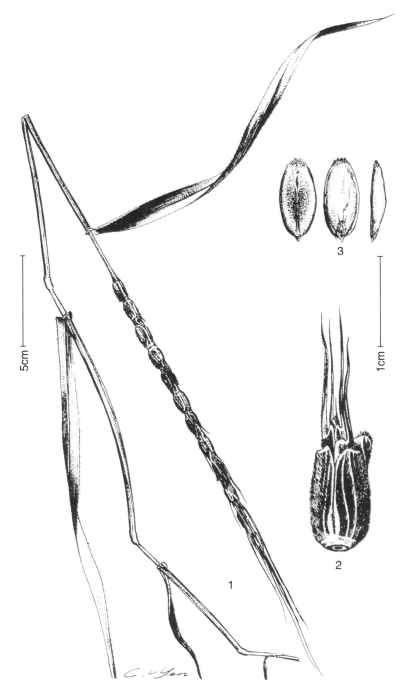

图 39　*Triticum crassum* Aitch. et Hemsl 粗厚麦
1. 成株　2. 樽落小穗背面观　3. 颖果腹面、背面、侧面观（由左至右）

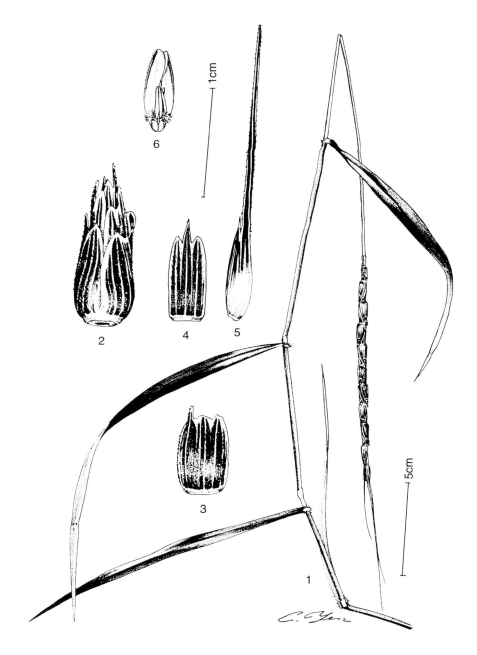

图 40　*Triticum syriacum* Bowden 叙利亚麦
1. 成株　2. 侧生樽落小穗背面观　3. 侧生小穗颖　4. 顶端小穗颖
5. 顶端小穗长芒外稃　6. 浆片、雄蕊、羽毛状的柱头及内稃

异名：*Ae. crassa* Boiss. 1846. Diagn. Pl. Orient. N. S. 1, 7：129；
　　　　Ae. crassa Boiss. var. *palaestina* Eig, 1928. Bull. Soc. Bot. Geneve Ⅱ.
　　　　19：326；

Ae. crassa Boiss. ssp. vavilovii Zhuk. 1928. Tr. prikl. Bot. Genet. Sel. 18：554；

Ae. vavilovii（Zhuk.）Chennaveeraiah，1960. Acta Horti Gotob. 23：167；

Gastropyrum vavilovii（Zhuk.）Á. Löve，1984. Feddes Repert. 95：502。

形态学特征：一年生或二年生。多分蘖，秆高 20～30 cm。叶线形。穗长 10～15cm，含 5～10 个小穗，基部退化小穗 0～3 个；穗轴节间等长或稍长于相邻小穗，小穗与穗轴节间相互嵌合使全穗呈圆柱形，成熟时逐节樽落。小穗圆柱形，两颖相互稍叠合，含 3～4 小花，基部两小花能育。颖革质，被银白色短毛，顶端截平，有时具 2 短宽齿凸。外稃革质，长于颖1/4 ～ 1/3，端具 2～3 齿，侧生小穗外稃中央一齿可发育成短芒，顶端小穗外稃尖端形成一宽壮的长芒，长可达 5～8 cm，两侧具 2 小齿。内稃膜质，具 2 脊。颖果黏稃。

细胞学特征：2n ＝ 42。$D^c X^c S^s$ 染色体组。

分布区：埃及（西奈）、以色列东南部、黎巴嫩、约旦、叙利亚。生长于灰钙土、黑钙土与冲积沙土，以及石质山坡与砾石阶地上。分布于地中海夏旱草原，也分布在西奈海滨沙质土平原、叙利亚东部与约旦半荒漠地带，海拔 50～1 100m。

15. *T. ventricosum*（Tausch）Cess.，Pass. et Gib.，1869. Fl. Ital. 4：86. 偏凸麦（图 41）

异名：Ae. squarrosa L.，1753. Sp. Pl. 1051；

Ae. ventricosa Tausch，1837. Flora 20：108；

Ae. fragilis Parlat.，1869. Fl. Ital. 1，4：87；

Ae. subulata Pomel，1874. Nouv. mat. Fl. Atl.；388；

Gastropyrum ventricosum（Tausch）Á. Löve，1982. Biol. Zentralbl. 101：208。

形态学特征：一年生或二年生。多分蘖，秆较粗壮，高 20～30 cm。叶线形，通常无毛，稀有毛。穗细长，4～6 cm，发育良好可达 12 cm，小穗 5～10 个，穗轴节间长于小穗，节间下段嵌合在小穗中，小穗中部膨大呈瓶形，使全穗呈念珠状，上端渐尖，成熟时通常逐节樽落，有时全穗在基节呈伞落。瓶形小穗含 4～5 花，上部 1～3 花不育，两颖上部相互叠合，中下部膨大外凸呈卵球形。颖革质，具多数平行细脉，除脉上密生短细刺毛外，颖面光滑无毛，颖上部具不明显的脊，脊延伸成一短刺状芒向外斜伸，芒两侧形成两齿状凸起。外稃下部为颖被覆部分膜质，露出颖外部分革质，上部具不明显的脊，并延伸成长芒，芒横断面呈三角形，上部小穗芒长于下部小穗，芒两侧具二齿，内侧一齿有时不发育。内稃膜质。颖果黏稃。

细胞学特征：2n ＝ 28。**DN** 染色体组。

分布区：葡萄牙、西班牙、法国南部、意大利、埃及亚历山大地区、利比亚、突尼斯、阿尔及利亚、摩洛哥。生长于红色石灰土、黑色石灰土、轻沙土。分布于地中海硬叶林林间隙地及林缘、夏旱草原、矮灌丛草原、农耕地边缘及道旁。

16. *T. cylindricum*（Host）Cesati, Passer. et Gibelli 1869. Comp. Fl. Ital. 1，4：86. 圆柱麦（图 42）

异名：Ae. cylindrica Host，1802. Gram. Austr. 2：6；

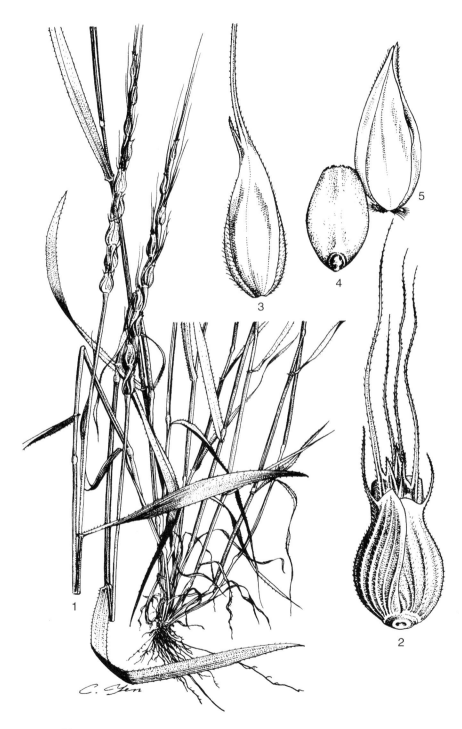

图 41 *Triticum ventricosum*（Tausch）Cess，Pass. et Gib. 偏凸麦
1. 成株　2. 樽落小穗背面观　3. 外稃　4. 颖果　5. 内稃

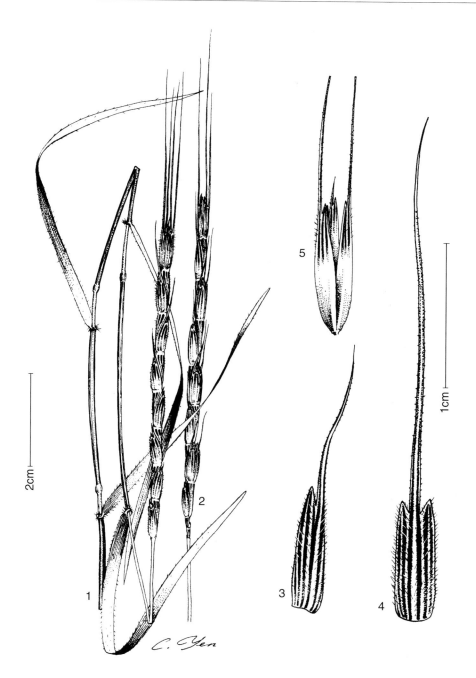

图 42　*Triticum cylindricum*（Host）Cessati，Passer et Gibelli 圆柱麦

1. 成株　2. 麦穗　3. 侧生小穗颖　4. 顶端小穗颖　5. 第一、第二、第三小花，示外稃

Ae. caudata auct. non L.；

Cylindropyrum cylindricum（Host）Á. Löve，1982. Biol. Zemtralbl. 101：207。

形态学特征：一年生或二年生。分蘖匍匐，拔节后再膝曲直立，高 20～40 cm。叶线形，无毛或有毛。穗长圆柱形，小穗 8～10 个，向穗端渐小渐尖，通常基部 1～2 小穗发育不全，小穗与相邻穗轴节间等长，成熟时逐节樽落或全穗伞落。小穗圆柱形，颖具多数平行细脉，脉上生短刺毛，颖端具一芒及一齿，上部小穗颖芒长于下部小穗。外稃上部革质，顶端芒侧具一或二齿，芒长于颖芒，顶端小穗颖尖中央形成基部宽大的长芒，其两侧各生一小齿。内稃膜质，双脊。颖果黏稃。

细胞学特征：2n = 28。**CD** 染色体组。

分布区：法国南部、意大利、南斯拉夫、匈牙利、罗马尼亚、保加利亚、阿尔巴尼亚、希腊、乌克兰南部、克里米亚、高加索、外高加索、伊朗、伊拉克北部、土耳其、叙利亚、阿富汗、土库曼斯坦、哈萨克斯坦西南部；在英国、瑞典、俄罗斯西北部，以及美国中西部都有引入杂草型类群在田间分布；在南欧、中东与中亚有原生自然群落。生长于栎树稀树干草原、灌丛草原、矮灌丛隙地、农耕地边缘与道旁，适应多种土壤。

17. *T. juvenale* Thell.，1907. Feddes Repert. 3：281. 朱凡那里麦（图 43、图 44）

异名：*Ae. turcomanica* Roshev.，1928. Tr Prikl. Bot. Genet. Sel. 18：413，tab. 1；

Ae. juvenalis（Thell.）Eig，1929. Feddes Repert. Beil. 55：93；

Aegilonarum juvenale（Thell.）Á. Löve. 1982，Biol. Zentralbl. 101：208。

形态学特征：一年生或二年生。分蘖苗期匍匐，拔节后秆膝曲直立，高 20～40 cm。叶线形。穗披针形，长 4～8 cm，含 6～9 个小穗（通常 7 个），其中基部 1～2 个退化不发育（个别无退化小穗），发育小穗下大上小使穗呈渐尖状，下部小穗长于相邻穗轴节间，上部小穗等于或稍短于相邻穗轴节间，成熟时伞落。小穗广披针形。颖椭圆形，革质，被毛，上端平截，具 1～4（通常 3）短芒或齿，顶端小穗颖具 3 芒，或 1 芒 2 齿，或 3 齿。外稃约长于颖 1/3，革质，露于颖外部分被毛，顶端通常具 1 芒 2 侧齿，或 3 齿，稀 3 芒，外稃芒比颖芒强大。内稃膜质，双脊。颖果黏稃。

细胞学特征：2n= 42。**D^c X^c U** 染色体组。

分布区：土库曼斯坦、伊朗、美索不达米亚、叙利亚东北部。生长在灰色钙质土、冲积土及砾石间。分布于草原及农耕地边缘，迁移次生田间杂草型广布于中亚及法国南部。模式标本采自法国南部朱凡那尔港（Port Juvenal），因此得名。

sect. Orrhopygium（Á. Löve）**Yen et J. L. Yang，Comb. et Stat. nov.** *Orrhopygium* **A. Löve，1982. Biol. Zentralbl. 101：206**

18. *T. caudatum*（L.）Godros et Gren.，1856. in Gren. et Godron, Fl. Fr. 3：603 尾状麦（图 45）

异名：*Ae. caudata* L. 1753. Sp. Pl.：1051；

Ae. cylindrica Smith，1806. Fl. Graec. Prodr. 1：72，non Host，1802；

T. dichasians（Zhuk.）Bowden，1959. Can. J. Bot. 37：667；

T. markgrafii Greuter，1967. Boissiera 13：172；

Ae. dichasians（Zhuk.）Humphries，1970. Bot. J. Linn. Soc. 78：236；

Ae. markgrafii（Greuter）Hammer，1980. Feddes Repert. 91：232；

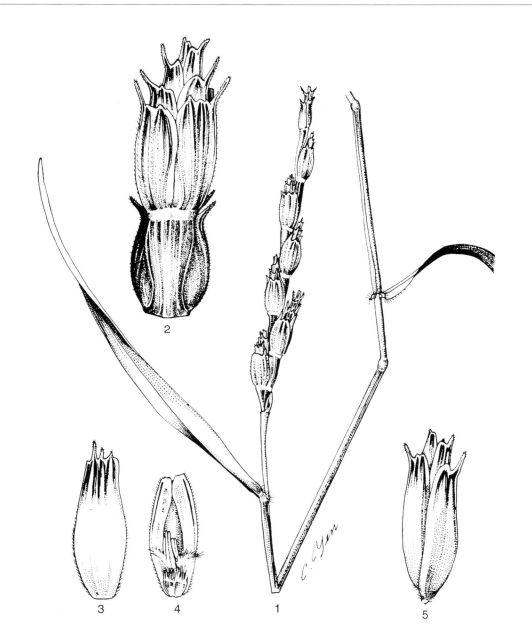

图 43 *Triticum juvenale* Thell. 朱凡那里麦
1. 成株叶、秆、穗 2. 小穗背面观（上）与腹面观（下） 3. 第一小花外稃 4. 第
一小花的浆片、雄蕊、羽毛状柱头及内稃 5. 第二、第三、第四与第五小花

Orrhopyrum caudatum（L.）Á. Löve. 1982. Biol. Zentralbl. 101：206。

形态学特征：一年生或二年生。秆直立，高 20～40 cm。叶线形，被毛。穗细圆柱
形，两颖上半部相互叠合，长 6～8 cm，含 4～8 个小穗，通常基部两小穗发育不良，成
熟时伞落。小穗柱状，与相邻穗轴节间近等长，3～4 小花，上部 1～2 小花不育。颖粗

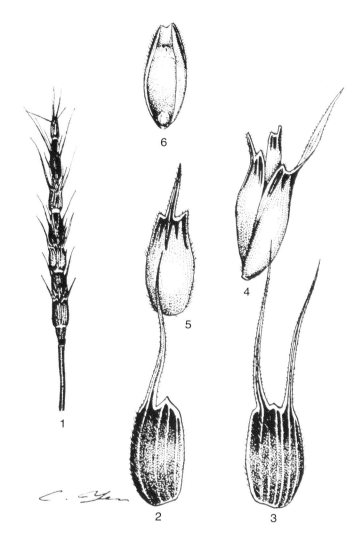

图 44　*Triticum juvenale* Thell. f. *aristatum* Yen et J. L. Yang 朱凡那里麦有芒变型

1. 全穗　2. 第一颖　3. 第二颖　4. 第二、第三与第四小花　5. 第一小花外稃　6. 颖果及内稃

糙，顶端具一锐齿与一细芒，顶端小穗颖渐尖成一基部宽大的尾状长芒。外稃大部为颖所覆盖成为膜质，少量外露呈革质，稃端具 2～3 齿，顶端小穗外稃尖齿可发育成细小短芒。内稃膜质双脊。颖果黏稃。

细胞学特征：2n ＝ 14。**C** 染色体组。

分布区：南斯拉夫南部、保加利亚南部、希腊、土耳其、塞浦路斯、黎巴嫩、叙利亚、伊拉克北部、伊朗及阿富汗。生长在红色石灰土、灰色钙质草原土，以及其他多种土壤。分布于硬叶栎林林间隙地与林缘、夏旱草原、矮灌丛草原、耕地边缘与道旁。

　　sect. Comopyrum（Jaub. et Spach）**Zhuk.，1928. Tr. Prikl. Bot. Genet. Sel. 18，1：465.**

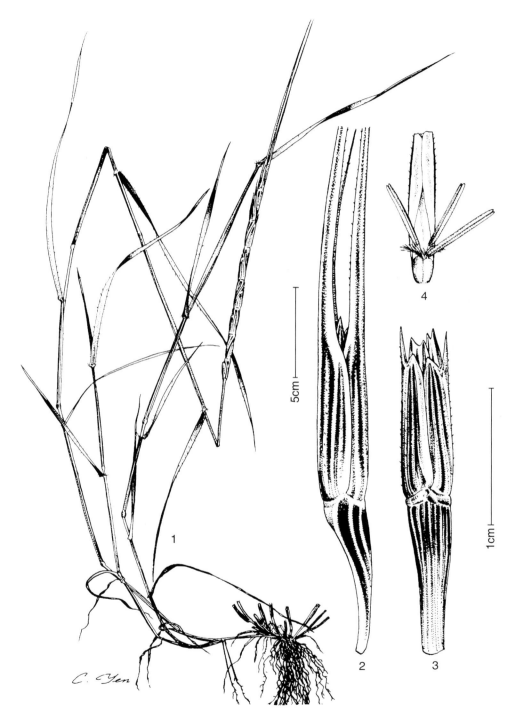

图 45　*Triticum caudatum*（L.）Pers. 尾状麦

1. 成株　2. 顶端小穗　3. 侧生小穗背面观　4. 浆片、雄蕊、羽毛状的柱头及内稃

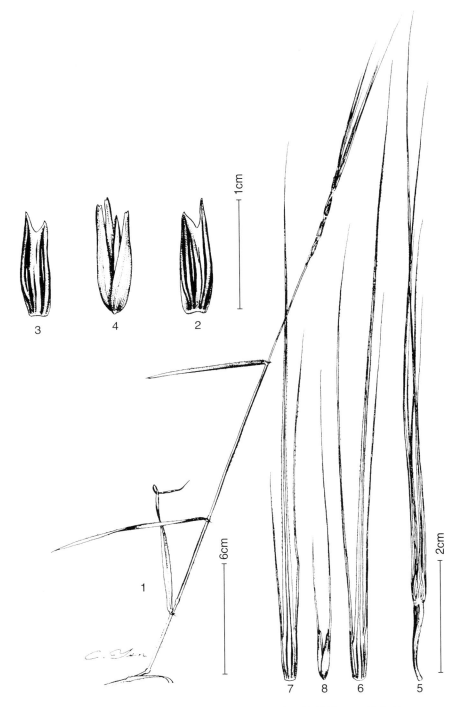

图 46　*Triticum comosum*（Sibth. et Smith）K. Richter　丛芒麦

1. 成株　2. 侧生能育小穗第一颖　3. 侧生能育小穗第二颖　4. 第一、第二、第三小花

5. 顶端小穗　6. 顶端小穗第一颖　7. 顶端小穗第二颖　8. 顶端小穗第一、第二小花

19. *T. comosum* （Sibth. et Smith）**Richter. 1890，Fl. Eur. 1：128. 丛芒麦**（图 46）

异名：*Ae. comosa* Sibth. et Smith，1808. Fl. Greca Prodr. 1：72；

　　　Comopyrum comosum（Sibth. et Smith）A. Löve，1982. Biol. Zentralbl. 101：207。

形态学特征：一年生或二年生。多数分蘖，秆纤细，高 15～30 cm。叶窄线形，叶鞘及叶片被毛。穗细圆柱形、披针形或长卵形，长 2～7 cm，含 4～5 个小穗，其中基部 1 个（稀 2 个）不发育，穗轴节间通常长于相邻小穗，成熟时伞落。侧生能育小穗呈细长瓶形，含 3～4 小花，顶端 1～2 小花不育。颖粗糙或被毛，顶端具 2 齿，外侧一齿宽大，内侧一齿纤细或成短芒，顶端小穗颖端具 3～9 长芒，稀 1 芒，中央一芒宽大，侧芒细窄，各芒分散向外侧开张。外稃为颖被覆部分膜质，外露部分革质，稀具芒。内稃膜质，双脊。颖果黏稃。

细胞学特征：2n ＝ 14。**M** 染色体组。

分布区：希腊爱琴群岛、土耳其西部。生长于红色石灰土上。分布于地中海常绿硬叶栎林林缘及林间隙地、夏旱草原、矮灌丛草原、牧场及农耕地边缘与道旁。

var. *heldreichii* （Holzm ex Nyman）**Yen et J. L. Yang comb. nov. 根据：*Ae. heldreichii* Holzm ex Nyman，1889. Consp. Fl. Eur. Suppl. 342. 赫氏变种**（图 47）

sect. Uniaristaopyrum Chennaveeraiah，1960. Acta Horti Gotob. 23：161.

20. *T. uniaristatum* （Vis.）**K. Richter，1890. Fl. Eur. 1：128. 单芒麦**（图 48）

异名：*Ae. uniaristata* Vis.，1852. Fl. Dalm. 3：345；

　　　Ae. notarisii Clementi，1855. Sert. Or.：99；

　　　T. variabile Markgraf，1932. Feddes Repert. Beih. 33：225，non *Ae. variabilis* Eig，1929；

　　　Chennapyrum uniaristatum（Vis.）Á. Löve，1982. Biol. Zentralbl. 101：207。

形态学特征：一年生或二年生。分蘖多匍匐，拔节后再膝曲直立，秆高 10～30 cm。叶片线形，通常被毛。叶鞘上部通常被毛。穗短小，通常含 5～7 个小穗，基部 2～4 个不发育，顶端小穗通常不育，仅中部 2～3 个小穗结实，穗两端尖小，呈披针形或广披针形，长 1.5～3.5 cm，成熟时伞落。侧生能育小穗卵圆形，长于相邻穗轴节间，相互不紧贴。颖革质，多数平行颖脉上密生细短刺毛，颖端具一基宽长芒及一三角形的宽短齿。顶端小穗颖端形成一宽平长芒，芒基部有时伴一小齿，芒中脉显著直通达颖下部，但不呈脊状。中部侧生能育小穗的外稃顶端形成二小齿，有时延伸成小短芒，顶端小穗外稃尖端具一细小短芒，并伴有 1～2 齿。内稃膜质，双脊。颖果黏稃。

细胞学特征：2n＝14。**N** 染色体组。

分布区：南斯拉夫、阿尔巴尼亚、希腊、土耳其西北部。生长于红色石灰土。分布于地中海常绿硬叶栎林隙地、夏旱草原、矮灌丛草原、牧场、农耕地边缘及道旁。

sect. Polyoides Zhuk.，1928. Tr. Prikl. Bot. Genet. Sel. 18，1：465.

21. *T. umbellulatum* （Zhuk.）**Bowden，1959. Canad. J. Bot. 37：666. 小伞麦**（图 49）

异名：*Ae. umbellulata* Zhuk.，1928. Tr. Prikl. Bot. Genet. Sel. 18.1：483；

　　　Ae. ovata L. var. *anatolica* Eig，1928. Bull. Soc. Bot. Geneve ser. 2，19；

　　　Kiharapyrum umbellulatum（Zhuk.）Á. Löve，1982. Biol. Zentralbl. 101：207。

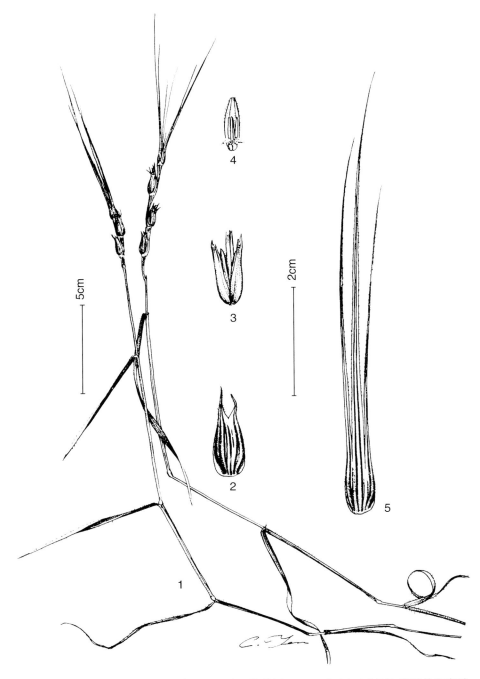

图 47 *Triticum comosum*（Sibth. et Smith）K. Richter var. *heldreichii* 丛芒麦赫氏变种
1. 成株　2. 侧生小穗颖　3. 侧生小穗第一、第二、第三、第四小花
4. 浆片、雄蕊、羽毛状的柱头及内稃　5. 顶端小穗颖

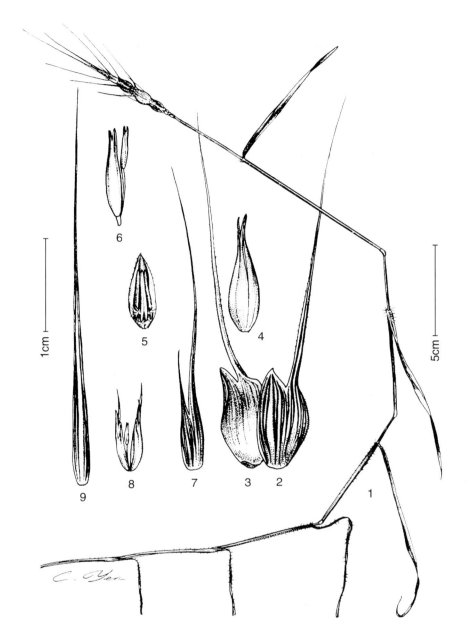

图 48 *Triticum uniaristatum*（Vis.）K. Richter 单芒麦
1. 成株　2. 侧生能育小穗第一颖　3. 侧生能育小穗第二颖　4. 侧生能育小穗外稃　5. 浆片、雄蕊、羽毛状的柱头及内稃　6. 第二、第三小花　7. 顶端小穗第一颖　8. 顶端小穗小花　9. 顶端小穗第二颖

形态学特征：一年生或二年生纤草。多分蘖，高 10～30cm。叶线形，长 2～5cm，被疏毛或密毛。穗广披针形或卵圆形，长 2.5～4cm，通常粗糙无毛，基部不育。小穗通常 3 个，稀 2～4 个，发育小穗通常 4～5 个，稀 3 或 6 个，上端 1～3 个小穗瘦小不育，成熟时伞落；中部能育小穗卵圆形，通常具 4 小花，上端 2 个不育。颖革质，能育小穗颖中部

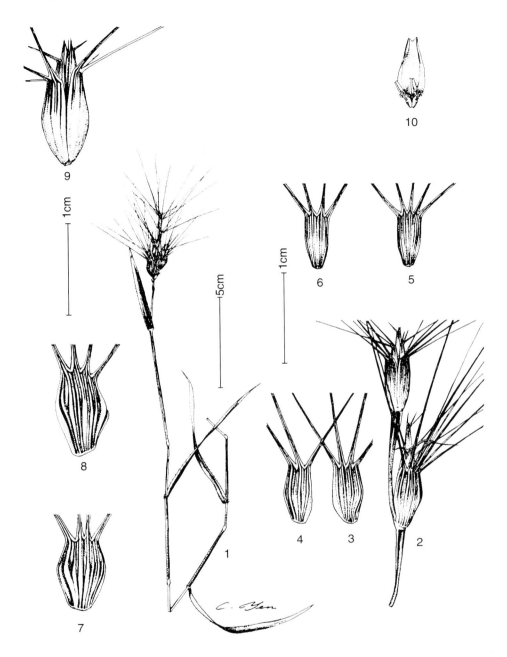

图 49 *Triticum umbellulatum* (Zhuk.) Bowden 小伞麦
1. 成株 2. 顶端不育小穗 3~6. 顶端不育小穗颖 7. 侧生能育小穗第一颖
8. 侧生能育小穗第二颖 9. 侧生能育小穗第一、第二、第三、第四小花
10. 浆片、雄蕊、羽毛状的柱头及内稃

向外膨大凸出，上部扁平，具 4~5 较细长芒，稀 3 或 6 芒。不育上部小穗颖中部不膨大，
其上端具 3~5 芒。外稃下部膜质，上端露在颖外部分革质，具 1~3 类似颖芒，但较细

短。所有颖芒与稃芒皆向外分散平展呈伞状。内稃膜质，双脊。颖果裸粒。

细胞学特征：2n＝14。**U** 染色体组。

分布区：希腊、土耳其、叙利亚、伊拉克北部、伊朗西部与北部、外高加索与高加索。生长在红色石灰土、灰色钙质草原土、玄武岩土与冲积土上。分布于地中海常绿硬叶栎林林间隙地与林缘、夏旱草原、矮灌丛草原、草原、牧场及农耕地边缘与道旁。

22. _T. ovatum_（L.）Raspail，1825. Ann. Sci. Nat.. Ser. 1，5：435. 卵圆麦

异名：_Ae. ovata_ L.，1753. Sp. Pl. 1050；

　　　Ae. geniculata Roth，1787. Bot. Abhandl. Beobacht.；45；

　　　Ae. neglecta Requien ex Bertol.，1834. Fl. Ital. 1：787；

　　　Ae. brachyathera Pomel，1844. Nouv. Mat. Fl. Atl.；474；

　　　Ae. lorentii Hochst.，1845. Flora 28：25；

　　　Ae. vagans Jord. et Fourr.，1868. Brev. Pl. Nov. 2：130；

　　　Ae. macrochaeta Shuttlew. et Huet，1869. Bull. Soc. Bot. Fr. 16：384；

　　　T. macrochaetum（Shuttlew. et Huet）K. Richter，1890. Pl. Eur. 1：128；

　　　T. lorentii（Hochst.）Zeven，1973. Taxon 22：328。

var. _vulgare_ （Cosson et Dur.）Briq.，1910. Prodr. Fl. Corse 1：190. 卵圆麦普通变种（图 50）

异名：_Ae. ovata_ ssp. _euovata_ var. _genuina_ Griseb.，1844. Spicil. Fl. rum. bithy. 2：425；

　　　Ae. ovata var. _vulgare_ Coss. et Dur.，1864. Bull. Soc. Bot. France 11：163；

　　　T. ovatum ssp. _eu-ovatum_ Aschers. et Graebn.，1901. Syn. Mitterleur Fl. 6：705；

　　　Ae. ovata ssp. _euovata_ var. _vulgare_ Eig，1929. Repert. Sp. Nov. Feddes Beih. 55：144，pl. 15a；

　　　Ae. ovata ssp. _euovata_ var. _africana_ Eig，1929. Repert. Sp. Nov. Feddes Beih. 55：144；

　　　Ae. ovata ssp. _euovata_ var. _eventricosa_ Eig，1929. Repert. Sp. Nov. Feddes Beih. 55：144，pl. 15a；

　　　Ae. ovata ssp. _euovata_ var. _hirsuta_ Eig，1929. Repert. Sp. Nov. Feddes Beih. 55：144。

形态学特征：一年生或二年生。多分蘖，秆高 10～20cm。叶线形或长披针形，长 2～5cm，被毛或无毛。穗宽卵形或长椭圆形，长 1～3cm，基部退化小穗 0～1 个，稀 2 个，发育小穗 2～4 个，通常 3 个，顶端小穗常不育，侧生小穗长于相邻穗轴节间，成熟时伞落。小穗卵形，急尖，通常含 5 小花，上端 3 小花不育。颖革质，上端具 2～5 芒，一般 4 芒，芒长 2～3.5cm，上端小穗颖芒较多。外稃 2～3 芒，5～7 脉。内稃膜质，双脊。颖果裸粒。

细胞学特征：2n＝28；**UM°** 染色体组。

分布区：葡萄牙、西班牙、法国南部、意大利、南斯拉夫、保加利亚、阿尔巴尼亚、

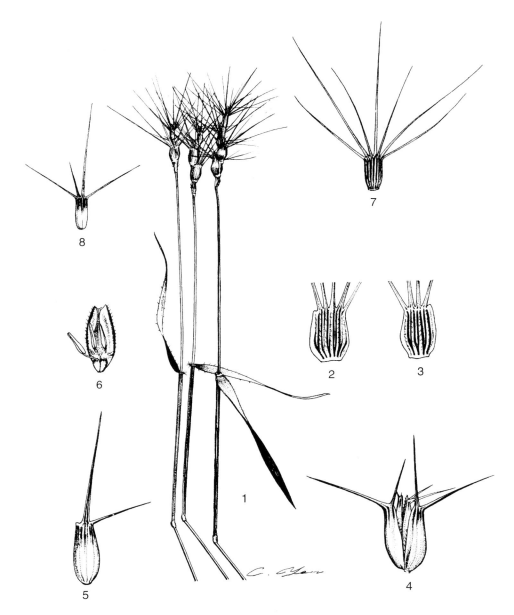

图 50　*Triticum ovatum*（L.）Raspail var. *vulgare*（Cosson et Dur.）Briq. 卵圆麦普通变种
1. 成株叶、秆、穗　2、3. 能育侧生小穗颖　4. 能育侧生小穗第一、第二、第三与第四小花
5. 能育侧生小穗第一小花外稃　6. 能育侧生小穗第一小花的浆片、雄蕊、羽毛状的柱头及
内稃　7. 上部不育小穗颖　8. 上部不育小穗外稃

希腊、克里米亚、乌克兰南部、高加索、外高加索、土耳其、伊拉克北部、伊朗西部、叙利亚、黎巴嫩、塞浦路斯、以色列、约旦、埃及、利比亚、突尼斯、阿尔及利亚、摩洛哥，以及撒哈拉绿洲。生长于红色石灰土、玄武岩土、黑色石灰土、钙质沙石间、冲积土上。分布于常绿硬叶栎林林间隙地与林缘、夏旱草原、矮灌丛草原、摺荒地、砾石间、农

耕地边缘与道旁，常密集成片。

var. *biunciale*（Vis.） **Yen et J. L. Yang. comb. nov.** 根据 *Ae. biuncialis* Visiani, 1842. Fl. Dalm. ed. 1：90，Fig. 2，sine descr.；1852. Fl. Dalm. ed. 3：344，descr. 二颖芒变种（图 51）

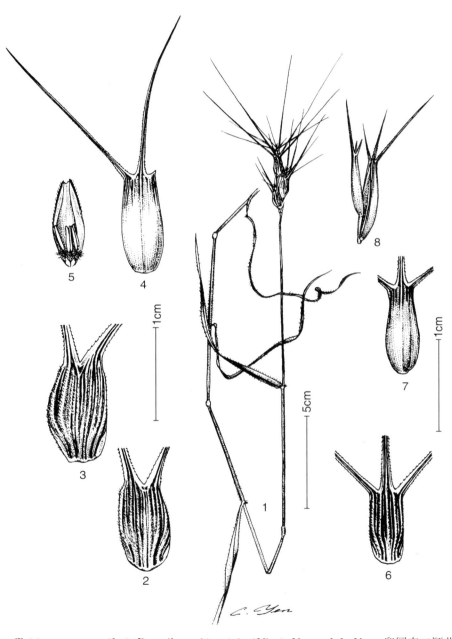

图 51 *Triticum ovatum*（L.）Raspail var. *biunciale*（Vis.）Yen et J. L. Yang 卵圆麦二颖芒变种

1. 成株　2. 侧生能育小穗第一颖　3. 侧生能育小穗第二颖　4. 侧生能育小穗外稃

5. 浆片、雄蕊、羽毛状的柱头及内稃　6. 上部小穗具三芒的颖　7. 上部小穗具三芒的外稃　8. 不育小花

异名：*Ae. lorentii* Hochst.，1842. Flora 28：25；

   Ae. macrochaeta Shuttlew. et Huet，1869. Bull. Soc. Bot. Fr. 16：384；

   T. macrochaetum（Shuttlew. et Huet）K. Richter，1890. Pl. Eur. 1：128；

   Ae. ovata var. *biuncialis*（Vis.）Halac.，1904. Consp. Fl. Graec. 3：431；

   T. lorentii（Hochst.）Zeven，1973. Taxon 22：328.

形态学特征：一年生或二年生，多分蘖，秆高 15～30cm。叶窄线形，无毛或疏生纤毛，稀多毛，长 2～5cm。穗窄披针形，长 2～3cm，通常上端两个小穗发育，基部 1 个退化，稀 2 个，穗轴节间常短于相邻侧生发育小穗，与小穗不紧贴，成熟时散落。小穗长卵形，含 4 小花，上端两朵不育。颖革质，颖脉多数，平行，被短毛，侧生小穗颖具 2～3 芒，如具 3 芒，中央芒短于两侧芒，顶端小穗颖具 3 芒，长于侧生小穗，颖芒都较宽扁，斜伸上举。外稃大部呈膜质，露出颖外部分革质，稃芒较颖芒短小，少于 3 枚。内稃膜质，双脊。颖果裸粒。

细胞学特征：2n＝28。**UM°** 染色体组。

分布区：葡萄牙、西班牙、法国南部、意大利、南斯拉夫、罗马尼亚、保加利亚、阿尔巴尼亚、希腊、克里米亚、乌克兰南部、高加索、外高加索、土耳其、伊拉克北部、伊朗西部、叙利亚、黎巴嫩、塞浦路斯、以色列、约旦、利比亚、突尼斯、阿尔及利亚以及摩洛哥。生长于红色石灰土、玄武岩土、黑色石灰土上。分布于常绿硬叶栎林林间隙地与林缘、夏旱草原、矮灌丛草原、石质山坡、撂荒地、冲刷地、农耕地边缘与道旁。

23. *T. triaristatum*（Willd.）Gren. et Godr.，1855. Fl. Franc. 3：602. 三芒麦（图 52）

异名：*Ae. ovata* var. *triaristata*（Willd.）Grisebach，1844. Spicil. Fl. rume l. bithyn. 2：425；

   T. triaristatum Willd.，1806. Sp. Pl. 4：493；

   T. ovatum ssp. *triaristatum*（Willd.）Ascherson et Graebner，1902. Syn. Mitteleur. Fl. 2：705。

形态学特征：一年生或二年生。分蘖较少，秆长 25～35cm，直立或斜升。叶线形，被毛，叶片边缘常有纤毛。穗披针形，小穗密集，长 2.3～3.5cm；基部通常有 3 个小穗不发育，稀 2 个；中上部发育小穗 3～6 个，通常 4 个，其中下部 2 个卵圆形，为发育良好的能育小穗，上段 1～4 个瘦小不育，成熟时伞落。能育小穗颖宽大，革质，被毛，颖脉多数，平行，顶端具 3 芒，芒长 3.5～4.5cm；上段不育小穗颖与能育小穗相似，芒也多为 3 枚。能育小穗外稃 2～4 芒，通常 2 芒；上段不育小穗外稃常无芒。内稃膜质，双脊。颖果裸粒。

细胞学特征：2n＝28。**UX^t** 染色体组。

分布区：葡萄牙、西班牙、法国南部、意大利、南斯拉夫、保加利亚、阿尔巴尼亚、希腊、克里米亚、高加索、外高加索、土耳其、伊拉克北部、伊朗西部、叙利亚、黎巴嫩、利比亚、突尼斯、阿尔及利亚及摩洛哥。生长于红色石灰土、玄武岩土、黑色石灰土、冲积土上。分布于常绿硬叶栎林林间隙地与林缘、夏旱草原、矮灌丛草原、石质山坡、撂荒地、冲刷地、农耕地边缘与道旁，海拔 0 ～ 1 300m。

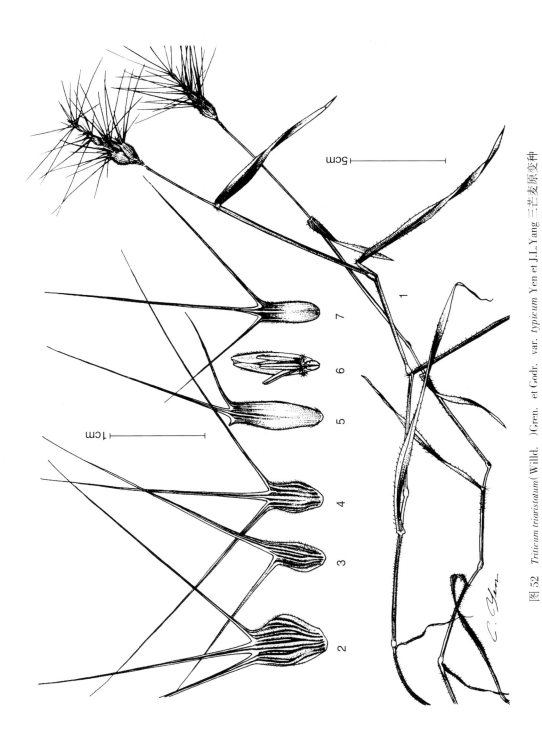

图 52　*Triticum triaristatum*（Willd.）Gren. et Godr. var. *typicum* Yen et J.L.Yang 三芒麦原变种

1. 成株　2. 侧生能育小穗第一颖　3,4. 上部不育小穗第一颖　5. 侧生能育小穗外稃　6. 侧生能育小穗的浆片，雄蕊，雌蕊，羽毛状的柱头及内稃　7. 上部不育小穗具三芒的外稃

var. *columnare*（Zhuk.）**Yen et J. L. Yang, comb. et stat. nov. 根 据 *Ae. columnaris* Zhuk. 1928. Tr. Prikl. Bot. Genet. Sel. 18：448. 顶柱变种**（图 53）

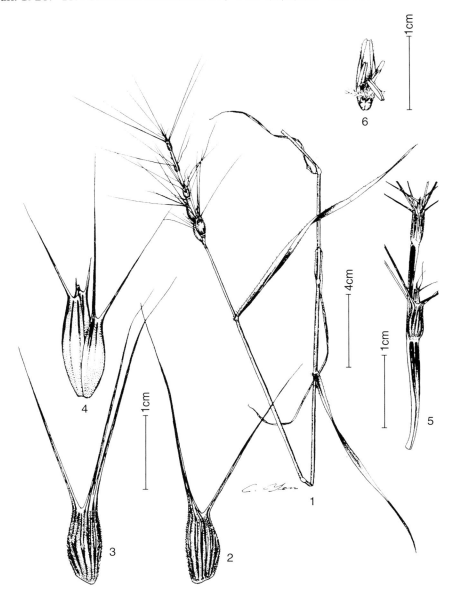

图 53 *Triticum triaristatum*（Willd）Gren. et Godr. var. *columnare*（Zhuk.）
Yen et J. L. Yang 三芒麦顶柱变种
1. 成株　2. 侧生能育小穗第一颖　3. 侧生能育小穗第二颖　4. 侧生能育小穗小花
5. 上部不育小穗　6. 侧生能育小穗的浆片、雄蕊、羽毛状的柱头及内稃

异名：*T. columnare*（Zhuk.）Morris et Sears, 1967. in Quisenb. et Reitz, Wheat and wheat improve ment：19。

形态学特征：一年生或二年生。多分蘖，秆高 20～30cm。窄线形，通常被毛。穗长

3～7cm，通常3～5cm，基部2～4个（通常3个）小穗不发育；中部2～3个小穗充分发育呈长卵形，相邻穗轴节间短于或与小穗等长；上端3个小穗瘦小，通常不育，相邻穗轴节间长于小穗，因此上段急尖呈柱形。中部能育小穗含4～5小花，上端2～3小花不育；上端瘦小小穗通常含3不育小花，或只基部一小花结一瘦小颖果，成熟时伞落。中部能育小穗颖呈椭圆形，革质，具2长芒，一芒显著宽于另一细芒；上段瘦小小穗颖具3长芒，宽窄长短几相等。颖具多数平行细脉，糙涩。外稃具1～2芒，比颖芒显著短小；外稃为颖所覆盖的大部呈膜质，外露部分革质。内稃膜质，双脊。颖果裸粒。

细胞学特征：$2n=28$。**UX^t** 染色体组。

分布区：土耳其、叙利亚、黎巴嫩东部、伊拉克北部、伊朗、高加索。生长在红色石灰土、灰色钙质草原土、玄武岩土上。分布于栎林间隙地、夏旱草原、矮灌丛草原、摺荒地、农耕地边缘及道旁。

24. *T. rectum*（Zhuk.）Bowden，1966. Canad. J. Genet. Cytol. 8：135. 直立麦（图54）

异名：*Ae. triaristata* Willd. ssp. *recta* Zhuk.，1928. Tr. Prikl. Bot. Genet. Sel. 18：478；

Ae. recta（Zhuk.）Chennaveeraiah，1960. Acta Horti Gotob. 23：165；

Ae. neglecta ssp. *recta*（Zhuk.）Hammer，1980. Feddes Repert. 91：240。

形态学特征：一年生或二年生。分蘖少，秆高20～30cm，直立或斜伸。叶线形，密被或疏生短毛，叶缘生纤毛。穗披针形，长2～3.5cm，基部退化小穗3个，稀2个，发育小穗3～6个，通常4个，最下部2个发育充分，较上部小穗大，长卵圆形，较相邻穗轴节间长，上段小穗发育较差，相邻穗轴节间长于小穗，使穗上端逐渐细小。小穗一般都能育，成熟时伞落。颖革质，平行脉上被短毛，颖通常具3长芒，下部小穗有时仅2芒。外稃长于颖，下部小穗常具2芒，但可达4芒，上部小穗外稃常无芒，稃芒弱于颖芒。内稃膜质，双脊。颖果裸粒。

T. rectum 形态特征与 *T. ovatum* var. *triaristatum* 及 var. *columnare* 十分近似，二者常被混淆。

细胞学特征：$2n=42$。**UX^{t}N** 染色体组。

分布区：葡萄牙、西班牙、法国南部、意大利、南斯拉夫、希腊与土耳其西部。生长在红色石灰土上。分布于地中海常绿硬叶栎林林间隙地、夏旱草原、矮灌丛草原、摺荒地、冲蚀地、农耕地边缘及道旁。

25. *T. triunciale*（L.）Raspail，1825. Ann. Sci. Nat. ser. 1，5：435. 瘦穗麦（图55）

异名：*Ae. triuncialis* L.，1753. Sp. Pl.；1051；

Ae. elongata Lam.，1778. Fl. Fr. 3：632；

Ae. echinata Presl，1820. Cyp. et Gram. Sic.；47；

Aegilopodes triuncialis（L.）Á. Löve，1982. Biol. Zentralbl. 101：207。

形态学特征：一年生或二年生。分蘖少，匍匐，拔节后秆膝曲直立，高20～35cm，穗下节间长，叶集中在植株中下部。叶线形，长2～6cm，通常被毛。穗窄披针形，长3～6cm，基部退化小穗3个，稀2个，发育小穗3～8个，通常4～5个，成熟时散落。小穗

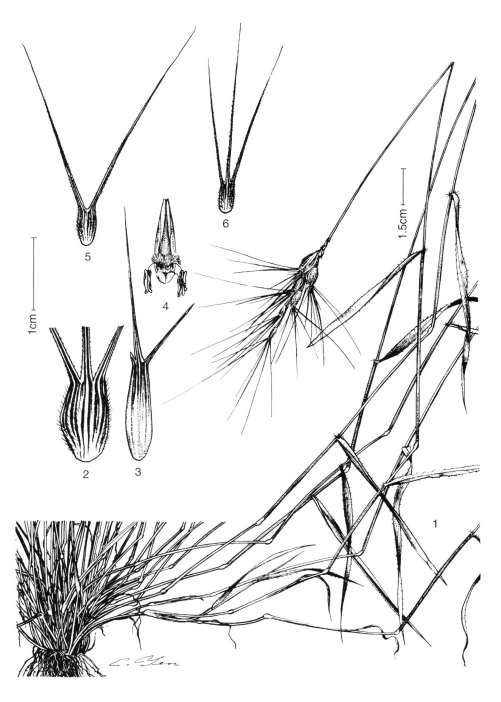

图 54 *Triticum rectum*（Zhuk.）Bowden 直立麦

1. 成株　2. 能育侧生小穗颖　3. 能育侧生小穗第一小花外稃　4. 能育侧生小穗第一小花的浆片、
雄蕊、羽毛状的柱头及内稃　5、6. 上部不育小穗颖

图 55 *Triticum triunciale* (L.) Raspail 瘦穗麦
1. 成株 2. 顶端小穗颖 3、4. 下部侧生能育小穗颖 5. 能育小穗第一、第二、第三与第四小花
6. 能育小花外稃 7. 浆片 8. 能育侧生小穗第一小花的浆片、雄蕊、羽毛状的柱头及内稃

广披针形，通常含4小花，上端2小花不育，中下部小穗大，向上端渐小，中下部小穗长于相邻穗轴节间，上部小穗短于相邻穗轴节间。颖革质，被短毛，3芒，中央一芒短小，

或呈齿刺状，上端小穗颖芒长于下端小穗，顶端小穗颖特长，中央一芒基部宽，芒也较其他长大（长 4.5～7cm）。外稃长于颖，芒短小或无芒。内稃膜质，双脊。颖果裸粒。

细胞学特征：2n＝28。**UC** 染色体组。

分布区：葡萄牙、西班牙、法国南部、意大利、南斯拉夫、保加利亚、阿尔巴尼亚、希腊、克里米亚、乌克兰南部、高加索、外高加索、土耳其、伊拉克、伊朗、叙利亚、黎巴嫩、科威特、沙特阿拉伯、塞浦路斯、以色列、阿尔及利亚、摩洛哥、阿富汗、巴基斯坦。生长于多种土壤上。分布于常绿硬叶栎林林间隙地与林缘、夏旱草原、矮灌丛草原、撂荒地、砾石间、农耕地边缘与道旁。海拔 150～1 800m。

26. *T. peregrinum* Hackel，1907. Ann. Scott. Nat. Hist. Quart. Mag. 62：102. 外来麦

异名：*Ae. kotschyi* Boiss.，1846. Diagn. Pl. Orient.，N. S. 1，7：129；

  Ae. geniculata Figori et Notaris，1851. Agrost. Aegypt. Phrag. Paris 1：18，non *Ae. geniculata* Roth，1787；

  Ae. glabriglumis Gandoger，1881. Oesterr. Bot. Zeitschr. 31：82；

  T. kotschyi（Boiss.）Bowden，1959. Canad. J. Bot. 37：675；

  Ae. triuncialis ssp. *kotschyi*（Boiss.）Zhuk.，1928. Tr. Prikl. Bot. Genet. Sel. 18，1：499；

  Aegilemma kotschyi（Boiss.）Á. Löve，1982. Biol. Zentralbl. 101：207。

var. *kotschyi*（Boiss.）Yen et J. L. Yang，comb. et stat. nov. 根据 *Ae. kotschyi* Boiss.，1846. Diagn. Pl. Orient.，N. S. 1，7：129 科氏变种（图 56）

异名：*Ae. triuncialis* ssp. kotschyi（Boiss.）Zhuk.，1928，Tr Prikl. Bot. Genet. Sel. 18，1：499。

形态学特征：一年生或二年生。多分蘖，匍匐，拔节后膝曲直立，秆高 15～25cm。叶线形，通常无毛。穗窄披针形，长 2～3cm，基部退化小穗 2～4 个，通常 3 个，发育小穗 2～6 枚，通常 4 枚，下部小穗大于上部小穗，下部小穗长于相邻穗轴节间，上部穗轴节间长于相邻小穗，全穗呈渐尖状，成熟时散落。小穗通常都能育，含 3～4 小花，上端 1～2 小花不育，全穗散落。颖具多数平行颖脉，革质，顶端具 3 或 2 芒，芒基部宽平，向上渐尖，成熟时向外平展。外稃长于颖，1～3 芒，与颖芒等长或稍短，顶端小花外稃常 1 芒 1 齿，或 2 齿。内稃膜质，双脊。颖果黏稃。

细胞学特征：2n＝28。**UB^{I}** 染色体组。

分布区：外高加索、阿富汗、巴基斯坦、伊朗、伊拉克、科威特、沙特阿拉伯、土耳其东南部、叙利亚、黎巴嫩、塞浦路斯、以色列、约旦、下埃及与西奈、利比亚、突尼斯。生长在灰色钙质草原土、白色石灰土、黄土、沙土上。分布于夏旱草原、矮灌丛草原、耕地边缘及道旁。海拔 100～1 100m。

var. *variabile*（Eig）Yen et J. L. Yang，comb. et stat. nov. 根据 *Ae. variabilis* Eig，1929，Feddes Repert. Beih. 55：121，non *T. variabile* Markgraf，1932. 易变变种（图 57、图 58）

异名：*Ae. peregrina*（Hackel）Eig，1929. Feddes Repert. Beih. 55：121，in ad-not.；

图 56 *Triticum peregrinum* Hackel var. *kotschyi*（Boiss.）Yen et J. L. Yang 外来麦科氏变种
1. 成株　2. 具 4 芒的颖　3、4. 颖　5. 第一小花外稃　6. 浆片、雄蕊、羽毛状的柱头及内稃
7. 第二、第三与第四小花

　　Aegilemma peregrina（Hackel）Á. Löve，1984. Feddes Repert. 95：499。

形态学特征：一年生或二年生。多分蘖，匍匐，拔节后膝曲直立，秆高 15～40cm。

图 57 *Triticum peregrinum* Hackel var. *variabile*（Eig）Yen et J. L. Yang 外来麦易变变种
1. 成株 2. 第一颖 3. 第二颖 4. 外稃 5. 浆片、雄蕊、羽毛状的柱头及内稃
6. 第二、第三、第四小花与发育不全的第五小花

叶线形，被毛或无毛。穗卵形、窄披针形或近圆柱形，长 1.5～7.5cm，基部退化小穗 1～
4 个，通常 3 个，发育小穗 2～7 个，通常 3～5 个，长椭圆形，下部小穗大于上部小穗，
下部小穗长于相邻穗轴节间，上部穗轴节间或稍长于相邻小穗，全穗急尖或渐尖，成熟时

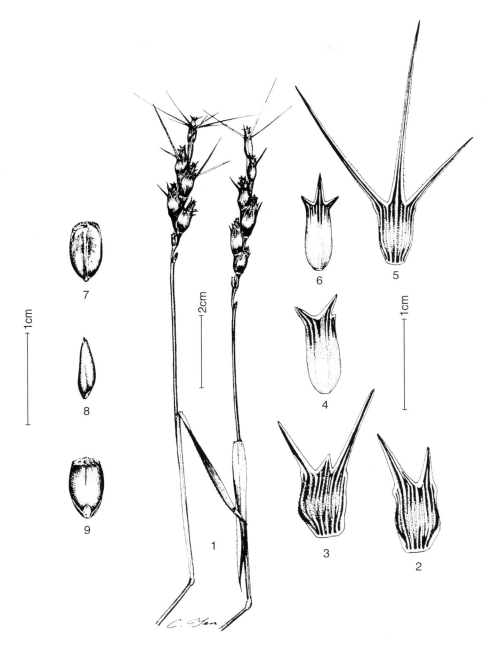

图 58　*Triticum peregrinum* Hackel var. *variabile* f. *aristatum* Yen et J. L. Yang

外来麦易变变种有芒变型

1. 成株叶、秆、穗　2. 第一颖　3. 第二颖　4. 外稃　5. 上部小穗颖具长芒　6. 上部小穗外稃

7. 颖果腹面观　8. 颖果侧面观　9. 颖果背面观

伞落。小穗通常都能育，含 3～6 小花，通常 4～5 小花，上端 1～3 小花不育，全穗伞落。颖具多数平行颖脉，革质，顶端小穗颖具 3 芒，侧生小穗 2～3 芒，如为 2 芒，原中央一芒仅发育成一齿或小凸起，芒基部宽平，向上渐尖，成熟时向上斜伸，芒长常不相等。外

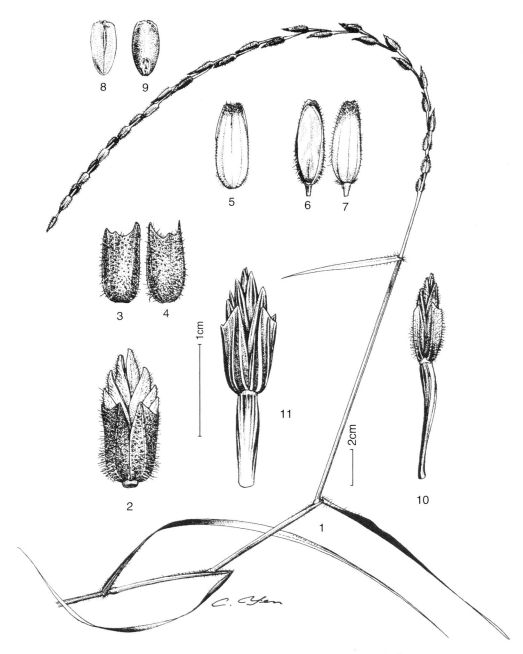

图 59　*Amblyopyrum muticum*（Boiss.）Eig 无芒钝麦

1. 成株叶、秆、穗　2. 小穗背面观　3、4. 颖　5. 第一小花外稃　6. 第二小花腹面观　7. 第二小花背面观
8. 第二颖果腹面观　9. 第二颖果背面观　10. 顶端小穗　11. 无毛变型小穗示光滑无毛的颖、外稃及穗轴节间

稃长于颖，1～3 芒，短小或无芒。内稃膜质，双脊。颖果黏稃。

细胞学特征：2n＝28。**UB**[l] 染色体组。

分布区：意大利南部、西西里、希腊南部、土耳其南部、下美索不达米亚、叙利亚、黎巴嫩、塞浦路斯、以色列、约旦、下埃及、利比亚、突尼斯、阿尔及利亚、摩洛哥。生长在多种不同的土壤上。分布于常绿硬叶栎林林间隙地、夏旱草原、矮灌丛草原、摺荒地、农耕地边缘及道旁。海拔 0～1 600m。

Amblyopyrum （Jaub. et Spach） **Eig, 1929. in P. Z. E. Agric. et Nat. Hist., Agric. Rec.** （Tel-Aviv） **2：199. 钝麦属**

Am. muticum （Boiss.） **Eig, 1029. in P. Z. E. Inst. Agric. et Nat. Hist., Agric. Rec.** （Tel-Aviv） **2：200. 无芒钝麦** （图 59）

异名：_Ae. mutica_ Boiss.，1844. Diagn. Pl. Or.，N. S. 1，5：73；

Ae. tripsacoides Jaub. et Spach，1847，Ill. Pl. Or. 2：121，tab. 200；

T. muticum （Boiss.） Hackel，in Fraser，1907. Ann. Scott. Nat. Hist. 1907：103，non _T. muticum_ Rode，1818，Char. et Descr. Cereal Hort. Tubingen：10 - 11 （incertae sedis）；

T. tripsacoides （Jaub. et Spach） Bowden，1959. Canad. J. Bot. 37：666。

形态学特征：一年生或二年生。少分蘖，秆高 70～80cm。叶线形，被毛或无毛。穗细长，线型，长 25～30cm，穗轴节间长于小穗，穗轴每节生一小穗，每穗 10～15 个小穗，排列十分稀疏。小穗长方形，扁平，含 5～8 小花，上端 1～3 小花不育。颖革质，梯形，上端宽于下端，上端具 2～4 钝齿，通常无毛或疏生短刚毛。外稃革质，与颖近等长，无芒，具一钝尖。内稃双脊，膜质。异花授粉，自花不育。颖果黏稃。

细胞学特征：2n＝14。**T** 染色体组。

分布区：土耳其安那托利亚平原、土耳其—亚美尼亚、南高加索、外高加索、伊朗西部、叙利亚东北部、伊拉克北部边境。生长于沙土、砾石地、灰色草原土。分布于摺荒地、农田边缘及路旁。在土耳其东部，散生着许多稠密的群丛。

var. _loliaccum_ （Jaub et Spach） **Eig, 1929. Agric. Rec.** （Tel-Aviv） **2：200. 无毛变种**

异名：_Ae. loliacea_ Jaub. et Spach，1850 - 1853. Illustr. Pl. Orient. 4：23. pl. 317；

Ae. mutica subsp. _loliacea_ （Jaub. et Spach） Zhuk.，1928. Bull. Appl. Bot. Pl. Breed. 18：546.

Am. muticum subsp. _loliacea_ （Jaub. et Spach） Á. Löve，1984. Feddes Repert. 95：494.

本变种除无毛外，其他形态特征、分布区、生态环境及细胞学特征都与原种相同。

九、种以下的分类问题

在 19 世纪后半叶对小麦属，特别是小麦亚属，种以下进行了许多人为的分类单位与划分。1866 年 Alefeld 就以穗、粒特征来进行人为的分类，Kornicke（1885）更进一步加以发挥，订立了不少变种名称，至今仍为一些人所沿用。他们人为地以麦穗的有芒、无芒、颖片有毛、无毛，麦穗颜色（白、红、黑）、麦粒颜色（白、红）来区别变种。这种人为分类在 20 世纪又进一步为前苏联学派的 Вавилов、Фляксбергр、Туманян、Якубцнер以及其他国家的一些小麦科学工作者，如 Percival 等所承袭，搞得十分繁琐。这种人为分类完全可以说是在科学理论上毫无意义，对生产实践也毫无用处。因为它并不能反映自然亲缘系统关系，而仅是上述表型基因组合的人为划分类别。在栽培作物中，按人的经济目的在人工选择下形成的栽培品种（cultivar），才是经济应用上有意义的单位。而在自然生态环境中自然选择形成的变种（variety）才是演化适应的自然单位。

种以下有无具体存在的客观单位？已如上述，有，那就是栽培植物经人工选择形成的具有一定经济特性、相对纯一的品种，以及由自然选择形成的相对纯一的生态适应型——变种（以及变型）。栽培品种无论按习惯以及按植物学命名国际法规（International Code of Botanical Nomenclature）与栽培植物国际命名法规（International Code of Nomenclature for Cultivated Plants）的规定，都不应用拉丁文名称命名，而应采用普通名称（fancy name）或拉丁名经过普通名称化。虽然与栽培品种相同级的变种似乎也宜采用与栽培品种相同的命名法，但因历史习惯原因与上述国际法规的规定，应采用拉丁名命名。

种以下的品种与变种其相互间的形成性状差异最基本的原因是因环境因素而诱发的遗传物质 DNA 的突变（mutation）。再就是带有不同遗传基因的品种或变种间发生杂交而产生的遗传基因的重新组合，从而进一步产生形形色色的具有不同性状的个体。在人工选择下形成具有一定经济性状、遗传性相对纯一的类群——品种，或在一定的生态条件下，经自然选择而形成的相对纯一的生态适应类群——变种。

种间杂交（包括属间杂交），常常有类似品种间杂交的作用，在异组部分同源染色体间，在 Ph 基因作用不存在的情况下，发生配对，其间遗传基因发生交换、重组，输入异种或异属的少数基因而获得原来亲本种或属所没有的新遗传性状。也可能染色体的一段为异组染色体的部分同源段所代换，或者整个染色体为异组部分同源染色体所代换。例如 Sears（1936）通过远缘杂交把叶锈病抗原基因从 *T. umbellulataum* 中引入小麦，从而使小麦获得新的抗病基因，它对叶锈病有高度抵抗能力。李振声（私人通讯）从 *Lophopyrum ponticum* 中把蓝色粒遗传特性引入了 *T. aestivum*，从而获得蓝色麦粒的普通小麦，这是普通小麦亲本过去没有的新特性。作者通过 *T. aestivum* 繁 33 与 *T. turgidum* 波兰小麦杂交，把波兰小麦的琥珀色硬粒特性引入了 *T. aestivum*，从而育成了 NPFP 系列新资源。Stankov 与 Tsikov（1974）把印度圆粒小麦位于 3**D** 上的圆粒基因转移到硬粒小麦中，从而获得圆粒硬粒新类型。作者把黑麦的多对多小穗基因引入普通小麦从而使普通小麦具有多小穗的新特性，使小穗数由普通小麦的 18～25 个，增加到 26～35 个（Yen et al.，1993）。Bluthner 与 Mettin（1973）观察到选系 153/63 中，黑麦染色体 1**R**（**V**）代换了 1**B**，因而选系 153/63 的细胞中 **B** 染色体组就变成了只具有一对随体的染色体（6**B**）。而栽培品种 Orlando 与 Saladin 与选系 153/63 是完全相似的，1**R**（**V**）代换了 1**B**。但品种 Аврора 与 Кавказ 中外来的 1**B** 染色体短臂（1**Bs**）（由 Neuzucht 品种中引入）是 1**B** 与 1**R** 间发生部分重组衍生而来的局部代换系。然而这些品种仍然是 *T. aestivum*。

根据 Bluthner 与 Mettin 报道的上述事例，再来回顾一下前面讨论 **B** 染色体组的来源时引述的 Kimber（1973、1974）、Hadlaczky 与 Belea（1975）等的论点是很有意义的。特别是 Hadlaczky 与 Belea 根据 **B** 组一对带随体染色体具有 4 个特殊异染色质小点与 *T. speltoides* 的染色体有一些不同，就否定 **B** 组来源于 *T. speltoides*。从选系 153/63 的被 1**R**（**V**）代换了的 **B** 组来看，它的形态差异比之 Hadlaczky 与 Belea 所观察到的差异就更是大得多了。但是，它十分清楚、毫无疑义地仍然是 **B** 染色体组，而没有构成染色体组水平的变异。由此可见代换在渗入异种遗传性上的重要作用。

Аврора 与 Кавказ 具有黑麦抗白粉病的遗传性，在生产上意义很大。Agrus 是个高度抗叶锈病的品种，它是由 "*Lophopyrum elongatum*"（＝*Agropyron elongatum*）的染色体代换了 7**D**，从而把冠毛麦的抗叶锈病遗传性转入小麦中得来的。

另一方面，由于种、属间新的遗传物质的引入，从而构成新的相互作用关系而形成双亲都不具有的超亲性状；也可能由于远缘杂交引起减数分裂反常，从而产生染色体结构变异（如重复、缺失、倒位、易位等）而产生超亲性状。可能由于这些作用过程，产生种以下的一些特殊品种族。例如笔者以波兰小麦为母本，以雅安矮 2 号（*T. aestivum*）为父本进行杂交，在 F₃ 代中，复制了若羌古麦，形态上毫无两样。只是若羌古麦不抗条中 18 号、19 号条锈病生理小种，而人工复制的若羌古麦则对两个小种免疫。同一个组中笔者还获得波斯小麦（颖与外稃皆具长芒）、东方小麦、密穗形矮秆硬粒小麦。

再如笔者用 *T. aestivum* 品种繁 33（NP824 × Funo 的后代）与波兰小麦的组合后代获得了一系列属于 *T. aestivum*，但具有波兰小麦琥珀色硬粒的超亲矮秆材料与小麦亚族中过去没有的不分蘖的小麦新类型。

由此看来，像若羌古麦、波斯小麦、东方小麦，以及密穗形矮秆硬粒小麦等，可能就是这样产生的。更确切一点说，这是形成的途径之一。波斯小麦，大塚（1983）从遗传分析得出同样的结论，已如前述。

基因突变，以及在杂交过程中（特别是种、属间杂交）发生的基因交换与重组、染色体代换，大大丰富了种的遗传性。因此使小麦属的种具有多形性的特征。但是这些性状差异很大的变异类群之间基本上没有形成生殖隔离，类群间虽然性状差异很大，但是它们之间有一系列的中间过渡类型，没有截然的界线。与品种间杂交的结果相类似，只是在自然选择下，形成了主要生态适应性状相对纯一的变种。在人工选择下，淘汰了中间类型，按人的经济目的选育出了具有一定经济性状的品种，以及大同小异的品种类群，或叫做品种族。

从另一方面来看，虽然上述这些差异在种内并不构成生殖隔离，性状上也有过渡现象，也没有发生染色体组水平的变异，没有形成新种与新染色体组。但是这些差异的积累，由量变引起质变，从而有可能演变成为新的染色体组，由此而形成新种也不是不可能的。这一重要问题，前面对 **B** 染色体组的来源问题的讨论已作了详细的阐述。这里就不再重复讨论了，像这类观察报告还很多。在遗传学方面，Sachs（1953b）观察到来源不同的莫迦小麦对其他种的不同品种族表现不同的半致死现象。又如 Riley 与 Bell（1958）曾观察到 *T. monococcum* var. *boeoticum* 与 var. *thaouder* 之间也有这种差异，无论是栽培的 *T. monococcum* 还是野生的 var. *boeoticum*，与四倍小麦杂交，其幼苗在三四叶期就早早夭亡，但是与 var. *thaouder* 杂交的杂种幼苗则是生长正常的。

十、小麦的地理起源与历史起源

　　根据百余年来有意识地探寻小麦的野生类型的调查研究，只发现有：一粒小麦的野生变种 var. *boeoticum*、var. *thaoudar*，野生乌拉尔图小麦 *T. urartu*，圆锥小麦的野生变种 var. *dicoccoides*，以及提摩菲维小麦的野生变种 var. *araraticum*，普通小麦一直没有找到有野生类型存在。野生一粒小麦分布在中东地区，包括巴尔干半岛、土耳其、叙利亚、约旦、黎巴嫩、巴勒斯坦、伊拉克北部、伊朗西北部、亚美尼亚、阿塞拜疆、外高加索、沿黑海北岸、亚速海南岸直达克里木半岛。野生乌拉尔图小麦分布在亚美尼亚、以色列、叙利亚、巴勒斯坦、伊朗西北部、土耳其东南部等肥新月地带的山区。野生圆锥小麦分布在地中海东岸，即巴勒斯坦北部、黎巴嫩、叙利亚西部与西北部、土耳其东南部、伊拉克东北部与相邻接的伊朗西北部、亚美尼亚、阿塞拜疆与外高加索一部分地区。野生提摩菲维小麦只分布在亚美尼亚、阿塞拜疆、纳希契凡与伊朗。这些野生小麦显然在人类开始农业栽培以前即已存在。当地原始人类采食野生植物时，对这样一些优质粮食子实进行采食也是很自然的。在原始人类懂得栽培以后，对野生的一粒小麦以及野生的圆锥小麦变种 var. *dicoccoides* 进行栽培并加以传播。

　　考古学的资料也发现在中东地区于公元前 7500 年左右的旧石器时代的文化遗物中已有环状的石器与圆石器存在，很可能是用来舂磨谷物的。在约公元前 9000—前 7000 年前，处于中石器时代的中东文化遗物中，一个重要的发现是喀麦尔山厄尔瓦得洞穴文化的具齿缘的镰状石片、骨片，以及骨锄，更清楚地说明当时中东的原始人类已用石镰或骨镰收获谷物或牧草。不但说明收获在生活中已占重要地位，而且已有专门的栽培工具——骨锄存在。虽然也可能他们仍然主要靠狩猎与采集野生植物为生，但骨锄即说明他们已开始懂得栽培，并且开始有粗放的农作物种植。

　　公元前 7000 年以后，在各地也先后发现有许多碳化的，特别干燥的或泥化的麦粒、麦穗。目前年代最早的标本是在伊拉克查谟地区发现的碳化麦穗与保存在烘干的黏土中的小麦小穗，根据鉴定是公元前 6700 年的遗物。碳化的遗物还可以清楚地鉴定出是野生一粒小麦与野生二粒小麦，以及一种类似栽培圆锥小麦的小穗。在伊拉克的马塔尔茹（Matarrah）发现公元前 6000 年左右的栽培圆锥小麦。在公元前 5000—前 4000 年前的遗物中，发现其中有小麦的就更多了。伊拉克上幼发拉底-底格里斯，哈拉费安区（Halafian Communities of the upper Euphrates-Tigris）出土有栽培圆锥小麦以及栽培一粒小麦的残体。在伊拉克阿留维尔平原（Alluvial plain），出土有栽培圆锥小麦。埃及的法优姆（Fayum），以及米芮姆布德 比里 萨拉姆（Merimbde beni Salame）、伊尔奥马芮（El Omari）出土有栽培圆锥小麦与偶见的密穗型小麦麦粒。在欧洲多瑙河三角洲间黄土平原到莱茵河口一带出土的有近似栽培圆锥小麦与栽培一粒小麦（北部地区一粒小麦较少）等遗物。公元前 3000 年前在瑞士湖上居民遗址，法国、意大利北部、西班牙、英国、中欧与斯堪的纳维亚半岛出土有许多栽培圆锥小麦、一粒小麦。在瑞士发现有大量的密穗型小麦。在丹麦发现有密穗型小麦的印痕。这一时期埃及古墓中发掘出来的小麦大都是栽培圆锥小麦。Unger 在埃及达什尔（Dashur）金字塔砖上发现有密穗型小麦。

在约公元前 2000—前 1000 年，在欧洲地区，阿尔卑斯山以北，栽培圆锥小麦多为斯卑尔塔型的普通小麦所代替，斯卑尔塔又再为裸粒型的普通小麦所代替。

从考古学的历史看来，小麦在原始人类文化遗物中年代最早的发现是在伊拉克一带，继而在埃及，以后才出现在欧洲。在我国的古文化遗址中，北京周口店（中国猿人与山顶洞人）遗址中只有大量的朴树果实而无小麦；西安半坡村遗址出土的丰富遗物中有贮藏在陶罐中的粟，而无小麦（公元前 5000 年左右）。但在距今 4 000 多年前的新疆孔雀河古尸的陪葬小袋中有普通小麦（图 60），楼兰古城遗址诵经堂的内墙抹泥上还保存着很完整的普通小麦的小花（图 61），安徽亳县钓鱼台遗址的新石器时代的龙山文化遗物中（公元前2000 多年），也有碳化的圆锥小麦。公元前 2700 年左右，在黄河流域已广泛栽培大麦与小麦。武丁卜辞中即有"告麦"的记载。殷墟甲骨文上即有"来"、"牟"两字，"来、牟"即大麦与小麦。看来是由中东逐步传播到北非、欧洲与东亚，正如 de Candolle（1882）所作的结论。另一方面，在公元前 5000 年前的遗物中只有一粒小麦与二粒小麦型的圆锥小麦，六倍体的普通小麦是没有的，较后才有普通小麦。在欧洲先栽培的是斯卑尔塔型的包壳普通小麦，以后才有裸粒型的普通小麦，包括普通小麦的密穗类型。

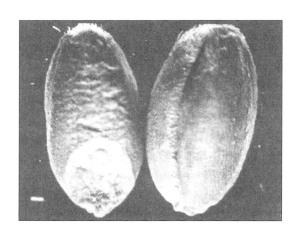

图 60　新疆孔雀河天然女木乃伊陪葬小袋中所藏的普通小麦（*T. aestivum*）麦粒（经[14]C测定为距今 4 200—4 500 年前的遗物。是我国境内发现的最古老的普通小麦。盛麦粒的小袋是当地产的罗布麻纤维编织的。标本现存新疆乌鲁木齐市博物馆。颜济、杨俊良 1986 年鉴定）

图 61　新疆楼兰遗址诵经堂甬道内墙壁上抹泥中存留的普通小麦（*T. aestivum*）小花（其内外稃、鳞被、子房、雌蕊皆保存完好，清晰可见。经[14]C 测定为 2 000 年前的遗物。可能是现今保存的最古老的普通小麦标本。现存新疆乌鲁木齐市博物馆。颜济、杨俊良 1986 年鉴定）

现在可以得出这样一个概念，先是中东的原始人类采食野生一粒小麦与野生二粒小麦，大约在公元前 7000 年左右人类开始懂得农业栽培，以后对野生小麦（包括野生一粒小麦与野生二粒小麦）进行栽培，经人类传播使小麦的生长地也远远超出了野生小麦原有分布区，传播到了北非、欧洲与东亚。并在人类栽培的过程中，经人工与自然的选择，培育出了栽培一粒小麦与栽培圆锥小麦的许许多多的品种。当圆锥小麦在伊朗西北部以及外高加索等地区栽培以后，与田间杂草 *T. tauschii* var. *strangulata* 发生天然杂交（Dvorak et al.，1998），再经天然染色体加倍形成六倍体的普通小麦（Xu and Dong，1992）混杂在圆锥小麦当中，这个过程完全可能在上述地区多次发生。其中一些被人发现其优良的特性而加以选择培育则形成普通小麦（参阅木原，1958 年）。很可能人类最先得到的是包壳型的斯卑尔塔小麦，这种小麦也先传入欧洲，可能经突变产生裸粒型的普通小麦。也可能像木原与 Lilienfeld 用波斯品种的裸粒圆锥小麦与 *T. tauschii* 杂交合成普通小麦一样，由不同的裸粒品种的 *T. turgidum* 与 *T. tauschii* var. *strangulata* 杂交而形成裸粒型的普通小麦。也是一种可能的起源途径，但从现有的实验结果来看，*T. turgidum* 与 *T. tauschii* 的杂交子代，总是包壳类型，*T. tauschii* 的包壳性状是显性（Chen，Yen and Yang，1998），这两种方式虽然也可能同时都有发生，但都要经过裸粒性的突变才能成为裸粒的普通小麦——*T. aestivum*。在亚美尼亚发现的长小穗轴的瓦维诺夫品种类型，他们很可能是来源于遗传性突变。正如西辐 1 号长穗轴裸粒品种起源于 [60]Co 的辐射诱变一样。在格鲁吉亚发现的莫迦品种类型有可能起源于与黑麦间的远缘渗入杂交。不过，他们都是天然发生的。春性与半春性的品种是温暖地区的生态适应型。从野生小麦的地理分布区的生态条件与发现的适应型来看，春性与半春性是原有地中海亚热带夏旱生态区的生态习性，冬性是经人的传播使小麦分布到北温带北部地区以后，在自然选择与人工选择下形成的新的生态适应性。

二倍体与四倍体小麦至今仍有野生种存在。它们是在人类发明农耕以前就已形成，其起源地也十分清楚，即中东的肥新月地带。前面已经谈到，六倍体的普通小麦显然应当在四倍体小麦与 *T. tauschii* 的共同分布区经天然杂交，染色体天然加倍形成。但是这个共同分布区范围很大，从中东、中亚，一直到中国黄河流域中部。因而不同学者看法不尽相同。过去很长一段时间，许多学者认为最原始的六倍体小麦是包壳的斯卑尔塔小麦，由基因突变形成裸粒的普通小麦（McFadden and Sears，1946；Kuckuck，1959；Andrews，1964；Kihara et al.，1965；Kerber and Rowland，1974）。但是一些遗传研究与考古资料，却显示出主要分布在欧洲的斯卑尔塔小麦可能是来源于裸粒的普通小麦与包壳的二粒小麦（*dicoccon*）的渗入杂交（introgressive hybridization）（Tsunewaki，1968；Liu and Tsunewaki，1991）。直到 20 世纪 50 年代，在发现分布在亚洲的斯卑尔塔小麦具有没有改变的原始染色体组，其遗传特性也不同于欧洲的斯卑尔塔小麦（Kuckuck and Schiemann，1957；Kuckuck，1959；Swaminathan，1966；Riley et al.，1967；Tsunewaki，1968；Johnson，1972）以后，才又认为由原始的二粒小麦与节节麦合成亚洲斯卑尔塔小麦再演化成为裸粒的六倍体小麦是有可能的。Riley et al.（1967）、Yen et al.（1988）、Yang et al.（1992）发现裸粒的中国春同样含有非常原始的 **ABD** 三组染色体。由栽培二粒系小麦与节节麦直接合成普通小麦，如像中国春这样的"白麦子复合群"（white wheat complex）也是可能的途径。加上在中国发现云南铁壳麦、西藏半野生普通小麦这样一类在形态特征上也很原始，但不同于斯卑尔塔小麦的中国特有小麦以后，六倍体普通小麦是否也有可能在中国的土地上形成的问题便提了出来（Shao，1980；Yen et al.，1983、1988）。中国普通小麦地方品种有许多特性不同于西方的普通小麦，例如与黑麦杂交具有很高的亲和性，与黑麦的杂交结实率可高达90％以上（Backhouse，1916；Zeven，1987；Luo et al.，1989、1992、1993、1994），可含有1～4对杂交亲和基因 $kr1$、$kr2$、$kr3$ 与 $kr4$（Zheng et al.，1992）。这就是显著不同于西方普通小麦的性状之一。这一支特殊的东方普通小麦（oriental common wheat）还含有 $rft1$、$rft2$ 矮秆基因。其原始的染色体结构，表明它合成时间是不很久的。如果这些六倍体小麦在中国合成，那就在中国一定有与它的染色体组组成相一致的四倍体小麦与 $T. tauschii$。但就目前得到的实验结果看来，虽然含有高亲和基因、圆颖、钩芒与矮秆基因的中国四倍体小麦地方品种——简阳矮蓝麦与中国河南新乡分布的节节麦人工合成的双二倍体"RSP"，从形态学来看它与云南铁壳麦二者完全相似，几乎无法区别（兰秀锦与颜济，1992），但它们之间的高亲和基因却很不相同，东方普通小麦的高亲和基因位于 5**A**、5**B**、5**D** 与 1**A** 染色体上，而简阳矮蓝麦的高亲和基因却位于 1**A**、6**A** 与 7**A** 染色体上（Liu et al.，1998）。中国的 $T. tauschii$ 与中国的普通小麦的 **D** 染色体组的分子遗传学分析结果表明它们之间也完全不同，所有的普通小麦（包括中国特有的东方普通小麦）的 **D** 染色体组都是来源于 $T. tauschii$ var. $strangulatum$，而不是来源于中国分布的这种 $T. tauschii$（Lagudah et al.，1991；Dvorak et al.，1997；Ward et al.，1998）。因此可以说中国特有的东方普通小麦更可能也是由西方传入的，不过它是一支很特殊的（含高亲和基因、矮秆基因、圆颖基因、多花基因等等），也是很原始的（**ABD** 三个染色体组都没有发生过染色体结构性改变，与它们的亲本种至今还是一致的），因而也表明它们是合成不久、很年轻的普通小麦。在西藏一些地方品种中经常混有一些杂草型的"西藏半野生小麦"，更说明这些地方品种的原始性，没有经过有意识的人工选择。因而有人把它以及杂草型大麦（Hordeum vulgare 'agriocrithon'）在西藏的出现，就看成是普通小麦与六棱大麦起源于西藏的证据（邵启全等，1975；徐廷文，1975，邵启全等，1980）。西藏的断穗轴的包壳小麦与同样情况下存在的断穗轴的大麦（其中包括六棱或二棱、包壳或裸粒），都是杂草型混杂在原始地方品种中的。它们没有独立的群体，也不存在于自然植被之中。它们与其共生的地方品种有许多共同一致的形态与生理性状，实际上不是独立存在的。而是从所依存的原始地方品种中分离出来的一种基因组合。也就是说这些原始地方品种的基因库中，含有这些原始性状基因而没有被有意识的人工选择所淘汰。经常通过天然杂交渗入所依附的地方品种的基因库，同时又经常分离出来。它们实际上不是独立存在的种群，而是这样一些原始地方品种的基因库中存储的野生基因的分离表达（Bothmer、Yen and Yang，1987）。它们的存在说明了这样一些地方品种的原始性，而不能说明其起源地在何处。原始品种的分布区总是位于从起源中心向外扩展的边缘。因为当新的后继品种在起源中心形成并把原始品种取而代之的时候，随时间的推移才逐步向外推广扩展到边缘。原始品种在分布区边缘，将在最后才被取代。因此原始品种如果还存在，它们总是存在于分布区边缘，常常是一些相对封闭的文化落后地区，大多是山区。西藏以前就是这样的地区，因而保存了这样一些原始地方品种。作物品种是农业文化的产物，经过人的无意识或有意识的选择而形成的。它也是农业的生产资料之一。它必然产生在文化中心区，不可能产生在文化落后、技术落后的地区，也不会是在现今野生种分布的荒野地区。它总是形成于野生种分布区相邻近的文化中心区。因为没有野生种的存在也不会有栽培作物品种的产生。伟大的农学家瓦维诺夫提出的八大作物起源中心，就把中国起源中心定在中国西南山区。他看重野生性状的存在与遗传多样性，却不懂得农作物品种是人类的文化组成部分，它是与人的文化中心相依存的。瓦维诺夫的错误观点也是影响一些人认为西藏是作物起源中心的一个原因。中国确有一些特有的、细胞遗传学特性较为原始的"东方普通小麦"存在，如四川的白麦子类群、云南铁壳麦、西藏杂草型小麦，因而提出了中国这些特有小麦是否起源于中国这样一个问题。至今调查的结果表明，中国没有野生四倍体小麦分布，但有许多四倍体栽培地方品种存在。中国有 **D** 染色体供体种 *T. tauschii* 分布，但是没有形成普通小麦的 *T. tauschii* var. *strangulatum*。

如果中国特有的东方普通小麦也是来于西方，那来自西方何处？由于所有的普通小麦经分子遗传测试的结果表明，它们的 **D** 染色体组都是来源于 *T. tauschii* var. *strangulatum*，而不是来自于 *T. tauschii* 原变种。*T. tauschii* var. *strangulatum* 只分布在里海西南的伊朗北部以及外高加索两个分隔的分布区。Jaaska（1980）认为外高加索可能是普通小麦的起源地。西川等（Nishikawa et al.，1980）根据 α-淀粉酶同工酶分析，认为普通小麦的带谱与伊朗的 *T. tauschii* 相同，而与外高加索的不一样。因此认为伊朗北部才是普通小麦的诞生地。Lagudah 等（1991）、Dvorak 等（1997）、Ward 等（1998）的 RFLP 分析也表明他们的结果支持西川等的分析。从现有分析结果来看，普通小麦都起源于伊朗北部——里海西南岸 *T. tauschii* var. *strangulatum* 分布区。其中含有一些特殊基因（高亲和、矮秆、圆颖、多花），其染色体没有发生结构性改变的一支，大约在 5 000 年前，向东传播到中国黄河流域的汉文化中心再传播到中国的云南、西藏，传播到朝鲜和日本。在这个次生中心经无意识与有意识的人工选择，形成形形色色的，但具许多共性的东方地方小麦品种。在西藏，以及云南西北部，因高山封锁，文化技术落后，最初传来的原始品种还一直保持其原始品种状态，从而将许多野生型性状（例如断穗轴）存留了下来。

十一、人工合成的新种与新属问题

通过远缘属间与种间杂交，再用人工处理（秋水仙碱等化学方法）或天然（利用内成多倍体途径）染色体加倍，使杂交种正常结实，从而用人工合成许多新型植物——人工合成的新种或新属。目前已知可以与小麦非常容易杂交而可以直接获得杂交种子的有黑麦属（*Secale*）、簇毛麦属（*Haynaldia*）、偃麦草属（*Lophopyrum*）。小麦族内各属，一般通过离体胚培养技术，培养杂交授粉后 14d 左右的幼胚（某些特殊物种需要 7d 幼胚），即可获得杂种幼苗。不同族的属间杂交，例如普通小麦与玉米之间的杂交获得成功已有正式鉴定报告（Laurie 与 Bennett，1986、1987）。目前种间、属间杂交成功事例如表 22 所示。

表 22　小麦族人工合成新种及其染色体组

杂交组合	染色体组组成	最先合成者
T. turgidum × *Secale cereale*	**AABB、RR**	Wilson，1875
T. monococcum × *Dasypyrum villosum*	**AA、VV**	Wilson，1875
T. turgidum × *Das. villosa*	**AABB、VV**	Tschermak，1930
T. aestivum × *S. cereale*	**AABBDD、RR**	Левитский 与 Бенецкая，1931
T. turgidum × *T. ovatum*	**AABB、UUM^{o}M^o**	木原与片山，1931
T. triaristatum × *T. aestivum*	**UUX^{t}X^t、AABBDD**	Oehler，1934
T. caudatum × *T. turgidum*	**CC、AABB**	Oehler，1934
T. longissimum × *T. turgidum*	**B^{1}B^1、AABB**	Sando，1935
T. timopheevi × *T. monococcum*	**AAB^{sp}B^{sp}、A^{m}A^m**	костов，1936
T. monococcum × *T. uniaristatum*	**AA、NN**	Sears，1936
T. triunciale × *T. turgidum*	**UUCC、AABB**	Oehler，1936
T. turgidum × *Lophopyrum intermedium*	**AABB、E^{b}E^{b}E^e**	Хижняк，1937
T. turgidum × *T. monococcum*	**AABB、A^{m}A^m**	Жебрак，1939
T. turgidum × *T. turgidum*	**AABB、AABB**	Жебрак，1940
T. turgidum × *T. timopheevi*	**AABB、AAB^{sp}B^{sp}**	Жебрак，1941
T. timopheevi × *T. aestivum*	**AAB^{sp}B^{sp}、AABBDD**	Жебрак，1941
T. speltoides × *T. monococcum*	**B^{sp}B^{sp}、A^{m}A^m**	Sears，1941
T. bicorne × *T. monococcum*	**B^{b}B^b、A^{m}A^m**	Sears，1941
T. monococcum × *T. tauschii*	**A^{m}A^m、DD**	Sears，1941
T. monococcum × *Ae. umbellulatum*	**A^{m}A^m、UU**	Sears，1941
T. turgidum × *T. speltoides*	**AABB、B^{sp}B^{sp}**	Britten 与 Thompson，1941

（续）

杂交组合	染色体组组成	最先合成者
T. triaristatum var. *columnare* × *T. timopheevi*	UUX^{t}X^t、AAB^{sp}B^{sp}	望月明，1943
T. aestivum × *Lo. elongatum*	AABBDD、E^{b}E^{b}E^{b}E^{e}E^{e}E^{e}StSt	Armstrong 与 McLennan，1944
T. cylindricum × *T. turgidum*	CCDD、AABB	Sears，1944
T. turgidum × *T. aestivum*	AABB、AABBDD	Жебрак，1944
T. aestivum × *T. aestivum*	AABBDD、AABBDD	Dorsey，1944
T. turgidum × *T. tauschii*	AABB、DD	McFadden 与 Sears，1944
T. turgidum × *T. caudatum*	AABB、CC	McFadden 与 Sears，1946
T. timopheevi × *T. umbellulatum*	AAB^{sp}B^{sp}、UU	McFadden 与 Sears，1947
T. timopheevi × *T. caudatum*	AAB^{sp}B^{sp}、CC	McFadden 与 Sears，1947
T. timopheevi × *T. tauschii*	AAB^{sp}B^{sp}、DD	McFadden 与 Sears，1947
T. timopheevi × *T. speltoides*	AAB^{sp}B^{sp}、B^{sp}B^{sp}	McFadden 与 Sears，1947
T. timopheevi × *T. bicorne*	AAB^{sp}B^{sp}、B^{b}B^b	李先闻与涂登鑫，1947；McFaden 与 Sears，1947
T. timopheevi × *T. uniaristatum*	AAB^{sp}B^{sp}、NN	McFadden 与 Sears，1947
T. ventricosum × *T. turgidum*	DDNN、AABB	Сорокина，1947
T. turgidum × *Leymus racemosus*	BBAA、NsXm	Цицин，1960
T. timopheevi × *T. longissmum*	AAB^{sp}B^{sp}、B^{l}B^l	Kaschiri，1975
T. aestivum × *Lo. intermedium*	BBAADD、E^{e}E^{e}E^{e}StSt	Cauderon，1966
T. aestivum × *Lo. ponticum*	BBAADD、E^{b}E^{b}E^{b}E^{b}E^{e}E^{e}E^{e}StSt	Cauderon，1966
T. monococcum × *S. cereale*	A^{m}A^m、RR	Knobloch，1968
T. turgidum × *Hordeum brevisubulatum*	BBAA、HHHH	Knobloch，1968
T. timopheevi × *Ag. cristatum*	BBAA、PP	Knobloch，1968
T. timopheevi × *Lo. intermedium*	B^{sp}B^{sp}AA、E^{e}E^{e}E^{e}StSt	Knobloch，1968
T. timopheevi × *Lo. ponticum*	B^{sp}B^{sp}AA、E^{b}E^{b}E^{b}E^{b}E^{e}E^{e}StSt	Knobloch，1968
T. timopheevi × *Elymus repens*	StStStStHH	Knobloch，1968
T. timopheevi × *S. vavilovii*	B^{sp}B^{sp}AA、RR	Knobloch，1968
T. timopheevi × *Das. villosum*	B^{sp}B^{sp}AA、VV	Knobloch，1968
T. monococcum × *H. vulgare*	A^{m}A^m、II	Kruse，1973
T. turgidum × *H. vulgare*	BBAA、II	Kruse，1973
T. aestivum × *H. vulgare*	BBAADD、II	Hruse，1976
T. aestivum × *H. vulgare* var. *spontaneum*	BBAADD、II	Bates，Mujeeb 与 Waters，1976
T. aestivum × *H. chilense*	BBAADD、HH	Martin 与 Chapman，1977

（续）

杂交组合	染色体组组成	最先合成者
T. timopheevi × *H. vulgare*	B^{sp}B^{sp}AA、II	Cauderon 与 Gay，1978；Kimber 与 Abubaker，1979
T. monococcum × *Lo. intermedium*	A^mA^m、E^eE^eSt	Kimber 与 Abubaker，1979
T. monoicocum × *Lo. ponticum* *	A^mA^m、E^bE^bE^bE^eE^eE^eE^eStSt	Kimber 与 Abubaker，1979
T. turgidum × *H. chilense*	BBAA、HH	Martin 与 Laguna，1980
T. timopheevi × *Lo. junceiforme*	B^{sp}B^{sp}AA、E^bE^bE^eE^e	Kimber 与 Abubaker，1979
T. timopheevi × *S. cereale*	B^{sp}B^{sp}AA、RR	Kimber 与 Abubaker，1979
T. timopheevi × *S. africanum*	B^{sp}B^{sp}AA、RR	Kimber 与 Abubaker，1979
T. timopheevi × *H. bogdanii*	B^{sp}B^{sp}AA、HH	Kimber 与 Abubaker，1979
T. aestivum × *H. bulbosum*	BBAADD、I^bI^b	Sitch，1979
T. aestivum × *H. pusillum*	BBAADD、HH	Finch 与 Bennett，1980
T. aestivum × *Le. racemosus*	BBAADD、NsXm	Mujeeb 与 Rodriguez，1980
T. aestivum × *Lo. podperae*	BBAADD？	Dewey，1981
T. aestivum × *Das. villosum*	BBAADD、VV	Knobloch，1986

注：根据木原等（1954）整理、修改、补充。

* Armstrong 与 Mclennan 所用的学名 "*Elytrigia elongata*" 是用错了，"*elongata*" 应当是二倍体植物，十倍体植物可能是 *Lophopyrum ponticum*（Podp.）A. Löve.。其他学者所用学名都没有按原作者所用的学名照抄，都做了订正。

　　而早在 19 世纪就人工合成的六倍体小黑麦（**BBAARR**），也是人类所创造的第一个新种——*Tritiosecale rimpui* Wittmack，也是新属——*Tritiosecale*，当然它也是一个新作物。它有其一些特有的优良性状，而为人们所重视。例如麦粒中赖氨酸的含量特别高，高于小麦 2 倍左右。是一种特别优异的饲料。经过后加工改良，也可供人类食用。

　　人工合成的小麦以及近缘属种的双二倍体，可能含有现代小麦不具有的优良基因，对改良小麦品种具有很高的价值，已有不少先例，如将山羊草中的抗叶锈基因导入普通小麦。人工合成的小麦由于含有许多不良农艺性状不符合商品生产要求，难于突破，长期未能直接用于商业生产。不过近年来四川省农业科学院的杨武云，以四倍体硬粒小麦与节节麦人工合成的普通小麦为材料，用建立"大群体有限回交"的技术方法，经 15 年的选育历程，最终选育出川麦 42 等品种用于商业生产，成为在产量上，以及在抗病、抗逆性方面都大大优于现有的商业品种的优良品种，也是世界上第一例用于商业生产的人工合成普通小麦。既然有此一例，当然自有后来者。

主 要 参 考 文 献

金善宝．1957．中国小麦的类型与分布．南京农学院学报，21-22．

金善宝．1962．淮北平原的新石器时代小麦．作物学报，1：67-72．

金善宝，刘安定．1962．中国小麦品种志．北京：农业出版社．

兰秀锦，颜济．1992．四倍体矮蓝麦与中国产节节麦（*Aegilops tauschii*）合成的双二倍体及其在育种中的利用．四川农业大学学报，10：581-585．

邵启全，李长森和巴桑次仁．1980．西藏半野生小麦．遗传学报，7（2）：149-156．

许树军，董玉琛．1989．波斯小麦×节节麦杂种F₁直接形成双二倍体的细胞遗传学研究．作物学报，15：251-259．

颜济．1983．小麦属（*Triticum* L.）的分类．植物分类学报，21（1）：292-296．

渡边好郎，百足幸一郎，斋藤省三．1955．小麦赤锈病抵抗性の给源とレルの复二倍体の作出に关ある研究．第1报：*Triticum timopheevi* Zhuk．× *Aegilops squarrosa* L．よワ得たるF₁并ぴに复二倍体の细胞遗传学的研究．育种学杂志，5：2：7-18．

冈本正介（Okamoto M）．1957a．Asynaptic effect of chromosome V．Wheat Inf．Serv．，5：6．

望月明．1943．*Aegilops columnaris* Zhuk．X *Triticum timopheevi* Zhuk．の复二倍体．生研时报，2：43-53．

＿＿＿＿，冈本正介，池上光雄，等．1950．新たに合成それた五种六倍性コムギの形态及び稳性．生研时报，4：127-140．

＿＿＿＿，＿＿＿＿，国分喜治郎．1956．小麦赤锈病抵抗性の给源とレルの复二倍体の作出に关ある研究．第2报：*Triticum timopheevi* Zhuk．X *Triticum monococcum* L．より得たるF₁并ぴに复二倍体の细胞遗传学的研究．育种学杂志，6（1）：23-31．

＿＿＿＿，西山市三．1928．小麦のトリ，テトラ及ピペンタプロイド杂种に于汁る染色体の行动に关ちる研究．植物学杂志，42：221-230．

＿＿＿＿，细野重雄，西山市三，等．1954．小麦の研究，养贤堂，东京．

＿＿＿＿．1928．小麦のボリプロイテイ一に就いて．农业及园芸，3：11-18．

＿＿＿＿．1937．エギロブス属に于汁ゐ异质四倍植物合成の新例．遗传学杂志，13：224-226．

＿＿＿＿．1944．普通小麦の一祖先だるDD分析种の发现（予报）．农业及园芸，19：889-890．

＿＿＿＿．1947．小麦六倍种のゲノム分析と合成．科学，17：11-15．

＿＿＿＿．1948．张穗小麦（n=14）とテイ麦（n=7）との间に于汁る稳性あるF₁植物の细胞遗传学的研究（予报）．日本作物学会纪事，16：32-34．

Aaronsohn A．1910．Agricultural and botanical exploration in Palestine．Bull．No．180．Bureau of Plant Indust．U．S．Dept．Agri．，Washington．

Aase H C．1930．Cytology of *Triticum*，*Secale* and *Aegilops* hybrids with reference to phylogeny．Res．Studies State Coll．Washington，2．

Alefeld F．1886．Landwirschftliche Flore．Berlin．

Anderson E. 1949. Introgressive hybridzation，Wiley and Sons，New York.

Armstrong J M and Mclenna H A. 1944. Amphidiploidy in *Triticum-Agropyron* hybrids. Sci. Agric.，24.

Balansa，B.（1854）. 参阅 Candolle，A. de（1886）. Origin of cultivated plants，2nd ed. 366. Reprinted by Noble offset Printers，Inc.，New York.

Bell G D H，Lupton F G H and Riley R. 1955. Investigations in the *Triticineae*. Ⅲ. The morphology and field behaviour of the F₂ generation of interspecific and intergeneric amphiploids. J. Agric. Sci.，46：199 - 231.

Belling J C. 1925. Fracture of chromsome in rye. J. Hered，16：360.

Berg K Heinz von. 1934. Cytologische Untersuchungen an *Triticum turgidovillosum* und seinen Eltern. （Weitere Studien am fertilen Konstanter Arthastard *Triticum turgido-villosum* und seinenverwandten.） Ⅱ. Teil. Zeitschr. Ind. Abst. u. Vererbungsl.，67：342 - 373.

Blakeslee A F and Avery A G. 1937. Methods of inducing doubling of chromosome in plants，J. Hered.，28：373 - 411.

Bleier H. 1926. Ein cytologischer Beilray zur Bastardierungszuchtung. Zeits. Pflanzenzucht.，Ⅱ：302 - 310.

Bluthner W D and Mettin D. 1973. Ube weitere Falle von spontaner Substiution des Weizenchromosoms IB durch das Roggenchromosom IR（V）. Archiv fur Zuctungsforschung，3（1）：113 - 119.

Boissier E. 1853. Diagnoses，ser. I. Vol. 2. fasc，13：69.

Bowden W N. 1959. The taxonomy and nomoenclature of the wheats，barleys and ryes and their wild relatives. Can. J. Bot.，37：637 - 684.

Candolle A. 1886. Origin of cultivated plants 2nd ed. Reprinted by Noble offset Printers，Inc.，New York.

Chapman V，Mittler T E and Riley R. 1976. Equivalence of the A genome of bread wheat and that of *T. urartu*. Genet. Res.，27：69 - 76.

Chen K，Gray J C and Wildman S G. 1975. Fraction I protein and the origin of polyploid wheats. Science，190：1304 - 1306.

Chen Q F（陈庆富），C Yen and J L Yang. 1998. Chromosome Location of the gene for brittle rachis in the Tibetan weedrace of common wheat and inheritance studies on type of disarticulation. Genetic Resource and Crop Evolution，45：407 - 410.

Chennaveeraiah M S. 1960. Karyomorphologic and cytotaxonomic studies in *Aegilops*. Acta Hort. Gotobarg. 23：89 - 92；154 - 155；158 - 169；162 - 163；228；231.

Cook O F. 1913. Wild wheat in palestine. Bull. No. 274. Bureau of plant Indust. U. S. Dept. Agric. Washington.

Croston R P and J T Williams. 1981. A world survey of wheat genetic resources. IBPGR Secretariat，Rome.

Davis P H，R R Mill and Kit Tan. 1985. Flora of Turkey and the East Aegean Islands，Vol. 9：233 - 255. University Press，Edingurgh.

Dhaliwal H S. 1977. Origin of *Triticum monococcum* L. Wheat Inform. Serv.，44：14 - 17.

Dubcovsky J，M C Luo and J Dvorak. 1995. Differentiation between homoeologous chromosomes 1**A** of wheat and **A**ᵐ of *Triticum monococcum* and its recognition by the wheat Ph1 locus. Proc. Natl. Acad. Sci. U. S. A.，92：6645 - 6649.

Dvorak J and H B Zhang（张洪斌）. 1990. Variation in repeated nucleotide sequences sheds light on the phylogeny of the wheat **B** and **G** genomes. Proc. Natl. Acad. Sci. U. S. A.，87：9640 - 9644.

Dvorak J. 1998. Genome analysis in the *Triticum-Aegilops* alliance. Proc. 9th Intern. Wheat Genet. Symp.，8 - 11. Univ. Extension Press，Saskatchewan，Canada.

Eig A. 1929. Monographisch-Kritische Uebersicht der Gattung *Aegilops*. Repert. Sp. Nov. Fedde Beih. , 55: 1 - 228.

Ellerton S. 1939. The origin and geographical distribution of *Triticum sphaerococcum* Perc. and its cytogenetical behaviour in crosses with *T. vulgare* Vill. J. Genet. , 38: 307 - 324.

Emme H K. 1924. Die Resultate der Zytogischen Untersuchungen einigen Aegilopsarte Zeitschr. Russ. Bot. Gesell. 8.

Feldman M. 1976. Wheats. In N. W. Simmonds (Ed.), Evolution of Crop Plants. Longman, London.

Feldman M. 1977. New evidence on the origin of genome **B** of *Triticum*. Can. J. Genet. Cytol. , 19: 572.

Ferreand N. 1923. Note sur la caryocinese de *Secale cereale* et sur une cause d'erreur dans la numeration de ses chromosomes. Bull. Soc. Roy. Bot. Belg. , 55: 186 - 189.

Gaines E F and Aase H C. 1926. A haploid wheat plant. Amer. J. Bot. , 13: 373 - 385.

Gill B S , B Friebe and T R Endo (遠藤・隆). 1991. Standard karyotype and nomenclature system for description of chromosome bands and structural aberrations in wheat (*Triticum aestivum*). Genome, 34: 830 - 839.

Gotoh K (后藤一雄). 1924. Ueber die Chromosomenzahl von *Secale cereale* L. Bot. Mag. Tokyo, 38: 135 - 152.

Grenier J Ch M. 1858. Florula massiliensis advena. Mem. Soc. Emul. Doubs, 3 (2): 434.

Greuter W and K H Rechinger. 1967. Chloris Kythereia. Boissiera, 13: 170 - 173.

Hackel E. 1889. In A. Engler und K. Prantl, Die Naturlichen Pflanzenfami-lien, Ⅱ Teil: 80 - 86. Leipzig.

Hadlaczky G Y and Belea A. 1975. C-banding in wheat evolutionary cytogenetics. Plant Sci. Letters. , 4: 85 -88.

Hartung M E. 1946. Chromosome numbers in *Poa*, *Agropyron* and *Elymus*. Amer. J. Bot. , 33: 516 - 531.

Hector J M. 1936. Introduction to the botany of field crops. Vol. cereal .Central News Agency Ltd. Johannesburg, 143 - 197.

Hollinshead L. 1932. The occurrence of unpaired chromosome in hybrids between varieties of *Triticum vulgare*. Cytologia, 3: 119 - 141.

Horton E S. 1936. Studies in the cytology of wheat and of a wheat species hybrid. Amer. J. Bot. , 23: 121 - 128.

Islam A K M R, W Shepherd and D H B Sparrow. 1981. Isolation and characterization of euplasmic wheat-barley chromosome addition lines. Heredity, 46: 161 - 174.

Jinkins J A. 1929. Chromosome homologies in wheat and *Aegilops*. Amer. J. Bot. , 16: 238 - 245.

Johnson B L. 1975. Identification of the apparent B-genome donor of wheat. Can. J. Genet. Cytol. , 17: 21 - 39.

Kagawa F (香川冬夫). 1926. Cytological studies on *Triticum* and *Aegilops* I. Size and shape of somatic chromosomes. La Cellule, 37: 231 - 323.

Kaschiri M. 1975. Significance of wheat-*Aegilops* crosses for the improvement of cultivated wheat. Wheat Inform. Serv. , 40: 22 - 24.

Kattermann G. 1931. Ueber die Bildung polyvalenter Chromosomenverbande bei einigen Gramineen. Planta, 12: 732 - 774.

Kihara H (木原均). 1919. Über cytologische studien bei einigen Getreidearten, Mitt. I. Spezies-Bastarbe des weizens und Weizen-Roggen-Bastarde. Bot. Mag. Tokyo, 32: 17 - 38.

Kimber G. 1973. The relationships of the S genome diploids to polyploid wheat. Proc. 4th Int. Wheat

Genet. Symp；81 - 85. Missouri，Columbia，Mo. U. S. A.

Konzak C F L. 1977. Genetic control of the content，amino acid composition，and processing properties of proteins in wheat. Advances in genetics，19：407 - 582.

Kostoff D （Костов，Д.）. 1937a. Chromosome behaviour in *Triticum* hybrids and allied genera I. Interspecific hybrids. with *T. timopheevi*. Proc. Indian Acad. Sci. 5-Bot. ，231 - 236.

Lamark J B M. 1786. Encyclopedie Methodique，Botaniquet. t. ，2：554 Paris and Liege.

Larson R E. 1952. Aneuploid analysis of inheritance of solid stem in common wheat. Genetics，37：597.

Laurie D A and M D Bennett. 1986. Wheat × maize hybridazation. Can. J. Genet. Cytol. ，28：313 - 316.

Li H W （李先闻）and Tu D S （涂登鑫）. 1947. Studies on the chromosomal aberations of the amphidiploid，*Triticum timopheevi* and *Aegilops bicornis*. Bot. Bull. Acad. Sinica，1；183 - 186.

Lindschau M and Oehler F. 1936. Cytologische Untersuchungen an tetraploiden *Aegilops*-Artbastarden. Züchter，8；113 - 117.

Linlienfeld F A and Kihara H. 1934. Genomannalyse bei *Triticum timopheevi* Zhuk. Cytologia，6；87 - 122.

Linné C. 1753. Species plantarum，Vol. 1. Londen.

Longley A E and Sando W J. 1930. Neuclear divisions in the pollen mother cells of *Triticum*，*Aegilops* and *Secale* and their hybrids. J. Agric. Res. ，40；683 - 719.

Luo M C （罗明诚），C Yen （颜济）and J L Yang （杨俊良）. 1992. The crossability percentages of bread wheat landraces from Sichuan Province，China with rye. Euphytica，61；1 - 7.

Löve A. 1982. Generic evolution of the wheatgrasses. Biol. Zbl. ，101；199 - 212.

Maan S S and Lucken K A. 1968. Cytoplasmic male sterility and fertility restoration in *Triticum* L. I. effects of aneuploidy. Ⅱ. Male-sterility-fertility restoration systems. Proc. 3rd Intern. Wheat Genet. Symp. ，135 -140. Butterworth，Canbera，Australia.

Mac Key J. 1954a. Neutron and X-ray experiments in wheat and a revision of the speltoid problem. Hereditas，40；65 - 180.

Mann S S and T Sasakuma. 1977. Fertility of amphihaploids in Triticinae. J. Hered，68；87 - 94.

McFadden E S and Sears E R. 1944. The artificial Synthesis of *Triticum spelta*. Rec. Genet. Soc. Amer，13；26 - 27.

Mello-Sampaye T. 1968. Homoeologous chromosome pairing in pentaploid hybrids of wheat. Proc. 3rd Int. Wheat Genet. Symp. 179 - 184. Butterworth，Australia.

Mol W de. 1924. De Reductiedeelin bji eenige *Triticum* Soorten. Genetica，6；289 - 329.

Morrison J W. 1953. Chromosome behaviour in wheat monosomies . Heredity，7；203 - 217.

Mukai Y （向井康比己）. 1995. Multicolor fluorescence in situ hybridization approach for genome analysis and gene mapping in wheat and its relatives. Proc. 8th Intern. Wheat Genet Symp：543 - 546.

Nakajima G （中岛吾一）. 1936. Chromsome number in some crops and wild angiosperms. Japan. J. Genet，12：211 - 218.

Nebel B and Ruttle M. 1937. Action of colchicine on mitosis. Genetics，23：161 - 162.

Oehler E. 1934a. Die Ausnutzung von Art-und Gettungsbastarden in weizenzuchtung. Zücher，6；205 - 211.

Ohtsuka I（大塚一郎）. 1983. Classification of tetraploid wheat based on responses to *Aegilops squarrosa* cytoplasm and origin of dinkel wheat. Proc. 6th Intern. Wheat Genet. Symp. ；993 - 1001. Kyoto，Japan.

Pathak G N. 1940. Studies in the cytology of cereals. J. Genet，39；437 - 467.

Percival J. 1921. The wheat plant. A monograph. Duckworth & Co. ，London.

Peto F H. 1929. Chromosome number in the *Agropyrons*. Nature，124；181 - 182.

Rees H and Davies W I C. 1963. DNA and wheat ancestry. Proc. Ⅸ： Intern. Cong. Genet. Haque，Netherlands，Genetics Today，Vol. Ⅰ：136.

Reuter C F 参阅 Boissier E. 1884. Flora Orientalis 5：673.

Riley R. （1965）. Cytogenetics and evolution of wheat. Essays on crop evolution. Ed. J. Hutchinson. Cambridge Univ. Press. Cambridge.

Sachs L. 1953a. Chromosome behaviour in species hybrids with *Triticum timopheevi*. Heredity，7：49 - 58.

Sakamura T（阪村・徹）. 1918，Kurze Mitteilung über die Chromosomenzahlen und die Verwandschaftsverhaltnisse der *Triticum*-Arten. Bot. Mag. Tokyo，32：151 - 154.

Sando W J. 1935. Hybrids of wheat，rye，*Aegilops* and *Haynaldia*，J. Hered，26：229 - 232.

Sarkar P and Stebbins G L. 1956. Morphological evidence concerning the origin of the B genome in wheat. Amer，J. Bot.，43：297 - 304.

Sax K. 1918. The behaviour of the chromosomes in fertilization . Genetics，3：309 - 327.

Schiemann E. 1932. Entstehung der kulturpflanzen. Handbuch der Vererbungswissenschaft. 3. L. Berlin.

Schulz A. 1913. Die Geschiche der kultivierten Getreide. Louis Neberts Verlag，Halle.

Sears E R. 1939. Amphiploids in the *Triticinae* induced by colchicine. J. Hered. 30：38 - 43.

Seringe N C. 1818. Monographia des Cereales de la suisse. Berne et Lipzig.

Shands H L and Kimber G. 1973. Reallocation of genomes of *Tritcum timopheevi* Zhuk. Proc. 4th Int. Wheat Genet. Symp.，95 - 99. Columbia，Missouri，U. S. A.

Simonet M. 1934. Sur la valeur taxinomique de l *Agropyrum actum* Roehm. et S. Controle cytogique. Bull. Soc. Bot.，81：801 - 813.

Slageren M W. van. 1994. Wild wheats：a monograph of *Aegilops* L. and *Amblyopyrum* （Jaub. & Spach） Eig （Poaceae），ICARDA and Wageningen Agric. Univ.，Netherland.

Stankov I and Tsikov D. 1974. A *durum-sphaerococcum* derivative of pentaploid. Wheat Inform. Serv.，39：9 - 11.

Stevenson F J. 1930. Genetic characters in relation to chromosome numbers in a wheat species cross. J. Agric. Res.，41：161 - 179.

Stolze K V. 1925. Die chromosomenzahlen der hauptsachlichsten Getreidearten nebst allgemeinen Betrachtungen über Chromosomen. Chromosomenzahl and Chromosomen-grasse in pflanzenreich. Bibliotheca Genetica，9：1 - 71.

Suemoto H（末本雏子）. 1968. The origin of the cytoplasm of tetraploid wheat. Proc. 3rd Intern. Wheat Genet. Symp. 141 - 152，Butterworth，Canbera，Australia.

Sun G L（孙根楼），C Yen and J L Yang. 1993. Intermeiocyte connections and cytomixis in generic hybrid. Ⅱ. *Triticum aestivum* L. × *Psathyrostachys huashanica* Keng. Wheat Inform. Service，77：1 - 7.

Thellung A. 1918. Neuere Wege und Ziele der botanichen Systematik，erlautert am Beispiele unserer Getreidearten. Naurew. Wochenschr，17：449 - 458；464 - 474.

Thompson W P. 1926. Chromosome behaviour in a cross between wheat and rye. Genetics，11：317 - 332.

Tschermak E. 1930. Neue Beobachtungen am fertilen Artbastard *Triticum turgidovillosum* Ber. Deut. Bot. Gesel，48：400 - 407.

Tsunewaki K. 1996. Plasmon analysis as the counterpart of genome analysis. in P. P. Jauhar （ed.），Methods of genome analysis in plants，271 - 299. CRC Press.

Upadhya M D. 1966. Altered potency of Chromosome 5B in wheat-caudata hybrids. Wheat Inform. Serv.，22：7 - 9.

Wagenaar E B. 1961. Studies on the genome constitution of *T. timopheevi* Zhuk. I. Evidence for genetic control of meiotic irregularities in tetraploid hybrids. Can. J. Genet. Cytol. ，3：47 - 60.

Waker B A（Вакар Б А）. 1933. Cytologische Untersuchungen Uber F_1 der Rasscn-und Artbastarde des Weizens. Angew. Bot. ，15：203 - 224.

Ward R W，Z L Yang，H S Kim and C Yen. 1998. Cpmparative analyses of RFLP diversity in landraces of *Triticum aestivum* and collections of *T. tauschii* from China and Southwest Asia. Theor. Appl. Genet. ，96：312 - 318.

Watkins A E. 1924. Genetic and cytolgical studies in wheat. I. J. Genet，14：129 - 171.

Wilson J A and Ross W M. 1962. Male sterility interaction of the *Triticum aestivum* nucleus and *Triticum timopheevi* cytoplasm. Wheat Inf. Serv. ，14：29 - 30.

Xu Shujum and Yushen Dong. 1992. Fertility and meiotic mechanisms of hybrids between chromosome auto-duplication tetraploid wheat and *Aegilops* species. Genome，35：379 - 384.

Yang W Y（杨武云），C Yen and J L Yang. 1992. Cytogenetic study on the origin of some special Chinese landraces of common wheat. Wheat Inform. Serv. ，75：14 - 20.

Yen C，G L Sun and J L Yang. 1994. The Mechanism of the origination of auto-allpolyploidy and aneuploidy in higher plants based on the casas of *Iris* and *Triticeae*. Proc. 2nd Intern. *Triticeae* Symp. ：45 - 50. Logan，U. S. A.

Yen C，J L Yang and G L Sun. 1993. Intermeiocyte connections and cytomixis in intergeneric hybrid of *Roegneria ciliaris*（Trin. ）Nevski with *Psathyrostachys huashanica* Keng. Cytologia，58：187 - 193.

Yen C，Yang J L and Yen Y. 1997. The history and the correct nomenclature of the D-genome diploid species in *Triticeae*（Poaceae）. Wheat Inform. Serv. ，84：56 - 59.

Yen Y，R Morris and S Baenziger. 1996. Genomic constitution of bread wheat current status. In P. P. Jauhar（ed. ），Methods of genome analysis in plants，359 - 373，CRC Press Boca Raton，New York，London and Tokyo.

Zade A. 1914. Serologische Studien an Legminosen und Gramineen. Ztschr. f. pflanzenzucht，2：101 - 151.

Zhang Lian quan，Liu DengCai，Zheng Youliang，et al. 2010. Frequent occurrence of unreduced gametes in *Triticum turgidum-Aegilops tauschii* hybrids. Euphytica，172：285 - 294.

Zheng Y L（郑有良），M C Luo，C Yen and J L Yang. 1992. Chromosome location of a new crossability gene in common wheat. Wheat Inform. Serv. ，75：36 - 40.

Zohary D and Feldman M. 1962. Hybridization between amphidploids and the evolution of polyploids in the wheat（*Aegilops-Triticum*）group. Evoltion，16：44 - 61.

_____，Krot E G and Brekina L A. 1932. Zytologische Untersuchungen Ube F_1 der konstanten Bastarde zwischen *Triticum vulgare* Vill. × *Triticum durum* Desf. ，Zeitschrift f. pflanzenauchtung，B. 17，Heft 4，5：451 - 473.

_____，M C Luo（罗明诚）and Z L Yang（杨祖俐）. 1997. The origin of agriculture and domestication of crop plants in the Near East. An Intern. Symp. Plant Biologists and Archaeologists，ICARDA，Aleppo，Syria.

_____，M C Luo，Z L Yang，et al. 1998. The structure of *Aegilops tauschii* genepool and evolution of hexaploid wheat. Theor. Appl. Genet. ，97：657 - 670.

_____，Pewers L R. 1926. Chromosome number in crop Plants. Amer. J. Bot. ，13：367 - 372.

_____，Unrau J and Chapman V. 1958. Evidence on the origin of the B genome of wheat. J. Hered. 49：91 - 98.

_____，Y Nakahara（中原由美子）and M Yammoto（山本真纪）．1993．Simultaneous discrimination of the three genomes in hexaploid wheat by multicolor fluorescence in situ hybridization using total genomic and highly repeated DNA probes. Genome，36：489‑494.

_____ and Bell G D H. 1958. The evolution of synthetic species. Proc. lst Int. Wheat Genet，Symp. 161‑179. Manitoba，Canada.

_____ and Bleier H. 1926. Uber fruchtung Aegilopsweizen Bastarde. Ber. Deut. Bot. Gesel，44：110‑132.

_____ and Dhaliwal H S. 1976. Reproductive isolation of *Triticum boeoticum* and *Triticum urartu* and the origin of the tetraploid wheat. Amer. J. Bot.，63：1088‑1094.

_____ and Imber D. 1963. Genetic dimorphism in fruit types in *Aegilops speltoides*. Heredity，18：223‑231.

_____ and Johnson B L. 1976. Anther morphology and the origin of the tetraploid wheats. Amer. J. Bot.，63：363‑368.

_____ and Law C N. 1965. Genetic variation in chromosome pairing. Adv. Genet，13：57‑144. Acad. Press. New York.

_____ and Lilienfeld F. 1949. A new synthesized 6x-wheat. Proc. 8th Intern. Cong. Genet. （Suppl. vol. of Herditas，Lund），307‑319.

_____ and M Feldman. 1987. Wild wheat，an introduction. Special Report 353，College Agric.，Univ. Missouri Columbia，U. S. A.

_____ and Okamoto M. 1958. Inter genomic chromosme relationship in hexaploid wheat. Proc 10th Int. Cong. Genet.，2：258‑259. Montreal，Canada.

_____ and Sax H. J. 1924. Chromosome behaviour in a genus cross. Genetics，9：454‑464.

_____ and Swaminuthan M S. 1963. Genome analysis in *Triticum zhukovskyi*，a new hexaploid wheat. Chromosoma（Berl.），14：589‑600.

_____ and Y Yen. 1990. Genomic analysis of diploid plants，Proc. Natl. Acad. Sci. U. S. A.，87：3205‑3209.

_____ Yen Y and G Kimber. 1990. Genomic relationships of *Tricicum searsii* to other S-genome diploid *Triticum species*. Genome，33：369‑373.

_____ .（Zhebrak A R.）．1944b. Synthesis of new species of wheats. Nature，153：3888.

_____ . 1920. Experimentelle Studien uber die Zell-und Kernteilung u. s. w. J. Coll. Sci. Tokyo，39，Art.，11.

_____ . 1921. Chromosome relationships in wheat. Science，54：413‑415.

_____ . 1921. Ueber cytologische Studien bei einigen Getreidearten. Mill. Ⅲ. Ueberdis Schwankungen der Chromosomenzahlen bei den Speziesbastarden der *Triticum-Arten*. Bot. Mag. Tokyo，35：19‑44.

_____ . 1922. Sterility in wheat hybrid Ⅱ. Chromosome behaviour in partially sterile hybrids. Genetics，7：513‑552.

_____ . 1923. Chromosome numbers in *Aegilops*. Nature Ⅲ. 810.

_____ . 1924. Cytologische und genetische Studien bei wichtigen Getreidearten mit. besonderer Rucsicht auf das Verhalten der Chromosomen und die Sterilitat in den Bastarden. Mem. Coll. Sci. Kyoto Imp. Univ. Ser. B. V.，1：1‑200.

_____ . 1925. Weitere Untersuchungen Uber die pentaploiden *Triticum*-Bastarde. I. Jap. J. Bot.，2：299‑304.

_____ . 1926. The morphology and cytology of some hybrid of *Aegilops ovata*，L. × wheat. J. Genet.，

17：49‑68.

_____ . 1928a. Cytologische Untersuchungen an seltenen Getreideund Rubenbastarden. Verhandl. 5te Intern. Kong. Vererb. Berlin. ，2：447‑452.

_____ . 1928b. Genetk und cytologie teilweise und ganz steriler Getreidebastards. Bibiogr Gen. ，4：321‑400.

_____ . 1930. Neue Boebachtungen uber die Reduktiosteilung Ven Weizen‑Roggenund *Aegilops*‑Weizen‑Bastarden. V. Intern. Bot. Cong. ，Cambridge.

_____ . 1930. Cytologic and genetic studies in genus *Agropyron* Can. J. Res. ，3：428‑448.

_____ . 1931. Genomanalyse bei *Triticum* und *Aegilops*. Ⅲ. Kihara，H. and Katayama，Y.（片山义勇）（1931）. Zur Entstehungsweise eines neuen kotoploidenegiotricum. Cytologia，2：234‑255.

_____ . 1934b. Untersuchungen an drei neuen konstanten addtiven *Aegilops*weizenbasrden. Züchter，6：263‑270.

_____ . 1934. A new fourth genom in wheat. B. Pacific Science Congress 1933，Univ. Toronto Press.

_____ . 1935. Observation sur quelques especes et hybrides d *Agropyrum* I. Revision de 1 *Agropyrum junceum*（L.）P. B. d apres 1 elude cytologique. Bull. Soc. Bot. ，France 82：624‑632.

_____ . 1936. Hybridization of *Triticum* and *Agropyron* Ⅱ. Cytology of the male parents and F$_1$ generation，Can. J. Res. Sec. C，14：203‑214.

_____ . 1936. Untersuchungen an einem neuen konstant‑intermediaren additi‑ven *Aegilops*‑weizenbastard（Aegilo‑triticum triuncialis‑durum）. Zücher，8：29‑33.

_____ . 1937b. Studies on the polyploid plants ⅩⅠ. Amphidiploid *Triticum timopheevi* Zhuk. × *T. monococcum* L. Z. Pflanzenzucht，21：41‑45.

_____ . 1937. Genomanlyse bei *Triticum* und *Aegilops* Ⅷ. Kurze Übersicht über die Ergebnisse der Jahre 1934—1936. Mem. Coll. Agric. Kyoto Imp. Univ. ，41：61.

_____ . 1941a. Amphiploids in the seven‑chromosome *Triticinae*. Missouri Agr. Exp. Sta. Res. Bull. ，336.

_____ . 1941b. Chromosome pairing and fertility in hybrids and amphiploids in the *Triticinae*. Missouri Agr. Exp. Sta. Res. Bull. ，337.

_____ . 1944. The amphiploids *Aegilops cylindrica* × *Triticum durum* and *Ae. ventricosa* × *T. durum* and their hybrids with *T. aestivum*. J. Agric. Res. ，68：134‑144.

_____ . 1948. The cytology and genetics of the wheats and their relatives. Advanc. Genet 2：239‑270.

_____ . 1953b. The occurrence of hybrid semilethals and cytology of *Triticum macha* and *Triticum vavilovi*. J. Agr. Sci. ，43：204‑213.

_____ . 1954b. The taxonomy of hexaploid wheat. Svensk Bot. Tidskr，48：579‑590.

_____ . 1956. The B genome in wheat. Wheat Inf. Serv. ，4：8‑10.

_____ . 1956. The systematics，cytology and genetics of wheat. Handbuch der Pflanzenzuchtung，Ⅱ. Band，164‑187. Verlag Paul Parey，Berlin & Hamburg.

_____ . 1957b. Further information on identifioation of Chromosomes in A and B genomes. Wheat Inf. Serv. ，6：3‑4.

_____ . 1958. Chromosome pairing and haploids in wheat. Proc. 10th Int. Cong. Genet. ，2：234‑235.

_____ . 1958. Japanese expedition to the Hindukush（The native place of 6x‑wheat）. Proc. lst. Intern. Wheat Genet. Symp. ，243‑248. Public Press，Winnipeg，Canada.

_____ . 1958. New wheat species. lst Wheat Genet. Symp. ，Winnipeg，Manitoba，Canada，Public Press，207‑217.

_____ . 1959. Fertility and morphological variation in the substitution and restoration backcrosses of the hybrid, *Triticum vulgare* × *Aegilops caudata*. Proc. 10th Int. Congr. Genet. , 1: 142 - 171.

_____ . 1962. Some aspects of the cytotaxonomy of *Aegilops*, in Maheshwan, P. , B. M. Johri and I. K. Vasil (eds.) Proc. of the summer school of botany, held June 2～15, at Darjeling.

_____ . 1963. Species relationship in *Triticum*. Proc. 2nd Intern. Wheat Genet. Symp. Hereditas Suppl. , 2: 237 - 276.

_____ . 1966. Genetics and the regulation of meiotic chromosome behaviour. Sci. Prog. Oxf. , 54: 193 - 207.

_____ . 1966. Studies on the genome constitution of *Triticum timopheevi* Zhuk. Ⅱ. The *Tr. timopheevi* complex and its origin. Evolution, 20: 150 - 164.

_____ . 1966a. Nucleus and chromosome substition in wheat and *Aegilops*. I. Nucleus substitution. Proc. 2nd Int. Wheat Genet. Symp. , Lund 1966, Hereditas, Supll. , 2: 313 - 327.

_____ . 1966b. Factors effecting the evolution of common wheat. Indian J. Genet. 26A : 14 - 28.

_____ . 1968b. The implication at polyploid level of mating systems for chromosomes and gametes. Proc. 12th Int. Cong. Genet. , Tokyo, 1968, Ⅰ : 332.

_____ . 1968c. Relationships in the Triticinae. Proc. 3rd Int. Wheat Genet. Symp. , Butterworth, Australia, 39 - 50.

_____ . 1968. Cytoplasmic relationships in *Triticinae*. Proc. 3rd Intern. Wheat Genet. Symp. , Canberra, Butterworth, 125 - 134.

_____ . 1968. The basic and applied genetics of chromosome pairing. Proc. 3rd Int. Wheat Genet. Symp. 185 -195. Butterworth, Canbera.

_____ . 1973. The origin of the cytoplasm of tetraploid wheat. Proc. 4th Intern. Wheat Genet. Symp. , 109 - 113. Missouri, Columbia, Mo. U. S. A.

_____ . 1974. A reassessment of the origin of the polyploid wheat. Genetics, 78: 487 - 492.

_____ . 1975. The boundaries and subdivision of the genus *Triticum*. Intern. Bot. Congr. 12th, 2: 509 (abstract) .

_____ . 1984. Conspectus of the *Triticeae*. Feddes Repert. , 95: 425 - 521.

_____ , _____ . 1938. The cytological and genetical significance of colchicine. J. Hered. , 29: 3 - 9; 123.

_____ , _____ . 1946. The origin of *Triticum spelta* and its free-threshing hexaploid relatives. J. Hered, 37: 81 - 90; 107 - 116.

_____ , _____ . 1947. The genome approach in radical wheat breeding. J. Amer. Soc. Agric. , 39: 1011 - 1026.

_____ , _____ . 1951. Genome-analysis in *Triticum* and *Aegilops*. × : Concluding review. Cytologia, 16: 101 - 123.

_____ , _____ . 1978. *Triticum urartu* and genome evolution in the tetraploid wheat. Amer. J. Bot. , 55: 907 - 918.

_____ , _____ . 1987. The effect of the crossability loci Kr1 and Kr2 on fertilization frequency in hexaploid wheat × maize crosses. Theor. Apll. Genet. , 73: 403 - 409.

_____ , _____ , _____ . 1993a. Crossability percentages of bread wheat landraces from Shanxi and Henan provinces, China with rye. Euphytica, 67: 1 - 8.

_____ , _____ , _____ . 1993b. Crossability percentages of bread wheat collection from Tibet, China with rye. Euphytica, 70: 127 - 129.

_____，_____，_____．1994. Crossability percentages of bread wheat landraces from Hunan and Hubei provinces，China with rye. Wheat Inform. Serv.，78：34 - 38.

Авдулов Н（Avdulov N）．1931. Карио-систематическое Исследование Семействе Алаков，Прилож. Тр. Бгоро по Прикл. Бот.，44：428.

Вавилов Н И（Vavilov H I）．1935. Научные основы селекц и и. пшеницы. Сельхоэгиэ Москва и Ленинград.

Вавилов Н И. 1964. Пшеница. Издательство《Наука》，Москва и Ленинград.

Вакар Б А（Waker B A）．1932. Цитологическое иэуение Междувидовых гибридов рода Triticum. Тр. Прикл. Бот.，Ген. и Сен. Ⅱ，1：189 - 241.

Вакар Б А. 1935а. Пшенично-пырейные Гибриды. Тр. Прикл. Бот.，Ген. и Сел.，28：121 - 161.

Сапегин А А. 1935. Цитологическое изучить пшенично-пырейных гибидов. Бот. Журн.，20：119 - 125.

Синская Е Н. 1955. Происождение пшеницы. Цроблемы Бот. Т. 2 иэд. АН СССР.

Сорокина О Н. 1928. О хромосомы в вид Aegilops，Тр. Прикд. Бот.，Ген. и Сел.，19：523 - 532.

Светозарова В. 1939. О вторм геноме T. timopheevi Zhuk. ДАН СССР，т. 23，В. 5，С.，472 - 476.

Ерицян А А. 1932. Кцитолгии пленчатых пшениц Грузии. Тр. Прикл. Вот.，Ген. и Сел. сер. Ⅴ，1. Стр. 47 - 52.

Каспаян А С. 1940. Новый амфидиплодов однозернянки Triticum monococcum Hornemanni Clem. × персидской пщеницы Triticum persicum fulginosum Zhuk. ДАН СССР，Т. 26，В. 2，С. ：170 - 173.

Менабде В Л. 1940. Ботаник-систиматические данные хлебных энаках Древнй Колхиды. Сообш. Груз. Хил. АН СССР. Ⅰ 9：1.

Невский С А. 1933. Triticum L. Пшеница. Флора СССР，т. Ⅱ. Москва.

Николаева А. 1920. Zur cytologie der Triticum-Arten. Verhandl des Kongr. f. Pflanzenzucht. in Saratow. Autorreferat in Zeitschr. Induk. Abst. -u. Vererbungsl. 29.

Декапрлевич Л Л，и Менабде В Л. 1932. Пленчатые Пшеницы западной груэии（Triticum macha，Tr. dicoccum，Tr. timopheevi，Tr. monococcum）．Тр. Прикл. Бот. Ген. и Сел.，сер. 5 Ⅰ：1 - 46.

Дорофеев В Х，ц Мцгушова З Х. 1979. Система рода Triticum L. Вестник с-х Науки，（2）：18 - 26.

Фляксбергег К А. 1915. Определителъ пшениц. Тр. прикл.，Бот Ген. и Сел. т.，8：9 - 209.

_____．1935. Пшеница. Кулътуная Флора СССР，т. Ⅰ，Сельхоэгиз，Москва.

Ивановская Е В. 1946. Кулътура гиби дных эауродышей злаков на искусственной среде. ДАН СССР，Т. 54，В. 5，С. 449 - 452.

Хижняк В А. 1937. Пшенично-пырейные амфидоплиды. ДАН СССР，т. 17，В. 9，С. 481 - 482.

_____．1938. Формообраэование у пшеничнопырейных гибридов Изв. АН СССР，3：597 - 626.

Левитский Р А，и Р К Бенецкая. 1931. Цитология пшенечnorжаных амфидиплоидов. Тр. Прикл. Бот. Ген. и Сел.，27.

_____（Д. Ж. Мак Кей）．1968а. Геиетйцеские основы систематик и пшениц，Сельскох. Биол，1：12 - 25.

_____．1922/1923. Цитолическое исследова-ние рода Triticum. Тр. Прикл. Бот. Ген. и Сел. т. 13，Ⅰ：33 - 44.

_____．1937. Плодовитый константный 42-хро-мосомный гибрид Aegilops ventricosa Tausch. × T. durum Desf. Тр. Прикд. Бот. Ген. и Сел.，сер. 2，7：161 - 173.

Туманян М Г（Tumanian M G）．1937. Новый вид дикий пшеницы Tr. urartu. Тр. Арм. Филиала АН СССР，сер. Биолог.，Ⅱ. 210.

Цицин Н В（Tsitsin N V）．1933. Проблемы озимых и многоленик пшениц Сибирск. Наук.- Исслед.

Инст. Зерп. Кслъ. Омск. IOI.

_____. 1935. Цитологический анализ пшенично пырейных гибридов. Цитол. иэуч. Самофертиль. I го Поколения Пшенично-Пырейных гибридов. Под. ред. Н. В. Цицина, Омск, эстр.

Жубрак А Р (Zhubrak A P). 1939а. Полуение амфидиплоидов твердой пшеничы и однозернянки действием Кол. Хицина. ДАН СССР, т. 25, В. I, С. 54 - 56.

_____. 1939б. Получение амфидиплоидов *T. durum* × *T. timopheevi* ДАН СССР, т. 25, В. I, 57 - 60.

_____. 1940а. О плодовитости амфидиплоида твердой и однозернянки. ДАН СССР, т. 29, В. 7, С. 480 -482.

_____. 1940б. Полунение а фидиплоида *T. timopheevi* × *T. durum* var. *hordeiform* 010 Действием колхицина. ДАН СССР, т. 29 В 8/9, С. 603 - 606.

_____. 1941а. О сравнитедьной плодовитости амфигаплодов и амфидиплодов *T. timopheevi* × *T. durum* var. *hordeiform* 010. ДАН СССР, Т. 30, В. I, С. 54 - 56.

_____. 1941б. Получение амфидиплодов *T. persicum* × *T. timopheevi*. ДАН СССР, Т. 31, В. 5, С. 485 - 487.

_____. 1941в. Получение амфидиплоидов *T. turgidum* × *T. timopheevi* действием колхицина. ДАН СССР, Т. 31, В. В. 6, С. 619 - 621.

_____. 1941г. Массовое получение амфидипло идв *T. vulgare* × *T. timopheevi*. Вестник гибридиэ ации, №I.

_____. 1944а. Получение амфидиплоидов *T. orientale* × *T. timopheevi*. действием колхицина. ДНА СССР, Т. 42, В. 8, С. 366 - 368.

_____. 1944б. Получение афидиплов *T. polonicum* × *T. timopheevi*. ДАН СССР, Т. 43, В. 3, С. 124 -125.

Жуковский П М. 1928. Новый вид пшеницы. Тр. Прикл. Вот. , Ген. и Сел. т. , 19, 2: 59 - 66.

_____. 1928. Критико-систематический обзр видов рода *Aegilops* L. (Specierum generis *Aegilops* L. revisio critica), (A critical - systematical survey of the species of the genus *Aegilops*.). Тр. Прикл. Бот. Ген. и Сел. , 18: 417 - 609.

Якубцнер М М (Jakubziner M M). 1933. Новый вид пшеницы *Triticum va-vilovi* (Thum.). Соц. Растниев. , 7: 222.

附录：小麦-山羊草复合群种名录

***Aegilops* L.**

Aegilops agropyroides Godr.，Fl. Juvenalis 48. 1853.

Aegilops algeriensis Gandog.，Oesterr. Bot. Zeit. 31：81 1881.

Aegilops ambigua Hausskn.，Mitt. Thuring. Bot. Ver. N. F. 13/14：62 1899.

Aegilops aromatica Walb.，Fl. Carol. 249. 1788.

Aegilops aucheri Boiss.，Ciagn. Pl. Orient. Nov. u˙：74. 1844.

Aegilops aucheri subsp. *polyathera* var. *hirtchispida* Zhuk.，Bull. Appl. Bot. Pl. Breed. 18：536. 1928.

Aegilops aucheri ssp. *polyathera* var. *unicolor* Zhuk.，Bull Appl. Bot. Pl. Breed. 18：536. 1928.

Aegilops aucheri var. *potyathera* Boiss.，Pl. Orient. 5：678. 1884.［*polyathera* 的错写］

Aegilops aucheri var. *schulzii* Nabelek.，Fac. Sci. Univ. Masaryk 30：pl. 3. f. l. text f. 12. 1929.

Aegilops aucheri subsp. *virgata* zhuk.，Bull. Appl. Bot. Pl. Breed. 18：533. f. 66. 1928.

Aegilops aucheri subsp. *virgata* var. *vellea* Zhuk，Bull. Appl. Bot. Pl. Breed. 18：533. f. 67. 1928.

Aegilops augeri Boiss. ex Steud.，Syn. Pl. Glum 1：355. 1854.［error for *A. aucheri* Boiss.］

Aegilops biaristata Lojac.，Fl. Sic. 3：370. 1909.

Aegilops bicornis (Porsk.) Jaub. & Spech，lllustr. Pl. Orient. 4：11. Pl. 309. 1850 - 1853.

Aegilops bicornis var. *anathera* Eig，Bull. Soc. Bot. Geneve. Ⅱ. 19：325. 1928.

Aegilops bicornis var. *exaristata* Eig，Bull. Soc. Bot. Geneve Ⅱ. 19：326. 1928.

Aegilops bicornis var. *major* Eig，Bull. Soc，Bot. Gerene Ⅱ. 19：326. 1928.

Aegilops bicornis var. *minor* Eig，Sull. Soc. Bot. Geneve Ⅱ. 19：326. 1928.

Aegilops bicornis var. *mutica* Post，Pl. Syria，Palestine & Sinai 901.［1896］

Aegilops bicornis var. *mutica* (Aschers.) Eig，Repert. Sp. Nov. Fedde Beih. 55：73. 1929.

Aefilops bicornis var. *typica* Eig，Bull. Soc. Bot. Geneve ser. 2. 19：325. 1928.

Aegilops biuncialis Visiani，Pl. Dalm. 1：90. pl. 1. fig. 2 1842. nom. nud.

Aegilops biuncialis var. *archipelagica* Eig，Repert. Sp. Nov. Fedde Beih. 55：137. Pl. 14g. 1929.

Aegilops biuncialis var. *lorentii* K. Meyer，Pflanzenbau 3：304. 1927.

Aegilops biuncialis var. *macrachaeta* (Sohutt. & Huet) Eig，Bull. Soc. Geneve Ⅱ. 19：329. 1928.

Aegilops biuncialis var. *macrochaeta* (Shuttl. & Huet.) Eig，Repert. Sp. Nov. Fedde Beih. 55：137. pl. 14. f. 1929. See 1928.

Aegilops biuncilis var. *velutina* Zhuk.，Bull. Appl. Bot. Pl. Breed，18：483. 1928.

Aegilops biuncialis var. *vulgaris* Zhuk.，Bull. Appl. Bot. Pl. Breed. 18：483. 1928.

Aegilops brachyathera Pomel，Nouv. Mat. Pl. Atl. 389. 1874.

Aegilops buschirica Roshev.，in Aoie，Flora Sudwest Irans，I. Canish Scl. Invest. Iran. Part 4：54. 1945.

Aegilops buschirica Roshev.，Not. Syst. Herb. Inst. Bot. Komarov Acad. Sci. U. R. S. S. 9：257. 258. 1946. 参阅 1945.

Aegilops calida Gandog.，Oesterr. Bot. Zeitschr. 31：81. 1883.

Aegilops calida Gandoger，Contrib. Fl. Terr. Slav. Merid. 1：36. 1883.

Aegilops campicola Gandog.，Oesterr. Bot. Zeitschr. 31：82. 1881.

Aegilops caudata L.，Sp. Pl. 1051. 1753.

Aegilops caudata Balb.，Elench. 98. 1801.

Aegilops caudata L. Misappl. Griseb.，Spic. Fl. Rumel. 2：425. 1844.

Aegilops caudata ssp. *cylindrica* (Host) Hegi. Illustr. Fl. Mitteleur. 1：390. 1906.

Aegilops caudata subsp. *dichasians* Zhuk.，Bull. Appl. Bot. Pl. Breed. 18：512. f. 42. 45. 1928.

Aegilops caudata var. *heldreichii* Boiss.，Pl. Orient. 5：675. 1884.

Aegilops caudata var. *paucispiculigera* Schwarz，Repert. Sp. Nov. Fedde 36：68. 1934.

Aegilops caudata var. *polyathera* Boiss.，Pl. Orient. 5：675. 1884.

Aegilops caudata var. *typica* Piori，Nuov. Fl. Anal. Italy 1：160. 1923.

Aegilops ciliaris Koen. ex Roem. et Sohult.，Syst. Veg. 2：772. 1817.

Aegilops columnaris Zhuk.，Bull. Appl. Bot. Pl. Breed. 18：448. 489. f. 26. 1928.

Aegilops columnaris var. *glabriuscula* Eig，Repert. Sp. Nov. Fedde Beih. 55：214. 1929.

Aegilops comosa Sibth. et Smith，Fl. Graec. 1：75. Pl. 94. 1806.

Aegilops comosa var. *brachyathera* Post，Fl. Syria, Palestine & Sinai 900. [1896]

Aegilops comosa subsp. *eucomosa* var. *ambigua* (Hausak.) Eig，Repert. Sp. Nov. Fedde Beih. 55：109. 1929.

Aegilops comosa subsp. *eucomosa* var. *thessalica* Eig，Repert. Sp. Nov. Fedde Beih. 55：109. pl. 7e-k. 1929.

Aegilops comosa subsp. *heidreichii* (Holz) [Boiss.] Eig，Bot. Jahrb. Engler 62：578. 1929.

Aegilops comosa subsp. *heldreichii* var. *achaica* Eig，Repert. Sp. Nov. Fedde Beih. 55：110. pl. 8d-e. 1929.

Aegilops comosa subsp. *heldreichii* var. *biaristata* Eig，Repert. sp. Nov. Fedde Beih. 55：110，pl. 8d-e. 1929.

Aegilops comosa var. *pluraristata* Halac.，Consp. Fl. Graec. 3：434. 1904.

Aegilops comosa var. *polyathera* Hausskn.，Mitth. Thuring. Bot. Ver. N. P. 13/24：62. 1899.

Aegilops comosa var. *subventricosa* Boiss.，Pl. Orient. 5：676. 1844.

Aegilops connata Steud.，Syn. Pl. Glum. 1：356. 1854.

Aegilops crassa Boiss.，Diagn. Pl. Orient. Nov. 12：129. 1846.

Aegilops crassa var. *brunnea* Popova，Bull. Appl. Bot. Pl. Breed. 13：477. 1923.

Aegilops crassa var. *flavescens* Popova，Bull. Appl. Bot. Pl. Breed. 13：477. 1923.

Aegilops crassa var. *fuliginosa* Popova，Bull. Appl. Bot. Pl. Breed. 13：477. 1923.

Aegilops crassa var. *glumiaristata* Eig，Bull. Soc. Bot. Geneve Ⅱ. 19：328. 1928.

Aegilops crassa var. *lutescens* Popova，Bull. Appl. Bot. Pl. Breed. 13：477. 1923.

Aegilops crassa var. *macrathera* Boiss. Pl. Orient. 5：677. 1884.

Aegilops crassa var. *obscura* Popova，Bull. Appl. Bot. Pl. Breed. 13：477. 1923.

Aegilops crassa var. *palaestina* Eig，Bull. Soc. Bot. Geneve Ⅱ. 19：326. pl. 1928.

Aegilops crassa var. *rubiginosa* Popova，Bull. Appl. Bot. Pl. Breed. 13：477. 1923.

Aegilops crassa var. *rufescens* Popova，Bull. Appl. Bot. Pl. Breed. 13：477. 1923.

Aegilops crassa subsp. *trivialis* Zhuk.，Bull. Appl. Bot. Pl. Breed. 18：554. 1928.

Aegilops crassa subsp. *vavilovi* Zhuk.，Bull. Appl. Bot. Pl. Breed. 18：554. 1928.

Aegilops crithodium (Link) Steud. Syn. Pl. Glum. 1：355. 1854.

Aegilops croatica Gandog.，Oesterr. Bot. Zeitschr. 31：81. 1881.

Aegilops croatica Gandoger，Contrib. Fl. Terr. Slav. Merid. 1：36. 1883.

Aegilops croatica Gandog. ex Eig，Repert. Sp. Nov. Fedde Beih. 55：131. 1929.

Aegilops cylindrica Host，Icon. Gram. Austr. 2：6. pl. 7. 1802.

Aegilops cylindrica Sibth. et Smith，Fl. Graec. 1：75. Pl. 95. 1806.

Aegilops cylindrica Schur.，Enum. Pl. Transsilv. 813. 1866. 为 *Aegilops ovata* L.

Aegilops cylindrica var. *albescens* Popova，Bull. Appl. Bot. Pl. Breed. 13：476. 1923.

Aegilops cylindrica subsp. *aristulata* Zhuk.，Bull. Appl. Bot. Pl. Breed. 18：507. 1928

Aegilops cylindrica var. *aristata* (Zhuk.) Tzvelev，Novosti Sist. Vvssh. Rast.，10：37. 1973.

Aegilops cylindrica var. *brunnea* Popova，Bull. Appl. Bot. Pl. Breed. 13：476. 1923.

Aegilops cylindrica var. *ferruginea* Popova，Bull. Appl. Bot. Pl. Breed. 13：476.

1923.

Aegilops cylindrica var. *flavescens* Popova，Bull. Appl. Bot. Pl. Breed. 13：476. 1923.

Aegilops cylindrica var. *fuliginosa* Popova，Bull. Appl. Bot. Pl. Breed. 13：476. 1923.

Aegilops cylindrica var. *kastorianum* Karataglis，Pl. Syst. Evol. 163：19. 1989.

Aegilops cylindrica var. *longearistata* Lange. Naturhist. For. Kjbenhavn Vid Nedd. Ⅱ. 1：56. 1860.

Aegilops cylindrica var. *multiaristata* Jans. et Wacht.，Nederl. Kruidk. Arohief 138. f. 5c. 1931.

Aegilops cylindrica var. *pauciaristata* Eig，Repert. Sp. Nov. Fedde Bein. 55：103. pl. 6b. 1929.

Aegilops cylindrica var. *prokhanovii* Tzvelev，Novosti Sist. Vyssh. Rast.，10：37. 1973.

Aegilops cylindrica var. *rubiginosa* Popova，Bull. Appl. Bot. Pl. Breed. 13：476. 1923.

Aegilops cylindrica var. *rumelica* Velen.，Fl. Bulg. 627. 1891.

Aegilops divaricata Jord. et Fourr.，Srev. Pl. nov. Fasc. 2：129. 1868.

Aegilops echinata Presl，Cyp. Gram. Sicul. 47. 1820.

Aegilops echinus Godr.，Fl. Juvenaslis 48. 1853.

Aegilops elongata Lam.，Fl. Franc. 3：632. 1778.

Aegilops erigens Jord. et Fourr.，Brev. Pl. Nov. Fasc. 2：131. 1868.

Aegilops erratica Jord. et Fourr.，Brev. Pl. Nov. Fasc. 2：130. 1868.

Aegilops exaltata L.，Mant. Pl. 2：575. 1771.

Aegilops fausii Senn. ex Eig，Repert. Sp. Nov. Fedde Beih. 55：142. 1929. 为 *Ae. ovata L.* 的异名。

Aegilops fluviatilis Blanco. Fl. Filip. 47. 1837.

Aegilops fonsii Sennen，Bull. Soc. Bot. France 69：91. 1922.

Aegilops fragilis Parl.，Fl. Ital. 1：515. 1848.

Aegilops geniculata Roth，Sot. Abh. 45. 1787.

Aegilops geniculata Fig. et De Not.，Mem. Accad. Torino Ⅱ 12：262. 1852.

Aegilops geniculata var. *africana* (Eig) Scholz，Willdenowia 7 (2)：420. 1974.

Aegilops geniculata subsp. *globulosa* (Zhuk.) Á. Love，Feddes Repert.，95：503. 1984.

Aegilops glabriglumis Gandog.，Oesterr. Bot. Zeitschr. 31：82. 1881.

Aegilops grenieri (Richt.) Husnot，Gram. Fr. Belg. 79. 1899.

Aegilops gusscnii Link，Linnaea 17：388. 1843.

Aegilops heldreichii Holzm.［ex Halacsy，Verh. Zool. Bot. Ces Wien 38：763. 1888.

nom. nud；] (Boiss.) Holzm. ex Nyman，Consp. Fl. Eur. Suppl. 342. 1889.

Aegilops hordeiformis Steud.，Syn. Pl. Glum. 1：354. 1854.

Aegilops hystrix Nutt.，Gen. Pl. 1：86. 1818.

Aegilops incurva I.，Sp. Pl. 1051. 1753.

Aegilops incurvata L.，Sp. Pl. Ed. 2：1490. 1763.

Aegilops intermedia Steud.，Syn. Pl. Glum. 1：354. 1854.

Aegilops juvenalis (Thell.) Eig，Repert. Sp. Nov. Fedde Beih. 55：63，93. 1929.

Aegilops juvennlis var. *aristata* Popova，Bull. Appl. Bot. Pl. Breed. 222：436. 1929.

Aegilops juvennlis var. *mutica* Popova，Bull. Appl. Bot. Pl. Breed. 222：436. 1929.

Aegilops kotschyi Boiss.，Diagn. Pl. Orient. Nov. 17：129. 1846.

Aegilops kotschyi (Boiss.) Bowden，as syn. of. *Ae. kotschyi* Bioss，Chenn. Act. Hort. Gctoburg. 23：164. 1960.

Aegilops kotschyi var. *brachyatera* Eig，Bull. Appl. Bot. Pl. Breed. 242：396. 1929-30.

Aegilops kotschyi var. *caucasica* Eig，Repert. Sp. Nov. Fedde Beih. 55：129. 1929.

Aegilops kotschyi var. *hirta* Eig，Repert. Sp. Nov. Fedde Beih. 55：129. pl. 12d. 1929.

Aegilops kotschyi var. *leptostachya* (Borum.) Eig，Repert. Sp. Nov. Fedde. Beih. 55：128. 129.

Aegilops kotschyi var. *palaestina* Eig，Repert. Sp. Nov. Fedde Beih. 55：128. pl. 12a.，e 1929.

Aegilops kotschyi var. *palaestina* f. *nuda* Maire et Weiller in Maire，Bull. Soc. Hist. Nat. Afr. Nord. 2877. 1939.

Aegilops larenti Steud.，Syn. Pl. Glum. 1：354. 1854.

Aegilops ligustica (Savign) Coss.，Bull. Soc. Bot. France 11：164. 1864.

Aegilops loliacea Jaub. et Spach，Illustr. Pl. Orient. 4：23. pl. 317. 1850-1853.

Aegilops longearistata Steud.，Syn. Pl. Glum. 1：356. 1854.

Aegilops longissima Schweinf. et Muschl. in Muschl. Man. Fl. Egypt 1：156. 1912.

Aegilops longissima subsp. *aristata* Zhuk.，Bull. Appl. Bot. Pl. Breed. 18：543. 1928.

Aegilops lorentii Hochst.，Flora 28：25. 1845.

Aegilops lorentii (Richt.) Husnot，Gram. Fr. Belg. 79. 1899.

Aegilops lorentii subsp. *archipelagica* (Eig) Á. Love，Feddes Repert.，95：504. 1984.

Aegilops lorentii subsp. *pontica* (Degen) Á. Löve，Feddes Repert.，95：504. 1984.

Aegilops macrochaeta Shuttl. et Huet ex Duval.，Bull. Soc. Bot. France. 16：382. 1869.

Aegilops macrochaeta subsp. *pontica* Degen，Magyar Bot. Lapok 30：111. Pl. 1. f. 5.

1931.

Aegilops macrura Jaub. et Spach，Illustr Pl. Orient. 4：21. Pl. 315. 1850-1853.

Aegilops markgrafii (Greiter) Hammer，Feddes Repert. 91：232. 1980.

Aegilops mesantha Gandog. ，Oesterr. Bot. Zeitschr. 31：82. 1881.

Aegilops microstachys Jord. et Pourr. ，Brev. Pl. Nov. Fasc. 2：131. 1868.

Aegilops muricata Retz. ，Obs. Bot. 2：27. 1781.

Aegilops mutica Boiss. ，Diagn. Pl. Orient. Nov. 15：73. 1844.

Aegilops mutica var. *ligustica* (Savign.) Coss. ，Bull. Soc. Bot. France. 11：164. 1864.

Aegilops mutica subsp. *loliaoea* (Jaub. et Spach) Zhuk. ，Bull. Appl. Bot. Pl. Breed. 18：546. fig. 78. 1928.

Aegilops mutica var. *loliacea* (Jaub. et Spach) Eig，Bull. Soc. Bot. Geneve Ⅱ 19：329. 1928.

Aegilops mutica var. *platyathera* (Jaub. et Spach) Coss. ，Bull. Soc. Bot. France 11：164. 1864.

Aegilops mutica subsp. *tripsaccides* (Jaub. et Spach) Zhuk. ，Bull. Appl. Bot. Pl. Brecd. 18：546，f. 78. 1928.

Aegilops neglecta Req. ex Bertol. ，Fl. Ital. 1：787. 1834.

Aegilops neglecta subsp. *contracta* (Eig) Scholz，Willdenowia 19：105. 1989.

Aegilops nigricana Jord. et Fourr，Brev. Pl. Nov. Fasc. 2：128. 1868.

Aegilops notarisii Clem. ，Nem. Accad. Scl. Trino Ⅱ 16：335. 1857.

Aegilops nova Winterl. ，Ind. Hort. Bot. Universitatis Hungaricae quae Pestini est. 1788.

Aegilops ovata L. ，Sp. Pl. 1050. 1753.

Aegilops ovata var. *ambigua* Vayreda，Cavanillesia 4：62. 1931. nom. nud.

Aegilops ovata var. *anatolicas* Eig，Bull. Soc. Bot. Geneve Ⅱ. 19：328. 1928.

Aegilops ovata subsp. *atlantica* Eig，Repert. Sp. Nov. Fedde Beih. 55：144. 1929.

Aegilops ovata subsp. *atlantica* var. *brachyathera* (Pomel.) Eig，Repert. Sp. Nov. Fedde Beih. 55：145. 1929.

Aegilops ovata ssp. *atlantica* var. *eigiana* Maire et Weiller，in Maire，Pl. Afr. Nord 3：369. 1955.

Aegilops ovata ssp. *atlantica* var. *latiarstata* Lange，Pugel. plant，imp. hisp. Nat. For. Kjob 2. Aart 2：56. 1860.

Aegilops ovata subsp. *biuncialis* (Vis.) Anghel et Beldie，Fl. Republ. Social. Roman. ，12：563. 1972.

Aegilops ovata var. *biuncialis* (Vis.) Halsc. ，Consp. Fl. Graec. 3：431. 1904.

Aegilops ovata ssp. *brachyathera* (Pomel.) Chennav. ，Act. Hort. Gotoburg. 23：164. 1960.

Aegilops ovata var. *echinus* (Godr.) Eig ex Miczyn. ，Bull. Soc. Bot. France. 76：716. 1929.

Aegilops ovata ssp. *eu-ovata* var. *africana* Eig，Repert. Sp. Nov. Fedde Beih. 55：144. 1929.

Aegilops ovata subsp *eu-ovata* var. *eventricosa* Eig，Repert. Sp. Nov. Fedde Beih. 55：144. pl. 156. 1929.

Aegilops ovata ssp. *eu-ovata* var. *genuina* Griseb. ，Spicil. Rum. 2：425. 1844.

Aegilops ovata ssp. *eu-ovata* var. *genuina* f. *nigricans* (Jord. et Four.) Maire et Weiller，in Maire，Fl. Afr. Nord 3：368. 1955.

Aegilops ovata ssp. *eu-ovata* var. *genuina* f. *pubiglumis* (Jord. & Fourr.) Maire et Weiller，in Maire，Fl. Afr. Nord 3：368. 1955.

Aegilops ovata subsp. *eu-ovata* var. *hirsuta* Eig，Repert. Sp. Nov. Fedde Beih. 55：144. 1929.

Aegilops ovata subsp. *euovata* var. *vulgaris* Eig，Repert. Sp. Nov. Fedde Beih. 55：144. Pl. 15a. 1929.

Aegilops ovata var. *eventricosa* Eig，Cat. plantes du Maroc IV：947. 1941.

Aegilops ovata ssp. *gibberosa* Zhuk. ，Bull. Appl. Bot. Pl. Breed. 18：471. 1928.

Aegilops ovata ssp. *gibberosa* var. *puberulla* Zhuk. ，Bull. Appl. Bot. Pl. Breed. 18：473. 1928.

Aegilops ovata ssp. *gibberose* var. *urtonata* Zhuk. ，Bull. Appl. Bot. Pl. Breed. 18：472. 1928.

Aegilops ovata ssp. *gibberose* var. *vernicosa* Zhuk. ，Bull. Appl. Bot. Pl. Breed. 18：473. 1928.

Aegilops ovata ssp. *globulosa* Zhuk. ，Bull. Appl. Bot. Pl. Breed. 18：473. 1928.

Aegilops ovata var. *latearistata* Lange. ，Naturhist. For. Kjøbenhavn Vid. Medd. Ⅱ1：56. 1860.

Aegilops ovata var. *lorentii* (Hochst) Boiss. Pl. Orient. 5：674. 1884.

Aegilops ovata ssp. *pleniusculs* Zhuk. ，Bull. Appl. Bot. Pl. Breed. 18：473. 1928.

Aegilops ovata ssp. *planiuscula* var. *lanuginosa* Zhuk. ，Bull. Appl. Bot. Pl. Breed. 18：474. 1928.

Aegilops ovata var. *quinquearisttat* Post，Fl. Syria. Palestine & Sinsi 899. [1896]

Aegilops ovata var. *triaristata* (Willd.) Rouy，Fl. Franc 14：333. 1913.

Aegilops ovata var. *triaristata* (Willd.) Bluff. et Nees，Comp. Pl. Germ. ed. 21：209. 1836.

Aegilops ovata ssp. *triaristata* var. *vulgris* Eig f. *tricuspidata* Hack. ，in Batt. et Trab. ，Fl. Alger. 208. 1884.

Aegilops ovata ssp. *triaristata* var. *vulgaris* f. *rubusta* Trab. ，in Batt. et Trab. ，Fl. Alger. 208. 1884.

Aegilops ovata ssp. *umbonata* Zhuk. var. *vernicosa* Zhuk. ，Bull. Appl. Bot. Pl. Breed. 18：473. 1928.

Aegilops ovata ssp. *umbellata* Zhuk. var. *puberulla* Zhuk. ，Bull. Appl. Bot. Pl. Breed. 18：473. 1928.

Aegilops parvula Jord. et Fourr. ，Brev. Pl. Nov. Fasc. 2：131. 1868.

Aegilops peregrina （Hack.） Eig，Repert. Sp. Nov. Fedde. Beih. 55：121. 1929. 为 *Ae. varabilis* Eig. 的异名。

Aegilops peregrina （Hack.） Meld. ，Ark. for Bot. Ser. 2. 5（1）：71. 1959.

Aegilops peregrina ssp. *cylindrostachys* var. *brachyathera* （Boiss.） Maire et Weillar，in Maire. Fl. Afrigua Nord. 3：360. 1955.

Aegilops peregrina ssp. *eu-variabilis* Eig et Feinbr. ，in Eig，Repert. Sp. Nov. Fedde. Beih 55：123. 1929.

Aegilops peregrina （Hack.） Maire et Weiller in Maire. ，Fl. Afr. Nord. 3：（Encycle Biol. 48）358. 1955.

Aegilops persica Boiss. ，Diagn. Pl. Orient. Nov. 17：129. 1846.

Aegilops platyathera Jaub. et Spach，Illustr. Pl. Orient. 4：17. pl. 313. 1850－1853.

Aegilops proccra Jord. et Fourr. ，Brev. Pl. Nov. Fasc. 2：129. 1868.

Aegilops pubglumis Jord. et Fourr. ，Brev. Pl. Nov. Fasc. 2：131. 1868.

Aegilops recta （Zhuk.） Chennav. ，Acta Horti Gotoburg. 23：165. 1960.

Aegilops saccharinum Walt. ，Pl. Carol. 249. 1788.

Aegilops sancti-andreas Degen，Math，Termesz. Ertes 35：475. 1917.

Aegilops searsii Feldman et Kislev，Israel J. Bot. 26：191. 1978；Wheat Inform. Service 45/46：39. 1978.

Aegilops sharonensis Eig，Wotizbl. Bot. Gart. Berlin 10：489. 1928.

Aegilops sharonensis var. *mutica* （Post） Eig，Repert. Sp. Nov. Fedde Beih. 55：75. 1929.

Aegilops sicula Jord. et Fourr. ，Brev. Pl. Nov. Fasc. 2：219. 1868.

Aegilops singularis Steud. ，Syn. Pl. Glum. 1：354. 1854.

Aegilops speltaeformis Jord. ，Ann. Sci. Kat. Bot. IV. 4：313. 1855.

Aegilops speltoides Tausch，Flora 39：109. 1837.

Aegilops speltoides var. *aucheri* （Boiss.） Bornm. ，Beih. Bot. Centralbl. Abt. Ⅱ. 26：438. 1910.

Aegilops speltoides var. *aucheri* Meyer，Pflanzenbau 3：305. 1927.

Aegilops speltoides f. *hirtgilumis* N K［Nabelek?］，Iter Turico Persicum，Pama，Fl. Iran 5：827. 1950.

Aegilops speltolides var. *liguatica* （Savign） Fiori，Fl. Anal. Ital. 4：Appenl. 32. 1907.

Aegilops speltoides var. *macrostachya* Eig，Elonist Org. Inst. Agr. Nat. Nist. Bull. 6：

73. 1927.

Aegilops speltoides var. *muricata* Zhuk. ，Bull. Appl. Bot. Pl. Breed. 18：530. 1928.

Aegilops speltoides f. *nudiglumis* NK ［Nabelek?］, Iter Turcico Persicum（1929）Per-en，Fl. Iran. 5：827. 1950.

Aegilops speltoides var. *polyathera* Meyer，pflanzenbau 3：305. 1927.

Aegilops speltoides var. *scandens* Zhuk. ，Bull. Appl. Bot. Pl. Breed. 18：530. 1928.

Aegilops speltoides var. *schultzii* Nabelek，Iter Turcico Persicum，Parsa，Pl. Imn 5：828. 1950.

Aegilops speltoides subsp. *submutica* Zhuk. ，Bull. Appl. Bot. Pl. Breed. 18：530. 1928.

Aegilops squarrosa L. ，Sp. Pl. 1051. 1753.

Aegilops squarrosa var. *albescens* Popova，Bull. Appl. Bot. Pl. Breed. 13：477. 1923.

Aegilops squarrosa var. *anathera* Kihara et Tanaka，Preslia 30：243. pl. ⅩⅢ a-g. 1958.

Aegilops squarrosa var. *brunnea* Popova，Bull. Appl. Bot. Pl. Breed. 13：477. 1923.

Aegilops squarrosa var. *comosa* Coss. ，Notes Crit. 68. 1850.

Aegilops squarrosa subsp. *eusqarrosa* var. *anathera* Eig，Repert. Sp. Nov. Fedde Beih. 55：90. 1929.

Aegilops squarrosa var. *ferruginea* Popova，Bull. Appl. Bot. Pl. Breed. 13：477. 1923.

Aegilops squarrosa var. *meyeri* Griseb. ，in Ledeb. ，Fl. Ross. 4：326. 1853.

Aegilops squarrosa var. *pubescens* Regel，Act. Hort. Petrop. 7：577. 1881.

Aegilops squarrosa subsp. *salinum* Zhuk. ，Bull. Appl. Bot. Pl. Breed. 18：549. 1928.

Aegilops squarrosa ssp. *sguarrosa*（L. ）Kihara et Tanaka，Preslia 30：248. 1958.

Aegilops squarrosa subsp. *strangulata* Eig，Repert. Sp. Nov. Fedde. Beih. 55：90. 1929.

Aegilops squarrosa var. *strangulata* Eig，Bull. Soc. Bot. Geneve Ⅱ 19：328. 1928.

Aegilops squarrosa var. *truncata* Coss. ，Notes Crit. 68. 1850.

Aegilops squarrosa subsp. *typica* Zhuk. ，Bull. Appl. Bot. Pl. Breed. 18：549. 1928.

Aegilops strangulata（Eig）Tzvelev，Bot. Zhurn. 78：88. 1993.

Aegilops straussii Hauskn. ，Mitt. Thuring. Bot. Ver. N. F. 15：6，1900，nom. nud.

Aegilops subulata Pomel. Nouv. Mat. Fl. Atlant. 388. Bull. Soc. Climat. Alger. 13：132. 1876.

Aegilops tauschii Coss. Notes Crit. 69. 1850.

Aegilops triaristata Willd. ，Sp. pl. 4：943. 1806.

Aegilops triaristata Req. ex Bertol. ，Pl. Ital. 1：789. 1834. 非. Willd. 1806.

Aegilops triaristata subsp. *contorta* Zhuk. ，Bull. Appl. Bot. Pl. Breed. 18：479. 1928.

Aegilops triaristata subsp. *contracta* Eig，Repert. Sp. Nov. Fedde. Beih. 55：141. Pl.

14a. 1929.

Aegilops triaristata f. *glabrescens* Podq. ，Verh. Zool. Bot. Ges. Wien 52：683. 1902.

Aegilops triaristata f. *interoedens* Borna. ，Beihefte Bot. Centrabl. 31：275. 1914.

Aegilops triaristata f. *interaedia* Tod. ，Ind. Sem. Hort. Panorm. 32. 1866.

Aegilops triaristata subsp. *intermixta* Zhuk. ，Bull. Appl. Bot. Pl. Breed. 18：479. 1928.

Aegilops triaristata f. *kabylica* Batt. et Trab. ，Fl. Alger 2：(Monoc.) 241. 1895.

Aegilops triaristata var. *maorochaeta* Meyer，Pflanzenbau 3：304. f. 2. 1927.

Aegilops triaristata var. *quiaristata* Eig，Repert. Sp. Nov. Fedde Beih. 55：140. 1929.

Aegilops triaristata subsp. *recta* Zhuk. ，Bull. Appl. Bot. Pl. Breed. 18：478. 1928.

Aegilops triaristata var. *submutica* Batt. et Trab. ，Fl，Alger. 2：(Monoc.) 241. 1895.

Aegilops triaristata var. *trispiculata* (Hack.) Batt. et Traub. ，Fl. Alger. Monoc. 107. 1888.

Aegilops triaristata var. *trojana* Eig，Bull. Soc. Bot. Geneve Ⅱ 19：328. 1928.

Aegilops triaristata f. *velutina* Podp. ，Verh. Zool. Bot. Ges. Wien 52：683. 1902.

Aegilops triaristata var. *vulgaris* Eig，Repert. Sp. Nov. Fedde. Beih. 55：140. Pl. 140. 1929.

Aegilops tripsaccides Jaub. et Spach，Illustr. Pl. Orient. 2：121. pl. 200. 1844-1846.

Aegilops trispiculata Hack. ex Datt. et Trab. ，Fl. Alger. 2：(Monoc.) 241. 1895.

Aegilops triticcides Req. ex Bertol. ，Fl. Ital. 1：788. 1834.

Aegilops triuncialis L. ，Sp. Pl. 1051. 1753.

Aegilops triuncialis var. *albescens* Popova，Bull. Appl. Bot. Pl. Breed. 13：476. 1923.

Aegilops triuncialis var. *anathera* Hausskn. et Bornm. Verh. Zool. Bot. Ges. Wien 48：651. 1898.

Aegilops triuncialis var. *assyriaca* Eig，Bull. Soc. Bot. Geneve Ⅱ 19：323. 1928.

Aegilops triuncialis var. *brachyathera* Boiss. ，Fl. Orient. 5：674. 1884.

Aegilops triuncialis var. *brunnea* Popova，Bull. Appl. Bot. Pl. Breed. 13：476. 1923.

Aegilops triuncialis subsp. *caput-medusae* Zhuk. ，Bull. Appl. Bot. Pl. Breed. 18：499. 1928.

Aegilops triuncialis (*eu-triuncialis*) var. *constanopolitana* Eig，Repert. Sp. Nov. Fedde. Beih. 55：133.

Aegilops triuncialis var. *exaristata* Eig，Bull. Soc. Bot. Geneve. Ⅱ 19：323. 1928.

Aegilops triuncialis subsp. *fascicularis* Zhuk. ，Bull. Appl. Bot. Pl. Breed. 18：499. 1928.

Aegilops triuncialis subsp. *fascicularis* Zhuk. var. prima Zhuk. ，Bull. Appl. Bot. Pl. Breed. 18：500. 1928.

Aegilops triuncialis subsp. *fascicularis* Zhuk. var. secunda Zhuk. ，Bull. Appl. Bot.

Pl. Breed. 18：500. 1928.

Aegilops triuncialis var. *ferruginea* Popova，Bull. Appl. Bot. Pl. Breed. 13：476. 1923.

Aegilops triuncialis var. *flavescens* Popova，Bull. Appl. Bot. Pl. Breed. 13：475. 1923.

Aegilops triuncialis var. *glabrispica* Eig，Zionist Org. Inst. Agr. Nat. Hist. Bull. 6：71. 1927.

Aegilops triuncialis f. *hirsuta* Lindberg，Act. Soc. Sci. Fenn. n. ser. B. 1：9. 1932.

Aegilops triuncialis var. *kotschyi* （Boiss.）Boiss. ，Fl. Orient. 5：674. 1884.

Aegilops triuncialis var. *leptostachya* Bornm. ，Verh. Zool. Bot. Ges. Wien. 48：651. 1898.

Aegilops triuncialis var. *nigriaristata* Flaksb. ，Bull. Appl. Bot. Pl. Breed. 131：484. 1923.

Aegilops triuncialis var. *nigro-albescens* Popova，Bull. Appl. Bot. Pl. Breed. 13：476. 1923.

Aegilops triuncialis var. *nigro-ferruginea* Popova，Bull. Appl. Bot. Pl. Breed. 13：476. 1923.

Aegilops triuncialis var. *nigro-flavescens* Popova，Bull. Appl. Bot. Pl. Breed. 13：475. 1923.

Aegilops triuncialis var. *nigro-rubiginosa* Popova，Bull. Appl. Bot. Pl. Breed. 13：476. 1923.

Aegilops triuncialis subsp. *orientalis* Eig，Repert. Sp. Nov. Fedde Beih. 55：134. 1929.

Aegilops triuncialis subsp. *orientalis* var. *assyriaca* Eig，Repert. Sp. Nov. Fedde Beih. 55：134. pl. 13b. 1929.

Aegilops triuncialis subsp. *orientalis* var. *persica* （Boiss.）Eig，Repert. Sp. Nov. Fedde Beih. 55：134. pl. 13c. 1929.

Aegilops triuncialis subsp. *persica* （Boiss.）Zhuk. ，Bull. Appl. Bot. Pl. Breed. 18：500. 1928.

Aegilops triuncilis var. *persica* （Boiss.）Eig，Bull. Soc. Bot. Geneve Ⅱ. 19：323. 1928.

Aegilops triuncilis var. *persica* （Boiss.）Eig，subvar. hispida Miczyn. Bull. Soc. Bot. France 76：716. fig. A．a. 1929.

Aegilops triuncilis var. *pubispica* Eig，Zionist Org. Inst. Agr. Nat. Hist. Bull. 6：72. 1927.

Aegilops triuncialis var. *rubiginosa* Popova，Bull. Appl. Bot. Pl. Breed. 13：475. 1923.

Aegilops triuncialis subsp. *typica* Zhuk. ，Bull. Appl. Bot. Pl. Breed. 18：499. 1928.

Aegilops triuncialis ssp. *typica* var. *hirta* Zhuk. ，Bull. Appl. Bot. Pl. Breed. 18：500. 1928.

Aegilops triuncialis ssp. *typica* var. *muricatum* Zhuk. ，Bull. Appl. Bot. Pl. Breed. 18：500. 1928.

Aegilops triuncata Ledeb. ex Trautv，Act. Hort. Petrop. 9：312. 1884. nom. nud.

Aegilops trivialis （Zhuk.）Miguschova et Khakinova，Byull. Vses. Ord. Lenina Inst. Rast. N. I. Vavilova，119：76. 1982.

Aegilops turcica Aznavour，Bull. Soc. Bot. France 44：177. 1897.

Aegilops turcomanica Roshev. ，Bull. Appl. Bot. Pl. Breed. 181：413. with Pl. 1928.

Aegilops umbelluata Zhuk. ，Bull. Appl. Bot. Pl. Breed. 18：447. 483. fig. 20. 1928.

Aegilops umbellulata var. *pilosa* Eig，Repert. Sp. Nov. Fedde. Beih. 55：216. Pl. 15. 1929.

Aegilops umbellulata subsp. *transcaucasica* Dorofeev et Miguschova，Byull. Vses. Ord. Li-nina Inst. Rast. N. I. Vavilova，19：5. 1971.

Aegilops umbellulata var. *tuluni* Gandilyyan et Arutyunyan，Biol. Zhurn. Arm，40 （6）：477，1987.

Aegilops uniaristata Visiani，Fl. Dalm. 3：345. 1852.

Aegilops uniaristata Steud. ，Syn. Pl. Glum. 1：354. 1951.

Aegilops vagans Jord. et Fourr. ，Brev. Pl. Nov. Fasc. 2：130. 1868.

Aegilops variabilis Eig，Repert. Sp. Nov. Fedde. Beih. 55：121. pl. 9，10，11，1929.

Aegilops variabilis subsp. *cylindrostachys* Eig et Feinbrum ex Eig，Repert. Sp. Nov. Fedde. Beih. 55：125. pl. 9b，11，1929.

Aegilops variabilis subsp. *cylindrostaohys* var. *aristata* Eig et Feinbrum ex Eig，Repert. Sp. Nov. Fedde. Beih. 55：125. pl. 11a-b. 1929.

Aegilops variabilis subsp. *cylindrostaohys* var. *brachyathera* （Boiss.）Eig et Feinbrum ex Eig，Repert. Sp. Nov. Fedde. Beih. 55：125. pl. 9b 11e-g. 1929.

Aegilops variabilis subsp. *cylindrostaohys* var. *elongata* Eig et Feinbrum ex Eig，Repert. Sp. Nov. Fedde. Beih. 55：126. pl. 11h. 1929.

Aegilops variabilis （subsp. *eu-variabilis*）var. *intermedia* Eig et Feinbrum ex Eig，Repert. Sp. Nov. Fedde. Beih. 55：124. pl. 11j-k. 1929.

Aegilops variabilis （subsp. *eu-variabilis*）var. *latiuscula* Eig et Feinbrum ex Eig，Repert. Sp. Nov. Fedde. Beih. 55：124. pl. 10a. 1929.

Aegilops variabilis （subsp. *eu-variabilis*）var. *multiaristata* Eig et Feinbrum ex Eig，Repert. Sp. Nov. Fedde. Beih. 55：124. pl. 10b. 1929.

Aegilops variabilis （subsp. *eu-variabilis*）var. *mutica* Eig et Feinbrum ex Eig，Repert. Sp. Nov. Fedde. Beih. 55：124. pl. 10e-f. 1929.

Aegilops variabilis （subsp. *eu-variabilis*）var. *peregrina* （Hack.）Eig et Feinbrum ex Eig，Repert. Sp. Nov. Fedde. Beih. 55：125. pl. 10m-p. 1929.

Aegilops variabilis （subsp. *eu -variabilis*） var. *planispicula* Eig et Feinbrum ex Eig，Repert. Sp. Nov. Fedde. Beih. 55：124. pl. 10g-h. 1929.

Aegilops ventricosa Tausch，Flora 201：108. 1837.

Aegilops ventricosa var. *comosa* Coss et Dur. ，in Eig，Repert. Sp. Nov. Fedde. Beih. 55：97. 1929.

Aegilops ventricosa subvar. *comosa* Coss et Dur. ，Expl. Sci. Alger. 2：210. 1855.

Aegilops ventricosa f. *comosa* （Coss. et Dur.) Batt. et Trab. ，Fl. Alger 2：（Monoc. ）242. 1895.

Aegilops ventricosa var. *fragilia* （Parl.) Fiori. ，Pl. Anal. Italis 1：109. 1908；Fl. Anal. Ital. 1：160. 1923.

Aegilops ventricosa var. *obascura* Miozyn. ，Bull. Soc. Bot. France 76：715. 1929.

Aegilops ventricosa subvar. *truncata* Coss. et Dur. ，Expl. Sci. Alger. 2：210. 1855.

Aegilops ventricosa var. *typica* Fiori，Fl. Anal. Ital. 109. 1908.

Aegilops ventricosa var. *vulgaris* Eig，Repert. Sp. Nov. Fedde. Beih. 55：97. 1929.

Aegilops virescens Jord. et Fourr. ，Brev. Pl. Nov. Fasc. 2：130. 1868.

Aegilops viridescens Gendog. ，Oesterr. Bot. Zeitschr. 31：81. 1881.

Aegilops vulgari × *triaristata* Leret. ，in Costs，Bull. Soc. Bot. France 38（Sess. extraor）LXX. 1891.

Triticum L.

Triticum abyssinicum Steud. ，Syn. Pl. Glum. 1：342. 1854.

Triticum accessorium Flaksb. ，Bull. Applied. Bot. 8：500. 1915.

Triticum acutum DC. ，Hort. Monsp. 153：1813.

Triticum acutum Dethard，Consp. Pl. Megalop. 11. 1828. Not. DC. 1813.

Triticum acutum "DC. Fl. Suppl. 282" misappl. by Fries，Summ. Veg. Scand. 249. 1846-1849. Not. DC. 1813.

Triticum acutum var. *laxum* Hartm. ，Handb. Skand. Flora ed. 4. 42. 1843.

Triticum acutum megastachyum Fries，Nov. Fl. Suec. Mant. 3：13. 1842.

Triticum acutum var. *megastachyum* Hartm. ，Handb. Skand. Fl. ed. 5. 282. 1849.

Triticum acutum var. *microatachyum* Anderss. ，Pl. Scand. Gram. 3. 1852.

Triticum acutum var. *remotum* Anderss. ，Math. fermesz，hozlem. 14：378. 1877.

Triticum aegilopoides Forsk. ，Fl. Aegypt. Arab，26. 1775.

Triticum aegilopoides Turcz. ex Griseb. ，in Ledeb. Fl. Ross. 4：339. 1853，not Forsk. 1775. as syn. of *Triticum strigosum* Less.

Triticum aegilopoides Thurb. ex. A. Gray，Proc. Acad. Phila. 1863. 79. 1863. nom. nud.

Triticum aegilopoides Balansa ex Koera. ，Art. u. var. Getreid. 1：109. 1885.

Triticum aegilopoides （Link) Hausskn. ，Mitt. Thuring. Bot. var. N. F. 13/14：65. 1899.

Triticum aegilopoides var. *advalarioum* Tum. ，Zeitschr. Zucht. A. Pflanzenzucht. 20：361. 1935.

Triticum aegilopoides var. *albochlorococcum* Tum. ，Zeitschr. Zucht. A. Pflanzenzucht. 20：360. 1935，nom. seminud.

Triticum aegilopoides var. *albonigrum* Tum. ，Zeitschr. Zucht. A. Pflanzenzucht. 20：361. 1935，nom. seminud.

Triticum aegilopoides var. *album* Tum. ，Zeitscht Zucht. A. Pflanzenzucht. 20：360. 1935，nom. seminud.

Triticum aegilopoides var. *aznaburiticum* Jakubz. ，Bull. Appl. Bot. Pl. Breed. V. 1：171. 1932，无描述。

Triticum aegilopoides var. *boeoticum* （Boiss. ）Percival. Wheat Pl. Monogr. 166. f. 114. 1921.

Triticum aegilopoides var. *chlorococcum* Tum. ，Zeitschr. Zucht. A. Pflanzenzucht. 20：360. 1935.

Triticum aegilopoides var. *cinereum* Tum. ，Ball. Appl. Bot. Gen. Pl. Breed. 242：11. 1929-1930.

Triticum aegilopoides var. *garmensa* Tum. ，Zeitschr. Zucht. A. Pflanzenzucht. 20：361. 1935.

Triticum aegilopoides var. *kurbagalense* Tum. ，Zeitschr. Zucht. A. Pflanzenzucht. 20：361. 1935.

Triticum aegilopoides var. *larionowi* （Flaksb. ）Percival. ，Wheat Pl. Monogr. 168. f. 114. 1921.

Triticum aegilopoides var. *luteo-nigrum* Tum. ，Bull. Appl. Bot. Pl. Breed. 242：11，1929-1930.

Triticum aegilopoides var. *meianorubrum* Tum. ，Zeitschr. Zucht. A. Pflanzenzucht. 20：361. 1935. nom. seminud.

Triticum aegilopoides var. *microspermum* Tum. ，Zeitschr. Zucht. A. Pflanzenzucht. 20：361. 1935. nom seminud.

Triticum aegilopoides var. *nigro-chlorococcum* Tum. ，Zeischr. Zucht. A. Pflanzenzucht. 20：361. 1935. non seminud.

Triticum aegilopoides var. *pancici* （Flaksb. ）Percival，Wheat Pl. Monogr. 167. f. 114. 1921.

Triticum aegilopoides var. *pseudo-album* Tum. ，Zeitschr. Zucht. A. Pflanzenzucht. 20：360. 1935. nom. seminud.

Triticum aegilopoides var. *pseudo-boeoticum* Flasb. ，Repert. Sp. Nov. Fedde 27：243. 1930.

Triticum aegilopoides var. *pseudo-symbolonense* Tum. ，Bull. Appl. Bot. Pl. Breed. 242：11，1929-1930.

Triticum aegilopoides var. *pseudo-zucoarinii* Tum. ，Zeitschr. Zucht. A. Pflanzen-zucht. 20：360. 1935，nom. seminud.

Triticum aegilopoides var. *rubrum* Tum. ，Zeitschr. Zucht. A. Pflanzenzucht. 20：360. 1935.

Triticum aegilopoides var. *sub-baydaricum* Tum. ，Zeitschr. Zucht. A. Pflanzenzucht. 20：362. 1935. nom. seminud.

Triticum aegilopoides var. *sub-pancici* Tum. ，Zeitschr. Zucht. A. Pflanzenzucht. 20：361. 1935. nom seminud.

Triticum aegilopoides var. *subpseudo-album* Tum. ，Zeitschr. Zucht. A. Pflanzenzucht. 20：361. 1935. nom. seminud.

Triticum aegilopoides var. *sub-pubescentinigrum* Tum. ，Zeitschr. Zucht. A. Pflanzen-zucht. 20：361. 1935. nom. seminud.

Triticum aegilopoides subsp. *thaoudar* Reut. ，Beih. Bot. Centralbl. 332：217. 1915.

Triticum aegilopoides var. *thaoudar* (Reut.) Percival，Wheat Pl. Monogr. 167. 1921.

Triticum aegilopoides var. *theydjerabaki* Tum. ，Zeitschr. Zucht. A. Pflanzenzucht. 20：361. 1935，nom，seminud.

Triticum aegilopoides var. *tuberoulatum* Tum. ，Zeitschr. Zucht. A. Pflanzenzucht. 20：361，1935，nom，seminud.

Triticum aegilopoides var. *virido-beoticum* Jakubz. ，Bull. Appl. Bot. Pl. Breed. V. 1：171. 1932，无描述。

Triticum aegilopoides var. *virido-symbolonense* Jakubz. ，Bull. Appl. Bot. Pl. Breed. V. 1：171. 1932，仅有简单几个字的俄文描述。

Triticum aegilos (L.) Beauv. ，Ess. Agrost. 103. 146. 180. 1812.

Triticum aegilops var. *meyeri* (Griseb.) Hack. ex Fedtsch. ，Bull. Jard. Bot. Pierre Orand 14 (Suppl. 2.)：98. 1915.

Triticum aegilops var. *pubesonens* (Regel.) Roshev. ex Fedtsch. ，Bull. Jard. Bot. plerre Grand 14 (Suppl. 2.)：98. 1915.

Triticum aegilopoides Mazzuoato，Sopra Alc. Sp. Prum. 47. Pl. 3. 1807.

Triticum aestivum L. ，Sp. Pl. 85. 1753.

Triticum aestivum L. subsp. *aestivo-compactum* Schiem. ，Wizen，Roggen，Gerste 47. 1948.

Triticum aestivum var. *albo-rubrum* S. F. Gray，Nat. Arr. Brit. Pl. 2：97. 1821.

Triticum aestivum var. *album* S. F. Gray，Nat. Arr. Brit. Pl. 2：97. 1821.

Triticum aestivum var. *anglicum* (Aschers. et Graeb.) Druce，List Brit. Pl. 85. 1908.

Triticum aestivum var. *brunneum* Sanchez-Monge et Villena，Anal. Est. Exp. Aula Dei 3：259. 1954.

Triticum aestivum var. *clemonteae* Sanchez-Monge et Villena，Anal. Est. Exp. Aula Dei 3：258. 1954.

Triticum aestivum ssp. *compactum*（Host.）MacKey，in Tsunewaki，Nat. Intitute of Genetics，Misimi，Japan. pp. 55，61. Anril 1961.

Triticum aestivum var. *compactum*（Host.）Fiori，Fl. Anal Ital 1：107. 1896.

Triticum aestivum subsp. *compactum* var. *creticum*（Mnzz.）Hayek，Repert. Sp. Nov. Fedde. Beih. 303：230. 1932.

Triticum aestivum subsp. *dicoccum*（Schrank）Thell. ，Mem. Soc. Sci. Nat. Cherbourg 38：141. 1912.

Triticum aestivum var. *dicoccum*（Schrank）Fiori，Fl. Anal. Ital. 1：108. 1896.

Triticum aestivum var. *dicoccum*（Schrank）Bailey，Gentes Herb. 1：133. 1923. of Thell as subsp. 1912.

Triticum aestivum var. *duplicatum* Sanchez-Monge et Villena，Anal. Eat. Exp. Aula Dei 3：260. 1954.

Triticum aestivum subsp. *durum*（Desf.）Thell. ，Mem. Soc. Sci Nat. Cherbourg 38：143. 1912. 参阅 var. *plori* 1896.

Triticum aestivum var. *durum*（Desf.）Fiori，Pl. Anal Ital，108. 1896.

Triticum aestivum var. *erthrospermum*（Koern.）Hayek，Repert. Sp. Nov. Fedde Brih. 303：229. 1932.

Triticum aestivum var. *graecum*（Koern.）Hayek，Repert. Sp. Nov. Fedde. Beih. 303：229. 1932.

Triticum aestivum grenieri（Richt.）Thell. ，Mem. Soc. Sci. Nat. Cherbourg 38：144. 1912.

Triticum aestivum var. *hibernum*（L.）Fiori，Fl. Anal. Ital. 1：107. 1896.

Triticum aestivum var. *hybernut*（L.）Farwell，Mich. Acad. Sci. Rep. 6：203. 1904.

Triticum aestivum subsp. *hybernum* var. *albidum*（Alefeld）Hayek，Repert. Sp. Nov. Fedde. Beih. 303：230. 1932.

Triticum aestivum subsp. *hybernum* var. *lutescens*（Alefeld）Hayek，Repert. Sp. Nov. Fedde. Beih. 303：230. 1932.

Triticum aestivum subsp. *hybernum* var. *miltura*（Alefeld）Hayek，Repert. Sp. Nov. Fedde. Beih. 303：230. 1932.

Triticum aestivum subsp. *hybernum* var. *velutinum*（Schubl.）Hayek，Repert. Sp. Nov. Fedde. Beih. 303：230. 1932.

Triticum aestivum var. *kurduculense compactoides* Sanchez-Monge et Villena，Anal. Est. Exp. Aula Del 3：259. 1954.

Triticum aestivum var. *leucospermum*（Koern.）Farwell，Mich. Acad. Sci. Rep. 21：356. 1920.

Triticum aestivum subsp. *macha*（Dek. et. Men.）Mac Key. Svensk. Bot. Tidskr. 58：586. 1954.

Triticum aestivum var. *meridionale*（Koern.）Hayek. Repert. Sp. Nov. Fedde Beih.

303：229. 1932.

Triticum aestivum var. *monococcum*（L.）Bailey，Gentes Herb. 1：133. 1923.

Triticum aestivum var. *muticum*（Alef.）Farwell. Mich. Acad. Sci. Rep. 21：356. 1920.

Triticum aestivum var. *navarrae* Sahchez-Monge et Villena，Anal. Est. Exp. Aula Dei 3：258. 1954.

Triticum aestivum × *ovtum*（Gren. et Godr.）Thell.，Mem. Soc. Sci. Bot. Cherbourg 38：143. 1912.

Triticum aestivum var. *pampilonas* Sanchez-Monge et Villena，Anal. Est Exp. Aula Dei 3：258. 1954.

Triticum aestivum var. *plenocreticum* Sanchez-Monge et Villena，Anal. Est. Exp. Aula Dei 3：258. 1954.

Triticum aestivum var. *plenolutescens* Sanchez-Monge et Villena，Anal. Est Exp. Aula Dei 3：257. 1954.

Triticum aestivum var. *plenolutinflatum* Sanchez-Monge et Villena，Anal. Est. Exp. Aula Dei 3：257. 1954.

Triticum aestivum var. *plenomiltrum* Sanchez-Monge et Villena，Anal. Est. Exp. Aula Dei 3：257. 1954.

Triticum aestivum var. *polonicum*（L.）Fiori，Pl. Anal. Ital. 1：108. 1896.

Triticum aestivum var. *polonicum*（L.）Bailey，Man. Cult. Pl. 116. 1924. 参阅 Fiori 1896.

Triticum aestivum var. *pyrothrix*（Koern.）Parodi，in Cabrera，Revista Invest. Agricolas 11：378. 1957.

Triticum aestivum var. *rubro-album* S. F. Gray，Nat. Arr. Brit. Pl. 2：97. 1821.

Triticum aestivum var. *rubrum* S. F. Gray，Nat. Arr. Brit. Pl. 2：97. 1821.

Triticum aestivum subsp. *spelta*（L.）Thell.，Mitt. Naturw. Ges. Winterthur. 12：147. 1918.

Triticum aestivum var. *spelta*（L.）Piori，Fl. Anal. Ital. 108. 1896.

Triticum aestivum var. *spelta*（L.）Bailey，Gentes Herb. 1：133. 1923. 参阅 Fiori 1896.

Triticum aestivum f. *speltiforme*（Jordan.）Thell.，Mem. Soc. Sci. Nat. Cherbourg 38：145. 1912.

Triticum aestivum subsp. *sphaeroococum*（Perc.）Mac Key，Svensk. Bot. Tidskr. 48：586. 1954.

Triticum aestivum var. *strampellii* Sanchez-Monge et Villena，Anal. Est. Exp. Aula Dei. 3：259. 1954.

Triticum aestivum × *triunciale*（Lange.）Thell.，Mem. Soc. Scl. Nat. Cherbourg 38：145. 1912.

Triticum aestivum var. *turgidum* (L.) Fiori，Fl. Anal. Ital. 1：108. 1896.

Triticum aestivum var. *turgidum* (L.) Druce，List Brit. Pl. 85. 1908. 参阅 Fiori 1896.

Triticum aestivum var. *typicum* Fiori，Nuov. Fl. Anal. Ital. 1：158. 1923.

Triticum aestivum subsp. *vulgare* (Vill.) Thell.，Mem. Soc. Sci. Nat. Cherbourg 38：142. 1912.

Triticum aestivum subsp. *vulgare* (Vill.，Host.) Mac Key，Svensk. Bot. Tidskr. 58：586. 1954.

Triticum affine Dethard ex Kunth，Enum. Pl. 1：441. 1833.

Triticum affine var. *macrostachyum* Hartm.，Handb. Skand. Pl. ed. 5. 283. 1849.

Triticum affine var. *megastachyum* Hartm.，Handb. Skand. Pl. ed. 5. 283. 1849.

Triticum afhanicum Kudrjaschev，Bot. Mater. Gerb. Bot. Inst. Uzbekistansk. Eil. Acad. Nauk SSSR. 4：19. 1941.

Triticum agropyrotriticum perenne (Cicin) N. V. Tsitzyn，Haupt-Bot. Garten，Akad. Wissensch. U. S. S. R. Moskau 5-18. 7 Fig. 3 Taf. 1958.

Triticum alatum Peterm.，Flora 27：234. 1844.

Triticum albus Gaertn. ex Steud.，Mon. Bot. 853. 1821 as syn. of *Triticum aestivam* L.

Triticum album Desv.，Opusc. 141. 1831.

Triticum algeriense Desf. ex Mert. et Koch，Deutschl. Fl. 1：697. [1823]. 为 *Triticum durum* Desf.

Triticum alpinum Don ex Mitten，Lond. Journ. Bot. 7：533. 1848.

Triticum amplissifolium Zhuk.，Doklady Akad. Nauk SSSR 69 (2)：263. 1949.

Triticum amyleum Seringe，Melang. Bot. 1：124. 1819.

Triticum amyleum var. *albeus* Link，Hort. Berol. 1：30. 1827.

Triticum amyleum album Link，Hort. Berol. 1：30. 1827.

Triticum amyleum var. *atratum* (Host.) Link，Hort. Berol. 1：30. 1827.

Triticum amyleum var. *rufescens* Link，Hanib. Gewüclse 1：14. 1829.

Triticum amyleum var. *rufum* Link，Hort. Berol. 1：30. 1827.

Triticum amylosum Flaksb.，Bull. Appl. Bot. Pl. Breed. 8：501. 1915，non. nud.

Triticum anglicum Mazzuosto，Sopra Alc. Sp. Frum. 39. Pl 2. f. 1. 1807.

Triticum angustifolium Link，Enum. Pl. 1：97. 1821.

Triticum apiculatum Tscherning，in Dorfler.，Herb. Norm. no. 3664. 1898.

Triticum aragonense Lag.，Var. Cienc. 4：212. 1805.

Triticum araraticum Jakubz.，Bot. Zhurnal Akad. Nauk S. S. S. R. 35：191. 1950.

Triticum arduini Mazzucato，Sopra Alc. Sp. Frum. 55. Pl. 4. f. 1. 1807.

Triticum arduini Mazzuoato ex Alefeld，Landw. Pl. 334. 1866.

Triticum arenarium (L.) F. Hermann，Hepert. Sp. Nov. Fedde 44：159. 1938.

Triticum arenicolum Kern. ex Menyh.，Kalocea Videk. Kovenyt. 197.

Triticum arenicolum Kerner，Herb. ined.

Triticum arias Clem. ，in Herrera，Agr. 1：74. 1818.

Triticum aristatum Hall. (f.) ex Steud. ，Mom. Bot. ed. 2. 2：715. 1841.

Triticum armeniacum (Stolet.) Nevski，in Kom. Fl. U. R. S. S. 2：683. 1934.

Triticum armeniacum （Jakubz）Makushima，Compt. Rend. （Doklady）Acad. Scl. U. R. S. S. (1938) 21：345-348. f. 1-3. 1938.

Triticum arras Hochst. ，Flora 31：450. 1848.

Triticum arundinaceum Fries ex Steud. ，Syn. Pl. Glum. 1：343. 1854.

Triticum arundinaoeum Schur，Enum. Pl. Transsilv. 806. 1866.

Triticum arvense Schweigger，Fl. Erlang. ed. 2. 1. 143. 1811.

Triticum asiaticum Kudrjasvhev，Bot. Mater. Gerb. Bot. Inst. Uzbekistansk. Fil. Acad. SSSR，4：16. 1941.

Triticum asperrimum Link，Handb. Gewachse 1：18. 1829.

Triticum asperum DC. ，Cat. Hort. Honsp. 153. 1813.

Triticum athericum Link，Linnaea 17：395. 1843.

Triticum atratum Host，Icon. Gram. Austr. 4：5. Pl. 8. 1809.

Triticum attenustum H. B. K. ，Nov. Gen. & Sp. 1：180. 1816.

Triticum aucheri (Boiss.) Parl. ，Fl. Ital. 1：508. 1848.

Triticum baeotium Boiss. ，Diagn. Fl. Orient. Nov. Ser. 1. 2：(fasc. 13) 69. 1854.

Triticum baeoticum subsp. *aegilopoides* (Hausskn.) Grossh. ，Trudy Bot. Inst. Aserbaidzh. Fil. Akad. Nauk S. S. S. R. 8：350. 1939.

Triticum baeoticum subsp. *aegilopoides* var. *baydaricum* (Flaksb.) Grossh. ，Trudy Bot. Inst. Azerbaidzh. Fil. Akad. Nauk. S. S. S. R. 8：350. 1939.

Triticum baeoticum subsp. *aegilopoides* var. *euboeoticum* Grossh. ，Trudy Bot. Inst. Azerbaidzh. Fil. Akad. Nauk. S. S. S. R. 8：350. 1939. 俄文描述。

Triticum baeoticum subsp. *aegilopoides* var. *helenae* (Flaksb.) Grossh. ，Trudy Bot. Inst. Azerbaides. Fil. Akad. Nauk. S. S. S. R. 8：350. 1939.

Triticum baeoticum subsp. *aegilopoides* var. *larionovi* (Flaksb.) Grossh. ，Trudy Bot. Inst. Azerbaidzh. Fil. Akad. Nauk. S. S. S. R. 8：350. 1939.

Triticum baeoticum subsp. *aegilopoides* var. *lutescenti nigrum* (Flaksb.) Grossh. ，Trudy Bot. Inst. Azerbaidzh. Fil. Akad. Nauk. S. S. S. R. 8：350. 1939.

Triticum baeoticum subsp. *aegilopoides* var. *pancici* (Flaksb.) Grossh. ，Trudy Bot. Inst. Azerbaidzh. Fil. Akad. Nauk. S. S. S. R. 8：350. 1939.

Triticum baeoticum subsp. *aegilopoides* var. *pseudoboeoticum* （Flaksb.) Grossh. ，Trudy Bot. Inst. Azerbaidzh. Fil. Akad. Nauk. S. S. S. R. 8：350. 1939.

Triticum baeoticum subsp. *aegilopoides* var. *pseudozuccarinii* (Kovarsky) Grossh. ，Trudy Bot. Inst. Azerbaidzh. Fil. Akad. Nauk. S. S. S. R. 8：350. 1939.

Triticum baeoticum subsp. *aegilopoides* var. *symbolonensa* (Flaksb.) Grossh. ，Trudy Bot. Inst. Azerbaidzh. Fil. Akad. Nauk. S. S. S. R. 8：350. 1939.

Triticum baeoticum subsp. *aegilopoides* var. *zuccarinii* (Flaksb.) Grossh. ，Trudy Bot. Inst. Azerbaidzh. Fil. Akad. Nauk. S. S. S. R. 8：359. 1939.

Triticum baeoticum subsp. *thoudar* (Reut.) Grossh. ，Trudy Bot. Inst. Azerbaidzh. Fil. Akad. Nauk. S. S. S. R. 8：350. 1939.

Triticum baeoticum Boiss. subsp. *thaoudar* (Reuter.) Schiem. ，Weizen Rogen. Oersta，Syst. Gesch. Verw. 28. 1948.

Triticum baeoticum subsp. *thoudar* var. *albi-nigrescens* Flaksb. ，引自 Grossh. ，Trudy Bot. Inst. Azerbaidzh. Fil. Akad. Nauk. S. S. S. R. 8：350. 1939.

Triticum baeoticum subsp. *thoudar* var. *balaclavicum* Kovarsky，根据 *T. monococcum* var. *balaclavicum* Kovarsky，引自 Grossh. ，Trudy Bot. Inst. Azerbaidzh. Fil. Akad. Nauk. S. S. S. R. 8：350. 1939.

Triticum baeoticum subsp. *thoudar* var. *balansae* Flaksb. ，引自 Grossh. ，Trudy Bot. Inst. Azerbaidzh. Fil. Akad. Nauk. S. S. S. R. 8：350. 1939.

Triticum baeoticum subsp. *thoudar* var. *juskum* Zhuk. ，引自 Grossh. ，Trudy Bot. Inst. Azerbaidzh. Fil. Akad. Nauk. S. S. S. R. 8：350. 1939.

Triticum baeoticum subsp. *thoudar* var. *lutei-nigrum* (Kovarsky)，based on *T. monococcum* var. *lutei-nigrum* Kovarsky，引自 Grossh. ，Trudy Bot. Inst. Azerbaidzh. Fil. Akad. Nauk. S. S. S. R. 8：350. 1939.

Triticum baeoticum subsp. *thoudar* var. *resuteri* Flaksb. ，引自 Grossh. ，Trudy Bot. Inst. Azerbaidzh. Fil. Akad. Nauk. S. S. S. R. 8：350. 1939.

Triticum baeoticum subsp. *thoudar* var. *rufi-nigrum* Tum. ，引自 Grossh. ，Trudy Bot. Inst. Azerbaidzh. Fil. Akad. Nauk. S. S. S. R. 8：350. 1939.

Triticum barbinode Tausch，Flora，17：447，1834.

Triticum barrelieri Kunth，Rev. Gram. 1：145. 1829.

Triticum batalini Krassn. ，Soripta Bot. Univ. Petrop. 2：21. 1887 - 1888.

Triticum bauhini Lag. ，Gen. et Sp. Nov. 6. 1816.

Triticum benghalense Host. ex Steud. ，Nom. Bot. ed. 2. 2：715. 1841.

Triticum bicorne Forsk. ，Fl. Aegypt. Arab. 26. 1775.

Triticum bicorac subsp. *muticum* Aschers. ，Magyar Bot. Lapok 1：1. 1902.

Triticum bifaria (Vahl) Kuntre. ，Rev. Gen. Fl. 2：795. 1891.

Triticum biflorm Brign. ，Fasc rar. Fl. Forojuliem. 18. 1810.

Triticum biflorum Turcz. ex Griseb. ，Fl. Ross. 4：339. 1853. as syn. of *Triticum strigosum* Less. *Not.* Brign. 1810.

Triticum biflorum var. *hornemanni* Koch，Syn. Fl. Germ. Heiv. ed. 2. 953. 1843.

Triticum biflorum var. *laxum* Dmitr. ，Bull. Jard. Bot. St. Petersburg 6：110. 1906.

Triticum biflorum subsp. *virescens* (Lange) Aschers. et Graehn. ，Syn. Mitteleur. Fl. 2：654. 1901.

Triticum biuncials Vill. ，Hist. Pl. Dauph. 2：167. 1787.

Triticum biuncials (Visiani) Richt. ．Pl. Eur. 1：128. 1890. Not Vill. 1787.

Triticum bonaepartis Spreng. ．Nachr. Bot. Gart. Halle，1：40. 1801. (spelled buona-
partis in Roem. et Schult. Syst. 2：768. 1817.)

Triticum boreals Turcz. ．Fl. Baical. Dahur. 2 (1)：345. 1856. in obs.

Triticum brachystachyon Hornew，Hort. Hofn. 1：107. 1813.

Triticum brachystachyum Lag. ex Schult. ．Mant. 3 (Ais. 1)：656. ［1827］．为 *T.*
durum Desf. 的异名。

Triticum breviaristatum Lindb. ．Acta Soc Sci. Penn. n. ser. B. 12：17. 1932. 为
Haynaldia breviaristata Lindb. 的异名。

Triticum brevisetum DC. ．Cat. Hort. Monsp. 153. 1813.

Triticum brevissimum Beauv. ．Ess. Agrost. 102. 1812. 仅见于在 *Agropyron* 之下作为
异名。

Triticum brizoides Lam. ．Encycl. 2：561. 1768. ［在 1791 年拉马克引用于 "*Tr. uni-*
oloides N. Kew. "］

Triticum broncides Wigg. ．Prim. Fl. Kols. 11. 1780.

Triticum brownei (R. Br.) Kunth. ．Rev. Gram. 1：145. 1829.

Triticum bucharicum Flaksb. ．Bull. Appl. Bot. Pl. Breed. 8：501. 1915，nom nud.

Triticum bulbosum (Boiss.) Steud. ．Syn. Pl. Glum. 1：346. 1854.

Triticum bungeanum Trin. ．Mem. Acad. St. Petersb. Sav. Etrang. 2：529. 1835.

Triticum burnaschewi Flaksb. ．Bull. Appl. Bot. Pl. Breed. 8：501. 1915. nom nud.

Triticum caerulcum Ard. ex Bayle-Barelle，Monogr. Agron Cereali 39. 1809. nom. nud.

Triticum caesium (Presl.) Kunth，Rev. Gram. 1：145. 1829.

Triticum caesium var. *intermedium* Zapal. ．Consp. Fl. Oalic. Crit. ．Rozpr. wydz hat.
-przyr. Akad. Umiejetn. krakow Ill. 4，B. 192. 1904. Aug. 11.

Triticum caespitosum (Desf.) DC. ．Cat. Hort. Monsp. 153. 1813.

Triticum caespitosum (C. Koch.) Walp. ．Ann. Bot. 3：782. 1852 - 1853. Not. DC.
1813.

Triticum campestre (Schult.) Kit. ex Roem et Schult. ．Syst. Veg. 2：769. 1817.

Triticum campestre (Gren. et Godr.) Nyman，Syll. Suppl. 74. 1865. Not. Kit. 1817.

Triticum campestre subsp. *podperae* Nabelek，Publ. Fac. Sci. Univ. Masaryk (Brno)
No. Ⅲ. 25. 1929，as syn. of *Agropyrum podperae* Nabelek.

Triticum campestre var. *pycnostachyum* Borbas，Math. Temezz Kozlem 14：378. 1877.

Triticum campylodon Koern. et Wern. ．Handb. Getreideb. 1：70. 1885. 为 *T. vulgare*
［Gruppe 4. *T. durum*］ var. *campylodon* Koern. 的异名。

Triticum candissisum ＊ Arjuinj. ＊ ex Bayle -Barelle，Monogr. Agron. Cereali 42. Pl. 2.
f. 3. 1809. ．ex Metzger，Europ. Ceral. 18. 1824.

Triticum caninum L. ．Sp. Pl. 86. 1753.

Triticum caninum (L.) Schreb. ex Ledeb. ．Fl. Alt. 1：118. 1829.

Triticum caninum var. *alpestre* Brugg-Jahresb. ，Naturf. Ges. Graub. 31：Bell. 205. 1887-1888.

Triticum caninum var. *altaicum* Griseb. ，in Ledeb. Fl. Ross. 4：340. 1853.

Triticum caninum L. f. *amurense* Korsh. ，Acta Hort. Petrop. 12 (8)：414. 1892.

Triticum caninum biflorum Blytt. ，Norges Fl. 165. 1861.

Triticum caninum var. *brachystachys* C. A. Meyer，Verz. Pfl. Cauc. 19：26. 1831. nome. nud.

Triticum caninum var. *fibrosum* (Nevski) Regel，Acta Hort. Petrop. 7：591. 1881.

Triticum caninum var. *geniculatum* (Trin.) Regel，Acta Hort. Petrop. 7：592. 1881.

Triticum caninum var. *glaucagcens* (Lange) Aschers. et Graebn. ，Syn. Mitteleur. Pl. 2：643. 1901.

Triticum caninum var. *glaucum* Hack. ex Celak. ，Prodr. Fl. Bonm. 728. 1681.

Triticum caninum var. *gmelini* Griseb. in Ledeb. ，Fl. Alt. 1：118. 1829. ，nom nud，Icon. Pl. Ross. 3：16. pl. 248. 1831.

Triticum caninum var. *lapponicum* Laestad. ，Nya Bot. Not. 1856：76. 1856.

Triticum caninum var. *longiaristatum* Ragel，Ind. Sem. Hort. Petrop. 29. 1863.

Triticum caninum var. *majus* (Baumg.) Aschers. et Graabn. ，Syn. Mitteleur. Fl. 2：643. 1901.

Triticum caninum var. *montanum* Laestad. ，Nya Bot. Not. 1856：76. 1856.

Triticum caninum var. *nemorale* Laestad. ，Nya Bot. Not. 1856：76. 1856.

Triticum caninum subsp. *pauciflorum* Aschers. et Graebn. ，Syn. Mitteleur. Fl. 2：643. 1901.

Triticum caninum var. *pubescens* Regel，Acta. Hort. Petrop. 7：591. 1881.

Triticum caninum mut. *subinerms* Kuoffer，Horrespond. Naturf. Ver. Riga 49：186. 1906.

Triticum caninum subsp. *subtriflorum* (Parl.) Aschers. et Graebn. ，Syn. Mitteleur. Fl. 2：643. 1901.

Triticum caninum var. *variegatum* Laestad. ，Nya Bot. Not. 1856：76. 1856.

Triticum caninum var. *violaceum* (Hornem.) Laested. ，Nya Bot. Not. 1856. 77. 1856.

Triticum capense Spreng. ，Pl. Pugill. 2：23. 1815.

Triticum capillare Besuv. ，Ess. Agrost. 180. 1812.

Triticum carthlicum Nevski in Komorov，Fl. U. R. S. S. . 2：685. 1934. nom，nud. 俄文描述。

Triticum carthlicum Nevski，Revist. Argentins Agron. 18 (2)：112. 1951. ［参阅 Nevski 1934］［Nevski 卒于 1938，拉丁文描述遗著为他人代发表］Nevki in Komarov，Flora U. R. S. S. 2：685. 1934.

Triticum caucasicum Spreng. ，Nant. Fl. Hal. 35. 1807.

Triticum caucasicum Flaksb. ，Bull. Appl. Bot. Pl. Breed. 8：500. 1915. nom，nud.
为．Spreng. 1807.

Triticum caudatum Pers. ，Syn. Pl. 1：110. 1805.

Triticum caudatum（L. ）Gren. et Godr. ，Fl. France 3：603. 1855. Not Pers. 1805.

Triticum caudatum Heldreichii Aschers. et Graebn. ，Syn. Mitteleur. Fl. 2：710.
1902.

Triticum caudatum subsp. *polyathera* Aschers. et Graebn. ，Syn. Mitteleur. Fl. 2：
709. 1902.

Triticum cereale F. et P. Schrank，Baier. Fl. 1：387. 1789. 非 Salisb. 1796.

Triticum cereale（L. ）Salisb. ，Prodr. Stirp. 27. 1796. 非 Schrank 1789.

Triticum cereale（L. ）Baumg. ，Enum. Stirp. Transsilv. 3：266. 1816. 非 Schrank.
1789.

Triticum cereale var. *aestivum* Liljebl. ，Utk. Svensk. Fl. ed. 2. 51. 1798，in Scandi-
navian.

Triticum cereale var. *aestivum*（L. ）Baumg. ，Enum. Stirp. Transsilv. 3：266. 1816.

Triticum cereale var. *aestivum*（Werkowitsch）Dalla Torre et Sarnth，Fl. Tirol 6：294.
1906. 非 Liljebl. 1798.

Triticum cereale subsp. *anatolicum*（Regel）Aschers. et Graebn. ，Syn. Mitteleur. Fl.
2：716. 1902.

Triticum cereale f. *brevispicatum* Antal，Magyar Bot. Lapok 2：43. 1908. in Hungarian.

Triticum cereale var. *ciliatiglume*（Boiss. ）Aschers. et Graebn. ，Syn. Mitteleur. Fl. 2：
717. 1902.

Triticum cereale var. *compositum*（L. ）Baumg. ，Enum. Stirp. Transsilv. 3：266.
1816.

Triticum cereale var. *dalmaticum*（Visiani）Aschers. et Graebn. ，Syn. Mitteleur. Fl.
2：716. 1902.

Triticum cereale var. *fuscum*（Koern）Aschers. et Graebn. ，Syn. Mitteleur. Fl. 2：
718. 1902.

Triticum cereale var. *fuscum* subvar. *duplofuscum* Aschers et Graebn. ，Syn. Mittel-
eur. Fl. 2：718. 1902；Lief. 26：76. 1903.

Triticum cereale var. *hibernum* Liljebl. ，Ütk. Svensk. Fl. ed. 2. 51. 1798. in Scandi-
navian.

Triticum cereale var. *hibernum*（Keil）Dalla Torre et Sarnth，Fl. Tirol. 6：294. 1906.
无描述．非 Liljeb. 1798.

Triticum cereale var. *hybernum*（L. ）Baumg. ，Enum. Stirp. Transsilv. 3：266. 1816.

Triticum cereale f. *monstrosum*（Koern. ）Aschers. et Graebn. ，Syn. Mitteleur Fl. 2：
718. 1902.

Triticum cereale var. *montaniforme* Antal. ，Magyar Bot. Lapok 7：42. 1908.

Triticum cereale var. *montanum* Aschers. et Graebn. ，Syn. Mitteleur. Fl. 2：716. 1902. 非 Kuntze 1887.

Triticum cereale subsp. *montanum* var. *dalmaticum*（Vic.）Aschars et Graebn. ，Syn. Mitteleur. Fl. 2：716. 1902.

Triticum cereale var. *multicaule* Aschers. et Graebn. ，Syn. Mitteleur. Fl. 2：717. 1902；Lief. 26：76. 1903.

Triticum cereale var. *turgidum* Liljebl. ，Utk. Svensk. Fl. ed. 2. 52. 1798. in Scandi-navian.

Triticum cereale var. *turgidum*（L.）Baumg. ，Enum. Stirp. Transsilv. 3：266. 1816.

Triticum cereale var. *vulgare*（Koern.）Aschera. et Graebn. ，Syn. Mitteleur. Fl. 2：717. 1902.

Triticum cereale var. *vulpinum*（Koern.）Aschera. et Graebn. ，Syn. Mitteleur. Fl. 2：718. 1902.

Triticum cerulescens Bayle-Baralle，Monogr. Agron. Cereali 39. pl. 2. f. 9. 1809.

Triticum cevallos Lag. ，Gen. et Sp. Nov. 6. 1816.

Triticum chinense Trin. ，Men. Acad. St. Petersb. Sav. Etrang，2：146. 1833.

Triticum cienfuegos Lag. ，Gen. et Sp. Nov. 6. 1816.

Triticum ciliare Trin. ex Bunge，Enum，Pl. Chin. Bor. 72. 1833. 参阅 Trin. 1833.

Triticum ciliare Trin. ，Mem. Acad. St. Petersb. Sav. Etrang. 2：146. 1833. 参阅 Trin. ex Bung 1833.

Triticum ciliare Trin. f. *intermedium* Korsh. ，Acta. Hort. Petrop. 12（8）：414. 1892.

Triticum cilare Trin. f. *pilosum* Korsh. ，Acta Hort. Petrop. 12（8）：415，1892.

Triticum ciliare Trin. f. *semicostatum* Korsh. ，Acta Hort. Petrop. 12（8）：414. 1892.

Triticum ciliatum（Gouan）Cav. ，Descr. Fl. 317. 1802，Lam. & DC. Fl. Franc. 3：85. 1805.

Triticum cinereum Hort. ex Roem. et Schult. ，Syst. Veg. 2：770. 1817. nom. nud.

Triticum clavatum Seidl. ex Opiz，Natural no. 9：106. 1825.

Triticum coarctatum Spreng. ex Steud. ，Mom. Bot. ed. 2. 2：716. 1841，为 *Gaudinia. geniniflora*［Gay ex Kunth，Rev. Grem, 1：103. 1829；为 *Avena geniniflora*（Gay）Kunth］的异名。

Triticum cochleare Lag. ，Gen. et Sp. Nov. 6：1816.

Triticum comosum（Sibth. et Smith）Richt. ，Pl. Eur. 1：128. 1890.

Triticum comosum var. *ambiguum*（Hausskn.）Hayek，Repert. Sp. Nov. Fedde. Beih. 303：226. 1932.

Triticum comosum subsp. *pluriaristatum*（Halac.）Hayek，Repert. Sp. Nov. Fedde. Beih. 303：226. 1932.

Triticum comosum var. *thessalicum*（Eig）Hayek，Repert. Sp. Nov. Fedde. Beih. 303：

226. 1932.

Triticum compactum Host，Icon，Gras. Austr. 4：4. Pl. 2. 1809.

Triticum compactum ［Group aristatum］ var. *albiceps* （Koern. ） Stolet. ，Bull. Appl. Bot. Pl. Breed. 23 （4）：110. 137. 338. 1930.

Triticum compsotum var. *albiceps inflatum* Vav. et Kob. Bull. Appl. Bot. Pl. Breed. 193：94. 1928.

Triticum compactum var. *album* Link，Hort. Berol. 1：25. 1827.

Triticum compactum var. *album* Vav. et Kob. ，Bull. Appl. Bot. Pl. Breed. 191：97. f. 35. 1928.

Triticum compactum antiquorum （Heer. ） Flaksb. ，Bull. Jard. Bot. Prin. U. R. S. S. 29：72. f. 14-18. 1930.

Triticum compactum var. *araraticum* Tuman. ，Bull. Appl. Bot. Pl. Breed. 191：274. 1928.

Triticum compactum var. *armenicum* Tuman. ，Bull. Appl. Bot. Pl. Breed. 191：276. 1928.

Triticum compactum ［Group aristatum］ var. *atriceps* （Koern. ） Stolet. ，Bull. Appl. Bot. Pl. Breed. 23 （4）：108. 137. 338. 1930.

Triticum compactum var. *atrierunaceum* Koern. ，Arch. Biontologie 2：398. 400. 1908.

Triticum compactum var. *atrocymum* Tuman. ，Bull. Appl. Bc. Pl. Breed. 191：276. 1928.

Triticum compactum var. *atrum* Koern. ，Arch. Biontologie 2：398. 1908.

Triticum compactum var. *aureum* Link，Hort. Berol. 1：25. 1827.

Triticum compactum var. *bartangi* Flaksb. ，Bull. Appl. Bot. Pl. Breed. 20：100，110，122. 1929.

Triticum compactum var. *bukiniczi* Vav. et Kob. ，Bull. Appl. Bot. Pl. Breed. 191：97. 1928.

Triticum compactum ［Group muticum］ var. *crassiceps* （Koern. ） Stolet. ，Bull. Appl. Bot. Pl. Breed. 23 （4）：101，137，338. 1930.

Triticum compactum var. *crassiceps inflatum* Vav. et Kob. ，Bull. Appl. Bot. Pl. Breed. 191：94. 1928.

Triticum compactum ［Group muticum］ var. *creticum* （Mazz） Stolet. ，Bull. Appl. Bot. Pl. Breed. 23 （4）：100，137，138. 130.

Triticum compactum var. *creticum -inflatum* Vav. et Kob. ，Bull. Apll. Bot. Pl. Breed. 191：94. fig. 27. 1928.

Triticum compactum var. *creticum -roschanum* Korsh. ex Kob. ，Bull. Appl. Bot. Pl. Breed. 191：96. 1928.

Triticum compactum ［Group aristatum］ var. *echinodes* （Koern. ） Stolet. Bull. Appl. Bot. Pl. Breed. 23 （4）：112，137，338. 1930.

Triticum compactum var. *echinodes -inflatum* Vav. et Kob., Bull. Appl. Bot. Pl. Breed. 191: 94. 1928.

Triticum compactum var. *erinaceum* (Hornem.) Roern. et Aern., Handb. Getreideb. 2: 312. 1885.

Triticum compactum var. *erinaceum -inflatum* Vav. et Kob., Bull. Appl. Bot. Pl. Breed. 191: 94. 1928.

Triticum compactum [Group aristatum] var. *fetisowi* (Koern.) Stolet., Bull. Appl. Bot. Pl. Breed. 23 (4): 105. 137. 338. 1930.

Triticum compactum var. *fetisowi* subvar. *burnschewi* Flaksb., Bull. Bur. Angew. Bot. St. Petersb. 3: 154. f. 33. 1910.

Triticum compactum var. *fetisowi -inflatum* Vav. et Kob., Bull. Appl. Bot. Pl. Breed. 191: 94. f. 31. 1928.

Triticum compactum var. *flaksbergeri* Tuman., Bull. Appl. Bot. Pl. Breed. 191: 276. 1928.

Triticum compactum var. *gorbunovii* Flaksb., Bull. Appl. Bot. Pl. Breed. 20: 99, 111, 122. f. 1-6. 1929.

Triticum compactum [Group muticum] var. *humboldti* (Koern.) Stolet. Bull. Appl. Bot. Pl. Breed. 23 (4): 99, 137, 338. 1930.

Triticum compactum var. *humboldti inflatum* Vav. et Kob., Bull. Appl. Bot. Pl. Breed. 191: 93. 1928.

Triticum compactum [Group aristatum] var. *icterinum* (Alefeld.) Stolet., Bull. Appl. Bot. Pl. Breed. 23 (4): 124, 137, 338. 1930.

Triticum compactum var. *loterinum -inflatum* Vav. et Kob., Bull. Appl. Bot. Pl. Breed. 191: 94. 1928.

Triticum compactum var. *jazgulami* Flaksb., Bull. Appl. Bot. Pl. Breed. 20: 101, 113, 122. 1929.

Triticum compactum var. *kanaschii* Kob., Bull. Appl. Bot. Pl. Breed. 191: 92. with f. 1928.

Triticum compactum var. *kara-kurgani* Flaksb., Bull. Appl. Bot. Pl. Breed. 20: 100, 111, 122. 1929.

Triticum compactum [Group aristatum] var. *kerkianum* Flaksb. ex Stolet., Bull. Appl. Bot. Pl. Breed. 23 (4): 116. 1930.

Triticum compactum var. *kerkianum-inflatum* Vav. et Kob., Bull. Appl. Bot. Pl. Breed. 23 (4): 100, 137, 338. 1930.

Triticum compactum [Group muticum] var. *linaea* (Koern.) Stolet., Bull. Appl. Bot. Pl. Breed. 23 (4): 100, 137, 338. 1930.

Triticum compactum var. *montanum* Vav. et Kob., Bull. Appl. Bot. Pl. Breed. 191: 97. f. 32. 1928.

Triticum compactum [Group aristatum] var. *pseudorubricep* Flaksb. ex Stolet. Bull. Appl. Bot. Pl. Breed. 23（4）：112. 1930.

Triticum copmactum var. *quasi-albiceps* Flaksb., Bull. Appl. Bot. Pl. Breed. 20：101，114，122. 1929.

Triticum compactum var. *quasi-fetisowii* Flaksb., Bull. Appl. Bot. Pl. Breed. 20：101，114，122. 1929.

Triticum compactum [Group aristatum] var. *rubriceps* （Koern）Stolet. Bull. Appl. Bot. Pl. Breed. 23（4）：11. 137. 338. f. 30. 1930.

Triticum compactum var. *rubriceps-inflatum* Vav. et Kob., Bull. Appl. Bot. Pl. Breed. 191：94. f. 30. 1928.

Triticum compactum [Group muticum] var. *rufulum* （Koern）Stolet，Bull. Appl. Bot. Pl. Breed. 23（4）：99，137，138. f. 26. 1930.

Triticum compactum var. *rufulum-inflatum* Vav. et Kob., Bull. Appl. Bot. Pl. Breed. 191：94. 1928.

Triticum compactum var. *rufum* Link，Hort. Berol. 1：25. 1827.

Triticum compactum [Group aristatum] var. *seriosum* （Alefeld）Stolet., Bull. Appl. Bot. Pl. Breed. 23（4）：109，137，338. 1930.

Triticum compactum [Group aristatum] var. *splendens* （Alefeld）Stolet., Bull. Appl. Bot. Pl. Breed. 23（4）：103，137，338. 1930.

Triticum compactum var. *subalbiceps* Vav. et Kob., Bull. Appl. Bot. Pl. Breed. 191：93. 1928.

Triticum compactum var. *subalbicesps-inflatum* Vav. et Kob., Bull. Appl. Bot. Pl. Breed. 191：96. 1928.

Triticum compactum var. *subechinodes* Vav. et Kob., Bull. Appl. Bot. Pl. Breed. 191：93. f. 33. 1928.

Triticum compactum var. *subechinodes-inflatum* Vav. et Kob., Bull. Appl. Bot. Pl. Breed. 191：96. 1928.

Triticum compactum var. *subechinceum* Vav. et Kob., Bull. Appl. Bot. Pl. Breed. 191：92. f. 36. 1928.

Triticum compactum var. *sub-fetisowi* Vav. et Kob., Bull. Appl. Bot. Pl. Breed. 191：96. f. 29. 1928.

Triticum compactum var. *sub-festisowi-inflatum* Vav. et Kob., Bull. Appl. Bot. Pl. Breed. 191：96，129. 1928.

Triticum compactum var. *subicterinum* Vav. et Kob., Bull. Appl. Bot. Breed. 191：92. 1928.

Triticum compactum var. *subicternum-inflatum* Vav. et Kob., Bull. Appl. Bot. Pl. Breed. 191：95. 1928.

Triticum compactum var. *subrubriceps* Vav. et Kob., Bull. Appl. Bot. Pl. Breed. 191：

93. f. 33. 1928.

Triticum compactum var. *subrubriceps-inflatum* Vav. et Kob. ， Bull. Appl. Bot. Pl. Breed. 191：96. 1928.

Triticum compactum var. *subrubriceum* Vav. et Kob. ， Bull. Appl. Bot. Pl. Breed. 191： 93. 1928.

Triticum compactum var. *subsericum -inflatum* Vav. et Kob. ， Bull. Appl. Bot. Pl. Breed. 191：96. 1928.

Triticum compactum var. *subsplendens* Vav. et Kob. ， Bull. Appl. Bot. Breed. 191：92. 1928.

Triticum compactum var. *subsplendens -inflatum* Vav. et Kob. ， Bull. Appl. Bot. Pl. Breed. 191：95. 1928.

Triticum compactum [Group aristatum] var. *surchianum* Flaksb. ， ex Stolet. Bull. Appl. Bot. Pl. Breed. 23 (4)：109. 137. 338. 1930.

Triticum compactum var. *urarticum* Tuman. ， Bull. Appl. Bot. Pl. Breed. 191：275. 1928.

Triticum compactum var. *wagurschepati* Tuman. ， Bull. Appl. Bot. Pl. Breed. 191： 274. 1928.

Triticum compactum var. *wernerianum -inflatum* Vav. et Kob. ， Bull. Appl. Bot. Pl. Breed. 191：93. 1928.

Triticum compactum [Group muticum] var. *wittmackianum* (Koern.) Stolet. ， Bull. Appl. Bot. Pl. Breed. 23 (4)：101，137，338.1930.

Triticum compactum var. *wittmackianum-inflatum* Vav. et Kob. ， Bull. Appl. Bot. Pl. Breed. 191：94. 1928.

Triticum compactum Desv. ， Opusc. 149. 1831.

Triticum compactum L. ， Syst. Veg. ed. 13. 108. 1774.

Triticum compressum Hort. ex. Boem. et Schult. ， Syet. Veg. 2：770. 1817. nom. nud.

Triticum compressum aegyptiacum Desv. ， Opusc. 154. 1831.

Triticum compressum album Desv. ， Opusc. 151. 1831.

Triticum compressum denudans Desv. ， Opusc. 152. 1831.

Triticum compressum fastuocum (Lag.) Desv. ， Opusc. 154. 1831.

Triticum compressum giganteum Desv. ， Opusc. 153. 1831.

Triticum compressum hastatum Desv. ， Opusc. 151. 1831.

Triticum compressum hispanicum Desv. ， Opusc. 154. 1831.

Triticum compressum imberbe Desv. ， Opusc. 150. 1831.

Triticum compressum nigrescens Desv. ， Opusc. 153. 1831.

Triticum compressum ramosum Desv. ， Opusc. 152. 1831.

Triticum compressum rubrum Desv. ， Opusc. 152. 1831.

Triticum compressum rufescens Desv. ， Opusc. 152. 1831.

Triticum compressum vulgare Desv.，Opusc. 153. 1831.

Triticum condensatum (Presl) Kunth，Rev. Gram. 1：Suppl. 31. 1830；Baum. Pl. 1：442. 1833.

Triticum crassum (Boiss.) Aitch. et Hemsl.，Trans. Linn. Soc. Bot. Ⅱ. 3：127. 1888.

Triticum crassum var. *macratherum* (Boiss.) Thell.，Mem. Soc. Sci. Nat. Cherbourg 38：150. 1912.

Triticum crassum var. *oligochaetum* Hack. ex Druce.，List Brit. Pl. 85. 1908. nom. nud.

Triticum cretaceum Czem. ex Produkin，Proc. Bot. Inst. Kharkov 3：166. 1938.，as syn. of *Elytrigia cretecea* Klokov. et Produkin.

Triticum creticum Mazzucato，Sopra Alc. Sp. Frum. 2. f. 2. 1807.

Triticum creticum (Toumef.) Beauv.，Ess. Agrost. 103：178，180. 1812.

Triticum creticum silvestre Baninio ex Beyle-Barelle，Monogr. Agron. Cereali 43. pl. 2. f. 4. 1809.

Triticum crintum (Link.) Kunth，Rev. Gram. 1：144. 1829.

Triticum cristatus Schreb.，Beschr. Gras. 2：12. t. 23. f. 2. 1772-1779.

Triticum cristatum var. *angustifolium* (Link) Link，Hort. Berol. 2：184. 1833.

Triticum cristatum var. *calvum* (Schur) Aschers. et Graebn.，Syn. Mitteleur. Pl. 2：669. 1901.

Triticum cristatum var. *elaiius* (Schur) Aschers. et Graebn.，Syn. Mitteleur. Pl. 2：669. 1901.

Triticum cristatum var. *imbricatum* (Bieb.) Link，Hort. Berol. 2：185. 1833.

Triticum cristatum var. *incanum* Nabelek，Publ. Fac. Sci. Univ. Masaryk. (Brno) No. 111. 26. 1929，as syn. of *Agropyrum cristatum* var. *incanum* Nabelek.

Triticum cristatum var. *minus* Link，Hort. Berol. 2：184. 1833.

Triticum cristatum var. *muricatum* (Link) Link.，Hort. Berol. 2：185. 1833.

Triticum cristatum var. *pectinatum* (Marsch-Bieb.) Link. Hort. Berol. 2：184. 1833.

Triticum cristatum var. *stenophyllum* Link，Hort. Berol. 2：184. 1833.

Triticum curvifolium (Lange) O Muell.，in Wali. Ann. Bot. 6：1047. 1861.

Triticum cylindricum (Host) Ces. Pass. et Gib.，Comp. Pl. Ital. 86. 〔1867〕

Triticum cylindricum var. *hirsutum* Binz，in Thellung. Vierteljahrs. Nat. Ges. Zurjch 52：440. 1908.

Triticum cylindricum var. *pauciaristatum* (Eig) Hayek.，Repert sp. Nov. Fedde. Beih. 303：228. 1932.

Triticum cylindricum var. *pubescens* Fedtsch.，Bull. Jard. Bot. Pierre Grand 14 (Suppl. 2)：98. 1915. nom. nud.

Triticum cylindricum var. *rumelicum* (Velen.) Hayek，Repert. Sp. Nov. Fedde Beih.

303：228. 1932.

Triticum cynosuroides（Desf.）Spreng.，Syst. Veg. 1：325. 1825.

Triticum dasyanthum Ledeb. ex Spreng.，Syst. Veg. 1：326. 1825.

Triticum dasyphyllum Schrenk，Bull. Sc. Acad. st. Petersb. 10：356. 1842.

Triticum dasystachyum（Hook.）A. Gray，Man. ed. 1. 602. 1848.

Triticum densiflorum Willd.，Enum. Pl. 135. 1809.

Triticum densiusculum Flsksb.，Bull. Appl. Bot. Pl. Breed. pl. 500. 1915. nom. nud.

Triticum desertorum Fisch. ex Link，Enum Pl. 1：97. 1821.

Triticum diohasiens（Zhuk.）Bowden，Can. Journ. Bot. 37：667. 1959.

Triticum dicoccoides Koem.，Bericht. Deutsch. Bot. Ges 26：309. 1908；Aaronschn. Verh. Zool. Bot. Ces. Wien. 5910：485. 1909.

Triticum dicoccoides var. *aaronsohni*（Flsksb.）Percival，Wheat. Pl. Monogr. 183. r. 122. 1921.

Triticum dicoccoides var. *arabicum* Jakubz.，Bull. Appl. Bot. Pl. Breed. 1：155. f. 4 (1). 156. f. 6 (2). 1932.

Triticum dicoccoides var. *araxinum* Tum.，Zeitschr. Zucht. A，Pflanzenzucht. 20：360. f. 1. 2. 1935. nom. seminud.

Triticum dicoccoides subsp. *armeniacum* Jakubz.，Bull. Appl. Bot. Pl. Breed. V. 1：155. f. 5 (1). 196. 1932.

Triticum dicoccoides subsp. *armeniacum* var. *nachitchevanicum* Jakubz.，Bull. Appl. Bot. Pl. Breed. 5. 1：163. 12 (1)：197. 1932.

Triticum dicoccoides subsp. *armeniacum* var. *nigrum* Tum. ex Grossh.，Trudy Bot. Inst. Azerbaidzh. Pil. Akad. Nauk. S. S. S. R 8：349. 1939. 俄文描述。

Triticum dicoccoidess ubsp. *armeniacum* var. *pseudonachitshevanicum* Flaksb. ex Grossh.，Trudy Bot. Inst. Azerbsidzh. Pil. Akad. Nauk. S. S. S. R. 8：349. 1939. 俄文描述。

Triticum dicoccoides subsp. *armeniacum* var. *pseudo-tumaniani* Flaksb. ex Grossh.，Trudy Bot. Inst. Azerbaidzh. Fil. Akad. Nauk S. S. S. R. 8：349. 1939. 俄文描述。

Triticum dicoccoides subsp. *armeniacum* var. *dumaniani* Jakubz.，Bull. Appl. Bot. Pl. Breed. 5. 1：155. f. 4 (4). 156. f. 6 (1)：159. f. 10 (1) 163. f. 12 (2) 197. 1932.

Triticum dicoccoides var. *fulvovillosum* Percival，Wheat. Pl. Monogr. 183. f. 122. 123. 1921.

Triticum dicoccoides horanum Vav.，Piroda Akad. Nauk U. S. S. R. 1933 (8-9)：101. 1933，俄文描述。

Triticum dicoccoides judaicum Vav.，Piroda Akad. Nauk U. S. S. R. 1933 (8-9)：101. 1933，俄文描述。

Triticum dicoccoides var. *kotohil* Jakubz.，Bull. Appl. Bot. Pl. Breed. V. 1：155. f. 4

(2) . 1932. 无描述。

Triticum dicoccoides forma kotschyans Schulz.，Bericht. Deutsch. Bot. Ges. 31：229. pl. 10. f. 2. 4. 1913.

Triticum dicoccoides var. *kotschyanum* Percival，Wheat. Pl. Monogr. 183. f. 122. 123. 1921.

Triticum dicoccoides var. *nigricans* Tum.，Bull. Appl. Pl. Breed. V. 1：157. f. 7. 1932. 无描述。

Triticum dicoccoides palestinicum Jak ubz. Bull. Appl. Bet. Pl. Breed. V. 1：159. f. 7. 1932. 无描述。

Triticum dicoccoides var. *pseudo-aaronsohni* Tum.，Bull. Appl. Bot. Pl. Breed. 242：13. 1929-1930.

Triticum dicoccoides var. *pseudo-strauasianum* Tum.，Bull. Appl. Bot. Pl. Breed. 242：13. 1929-1930.

Triticum dicoccoides var. *spontaneonigrum* (Flaksb.) Percival. Wheat Pl. 184. f. 128. 1921.

Triticum dicoccoides var. *spontaneovillosum* (Flaksb.) Percival. Wheat. Pl. Monogr. 184. 1921.

Triticum dicoccoides f. *straussiana* Schulz，Bericht. Deutsch. Bot. Ges. 31：229. Pl. 10. f. 1，3. 1913.

Triticum dicoccoides subsp. *syrio-palestinicum* Flaksb.，Kulet. Pl. S. S. S. R.［Pl. Cult. Pl.］1：325.，326. 1935. 俄文描述。

Triticum dicoccoides var. *tiberianum* Jakubz.，Bull. Appl. Bot. Pl. Breed. V. 1：167. f. 14. 无描述. 1932.

Triticum dicoccoides var. *vavilovi* Jakubz.，Bull. Appl. Bot. Pl. Breed. V. 1：155. f. 4 (3)159. f. 10(2). 1932. 无描述。

Triticum dicoccon Schrank，Baier. Pl. 1：389. 1789.

Triticum dicoccum var. *aaronsohni* Flaksb.，Bull. Appl. Bot. Pl. Breed. 7：767. 1914.

Triticum dicoccum subsp. *abyssinicum* Stolet.，ex Vav.，Theoret. Bases. Pl. Breed. 2：8. 1935. 俄文描述。

Triticum dicoccum var. *ajar* Percival，Wheat. Pl. Monogr. 193. 1921. Use citation for 1921.

Triticum dicoccum var. *ajar* Percival，Journ. Bot. Brit. &. For. 64：203，204. 1926.

Triticum dicoccum var. *albiramosum* Koern. Arch. Biontologie 2：408，411. 1908.

Triticum dicoccum var. *album* Snast.，Hort. Brit. 449. 1826. 无描述。

Triticum dicoccum var. *amharicum* Percivai，Journ. Bot. Brit. &. For. 64：203，206. 1926.

Triticum dicoccum var. *arraseita* (Hochst.) Percival，Wheat Pl. Monogr. 195. 1921.

Triticum dicoccum subsp. *asiaticum* Stol. ex Vav. Theoret. Baeses. Pl. Breed. 2：8.

1935. 俄文描述。

Triticum dicoccum var. *atratum* (Host) Schrad. , Linnaea 12：465. 1838.

Triticum dicoccum bauhini (Alef.) Aschora. et Graebn. , Syn. Mitteleur. Pl. 2：680. 1901.

Triticum dicoccum var. *baylei* Koem. , Arch. Biontologie 2：407，409. 1908.

Triticum dicoccum var. *bispioulatum.* Koem. , Arch. Biontologis 2：407，410. 1908.

Triticum dicoccum var. *brownii* Percival，Journ. Bot Brit. & For. 64：203，205. 1926.

Triticum dicoccum var. *cladurum* (Alefeld) Ascherz. et Graebn. , Syn. Mitteleur. Pl. 2：682. 1901.

Triticum dicoccum var. *decussatum* Koern. , Arch. Biontologie 2：406，409. 1908.

Triticum dicoccum var. *densum* Koern. , Arch，Biontologie 2：407，409，1908.

Triticum dicoccum dicoccoides (Koern.) Aschers. et Graebn. , Syn. Mitteleur. Pl. 2：679. 1901.

Triticum dicoccum dicoccoides Cook，U. S. Dept. Agr. Bur. Pl. Ind. Bull. 274：13. 1913.

Triticum dicoccum dicoccoides var. *aaronsohni* Flaksb. , Bull. Appl. Bot. Pl. Breed. 8：1479. 1915. nom. nud.

Triticum dicoccum dicoccoides var. *spontaneivillosum* Flaksb. , Bull. Appl. Bot. Pl. Breed. 8：1479. 1915.

Triticum dicoccum dicoccoides var. *timopheevi* Zhuk. , in Notes Bot. Gard Tiflis Ⅲ. Fig. 7. B. 1923.

Triticum dicoccum var. *diploleucum* Koern. , Arch. Biontologre. 2：407，410. 1908.

Triticum dicoccum var. *dodonaei* Koern. , Arch. Biontalogre. 2：407，410. 1908.

Triticum dicoccum var. *ethiopicum* Percival，Journ. Bot. Brit. & For. 64：204，207. 1926.

Triticum dicoccum subsp. *europeum* (Percival) Vav. , Theoret. Bases. Pl. Breed. 2：8. 1935. 俄文描述。

Triticum dicoccum var. *farrum* Bayle ex Flaksb. , Bull. Appl. Bot. Pl. Breed. 8：64. f. 14. 15. 1915.

Triticum dicoccum var. *farrum* f. *armeniaca* Stoletova，Bull. Appl. Bot. Pl. Breed. 14：9. 110. pl. 1. f. 4：pl. 2. f. 4. 1924.

Triticum dicoccum var. *farrum* f. *caucasica* Stoletova，Bull. Appl. Bot. Breed. 14：90. 110. pl. 1. f. 3：pl. 2. f. 3. 1924.

Triticum dicoccum var. *farrum* f. *iranica* Vav. ex Stoletova，Bull. Appl. Bot. Breed. 14：90. 110. pl. 2. f. 2：pl. 7. 1924.

Triticum dicoccum var. *farrum* f. *tatarica* Stoletova，Bull. Appl. Bot. Pl. Breed. 14：90. 109. pl. 1. f. 6. 1924.

Triticum dicoccum var. *farrum* f. *vasconica* Stoletova，Bull. Appl. Bot Pl. Breed. 14：

91. 109. 1924.

Triticum dicoccum flexuocum (Koem.) Aachera. et Graebn., Syn. Mitteleur. Pl. 2：681. 1901.；op cit. Lief. 26：77. 1903. of. Koern. 1885.

Triticum dicoccum Fuchsil. (Alefeld) Aschers. et Graebn., Syn. Mitteleur. Pl. 2：680. 1901.

Triticum dicoccum var. *grabhaml* Percivl, Journ. Bot. Brit. and For. 64：203，206. 1926.

Triticum dicoccum var. *hybridum* Koern., Arch. Biontologie 2：406，409. 1908.

Triticum dicoccum var. *inerme* Koern., Arch. Biontologie 2：406，408. 1908.

Triticum dicoccum var. *kotschianum* (Schulz) Flaksb., Bull. Appl. Bot. Pl. Breed. 8：60. f. 13. 1915.

Triticum dicoccum var. *leucocladum* (Alefeld) Aschers. et Graebn., Syn. Mitteleur. Pl. 2：682. 1901.

Triticum dicoccum 45. *majus* Koem., Syst. Uebera. Cereal. 14. 1873，无描述。

Triticum dicoccum var. *majus* Krause ex Flaksb., Bull. Appl. Bot. Pl. Breed. 8：69. 1915.

Triticum dicoccum var. *mazzucati* Koern., Arch. Biontologie 2：407，410. 1908.

Triticum dicoccum var. *melanocladon* Koern., Arch. Biontologie 2：408，410. 1908.

Triticum dicoccum var. *melanurum* (Alefeld) Aschers. et Graerbn., Syn. Mitteleur. Pl. 2：682. 1901.

Triticum dicoccum var. *metzgeri* (Alefeld) Aschers. et Graebn., Syn. Mitteleur. Pl. 2：682. 1901.

Triticum dicoccum var. *muticum* Bayle ex Flaksb., Bull. Appl. Bot. Pl. Brreed. 8：62. 1915.

Triticum dicoccum var. *nigroajar* Percival, Journ. Bot. Brit. & For. 64：203. 205. 1926.

Triticum dicoccum var. *novicium* Koern., Arch. Biontolgie 2：406. 408. 1908.

Triticum dicoccum var. *palaecimertinicum* Dekaspr. et Manabde, Sci. Papers Tiflis Bot. Gard. 6：234. f. 5-7. 1929.

Triticum dicoccum var. *persicum* Percival, Wheat. Pl. Monogr. 196. f. 130. 1921.

Triticum dicoccum phaeocladum (Alefeld) Aschere. et Graebn., Syn. Mitteleur. Pl. 2：682. 1901.

Triticum dicoccum var. *pseudo-arraseita* Percival, Journ. Bot. Brit. & For. 64：203，205. 1926.

Triticum dicoccum var. *pseudo-brownii* Percival, Journ. Bot. Brit. & For. 64：203，205. 1926.

Triticum dicoccum var. *pseudo-krauseii* Flaksb., Repert. Sp. Nov. Fedde. 27：252. 1930.

Triticum dicoccum var. *pseudo-macratherum* Flaksb.，Repert. Sp. Nov. Fedde 27：252. 1930.

Triticum dicoccum var. *pseudo-rubescens* Percival，Journ. Bot. Brit. & For. 64. 203，206. 1926.

Triticum dicoccum pseudo-rufescens Percival，Journ. Bot. Brit. & For. 64：203，207. 1926.

Triticum dicoccum var. *pseudo-rufum* Flaksb.，Repert. Sp. Nov. Fedde. 27：252. 1930.

Triticum dicoccum var. *pseudo-schimperi* Percival，Jcurn. Bot. Brit. & For. 64：203，207. 1926.

Triticum dicoccum var. *pseudo-tomentosum* Percival，Journ. Bot. Brit. & For. 64：203，206. 1926.

Triticum dicoccum var. *pseudo-uncinatum* Percival，Wheat. Pl. Monogr. 195. 1921.

Triticum dicoccum var. *pycnurum*（Alefeld）Aschers. et Graebn.，Syn. Mitteleur. Pl. 2：681. 1901.

Triticum dicoccum var. *rubescens* Percival，Journ. Bot. Brit. & For. 64：203，206. 1926.

Triticum dicoccum var. *rubriramosum* Koern.，Arch. Biontologie 2：408. 411. 1908.

Triticum dicoccum var. *rubrivillosum* Percival，Journ. Bot. Brit. & For. 64：204，207. 1926.

Triticum dicoccum var. *rufescens* Percival，Wheat. Pl. Monogr. 196. 1921.

Triticum dicoccum var. *rufum* Schuebl. ex Flaksb.，Bull. Appl. Bot. Pl. Breed. 8：67. 1915.

Triticum dicoccum var. *rufum* f. *aestivalis* Stoletova，Bull. Appl. Bot. Pl. Breed. 14：91，111. 1924.

Triticum dicoccum var. *rufum* f. *asiatica* Vav. ex Stoletova，Bull. Appl. Bot. Pl. Breed. 14：91. 111. 1924.

Triticum dicoccum var. *rufum* f. *autumnalis* Stoletova，Bull. Appl. Bot. Pl. Breed. 14：91. 111. 1924.

Triticum dicoccum var. *rufum* f. *maturatum* Flaksb.，Bull. Appl. Bot. Pl. Breed. 8：862. 1915. 无描述。

Triticum dicoccum var. *rufum* f. *praeoox* Vav. ex Stoletova，Bull. Appl. Bot. Pl. Breed. 14：91，111. 1924.

Triticum dicoccum var. *schimperi*（Koern.）Percival，Wheat. Pl. Monogr. 196. 1921.

Triticum dicoccum var. *schubleri* Koern，Arch. Biontolgie 2：407，410. 1908.

Triticum dicoccum sementivum Flaksb.，Bull. Appl. Bot. Pl. Breed. 8：183. 1915. 无描述。

Triticum dicoccum var. *semicanum* Krause ex Flaksb.，Bull. Applied. Bot. 8：68.

1915.

Triticum dicoccum var. *spontaneonigrum* Flaksb., Bull. Appl. Bot. Pl. Breed. 7：768. 1914.

Triticum dicoccum var. *straussinum* Schulz ex Flaksb，Bull. Appl. Bot. Pl. Breed. 8：58. f. 12. 1915.

Triticum dicoccum var. *subitratum* Koern.，Arch. Biontologie 2：407，408. 1908.

Triticum dicoccum var. *subcladurum* Koern.，Arch. Biontolgie 2：408，410. 1908.

Triticum dicoccum var. *subligulifores* Flaksb.，Repert. Sp. Nov. Fedde. 27：252. 1930.

Triticum dicoccum var. *subnajus* Koern.，Arch. Biontologie 2：406，409. 1908.

Triticum dicoccum × *tenax* Aschers. et Graebn.，Syn. Mitteleur. Pl. 2：696. 1901.

Triticum dicoccum × *tenax* var. *coeleste*. （Alefld) Aschera. et Graebn.，Syn. Mitteleur. Pl. 2：696. 1901.

Triticum dicoccum × *tenax* var. *coelestoides* (Koern.) Aschers. et Graebn.，Syn. Mitteleur. Pl. 2：696. 1901.

Triticum dicoccum × *tenax krausei* (Koern.) Aschers. et Graebn.，Syn. Mitteleur. Pl. 2：696. 1901. phrase name.

Triticum dicoccum var. *timopheevi* Zhuk.，Sci. Papers Appl. Sect. Tiflis Bot. Gard. No. 3：1. f. 1. 1924.

Triticum dicoccum var. *tomentosum* Percival，Wheat Pl. Monogr. 195. f. 131. 1921.

Triticum dicoccum tomentosum Percival. Journ. Bot. Brit. & For. 64：203，206. 1926.

Triticum dicoccum var. *tricoccum* (Schuebl) Schrad.，Linnaea 12：465. 1838.

Triticum dicoccum var. *uncinatum* Percival，Wheat. Pl. Monogr. 104. f. 131. 1921.

Triticum dicoccum var. *uncinatum* Percival，Journ. Bot. Brit. and For. 64：203，205. 1926.

Triticum dicoccum var. *vulpinum* Percival，Journ. Bot. Brit. and. For. 64：204，207. 1926.

Triticum distachya var. *intermedia* Mutel.，Pl. Franc. 4：129. 1837.

Triticum distachyon （L.) Brot.，Pl. Lusit. 1：119. 1804.

Triticum distans （K. Koch.) Walp.，Ann. Bot. 3：782. 1852-1853.

Triticum distertum Tardent，Ess. Hist. Nat. Bessar. 37. 1841. nom. nud.

Triticum distichum Thunb.，Prodr. Pl. Cap. 23. 1794.

Triticum distichum Schleich ex Lam. et DC.，Pl. Franc. 5：281. 1815. 为 *Triticum glaucum* Desf. 的异名。

Triticum divaricatum （Deaf.) Bertol.，Pl. Ital. 1：815. 1834.

Triticum divaricatum （Boiss. et Bal.) Walp.，Ann. Bot. 6：1048. 1861. Not Bertol. 1834.

Triticum divergens Nees ex Steud.，Syn. Pl. Glum. 1：347. 1854.

Triticum diveraiflorum Steud., Syn. Pl. Glum. 1：342. 1854.

Triticum duhamelianum Kazzueato ex Alefeld., Landw. Pl. 335. 1866，as syn. of *Triticum vulgure duhagelianum* Alefeld.

Triticum dumetorum ［Honck］ Verz., Aller Gew. Teutschl. 1：363. 1782.

Triticum dumetorum Schweigger，Fl. Erlang. ed. 2. 1：143. 1811. ［1804 ed. not. in Washington］.

Triticum duplicatum Steud., Syn. Pl. Glum. 1：344. 1854.

Triticum duriusculum Flaksb., Bull. Applied Bot. Pl. Breed. 8：501. 1915. nom nud.

Triticum duromedium Lvubimova，Bvull. Glavn. Bot. Sada（Moscow），168：136. 1993.

Triticum durum Desf., Pl. Atlant. 1：114. 1798.

Triticum durum Seringe ex Desv., Opusc. 148. 1831. as syn. of *Triticum durum communc* Desv.

Triticum durum subsp. *abyssinicum* Vav., Theoret. Bases Pl. Breed. 2：8，48. 1935. in Russian.

Triticum durum abyssinicum var. *pseudo-capticum* Vav., subvar. *longidentatum*. Chron., Bot.（The Origin，Variation and Breeding of Cultivated Plants，N. I. Vavilov) 13 (1/6)：343. 1949/1950.

Triticum durum subsp. *abyssinicum* var. *schimperi* Korn., Chron. Bot.（The Origin，Varistion and Breeding of Cultvated Plants，N. I. Vavilov）13 (1/6)：336. 1949/1950.

Triticum durum var. *aegyptiacum*（Koern. ）Stolet., Bull. Appl. Bot. Pl. Breed. 23 (4)：123，338. 1930.

Triticum durum var. *affine*（Koern. ）Stolet., Bull. Appl. Bot. Pl. Breed. 23 (4)：121，338. 1930.

Triticum durum var. *africanum*（Koern. ）Stolet，Bull. Appl. Bot. Pl. Breed. 23 (4)：122，338. 1930.

Triticum durum var. *aglossicum* Flaksb., Bull. Appl. Bot. Pl. Breed. 161：147. fig. 2. 1926.

Triticum durum var. *albens* Link，Hort. Berol. 1：27. 1827.

Triticum durum albescens Daev., Opuso. 149. 1831.

Triticum durum f. *album* Link，Hort. Barol. 1：27. 1827.

Triticum durum var. *spulicum*（Koern. ）Stolet., Bull. Appl. Bot. Pl. Breed. 23 (4)：122，338. 1930.

Triticum durum arraseita var. *hildebrandti* Tschermak et Bleier., Bericht. Deutsch. Bot. Ges. 44：118. 1926.

Triticum durum var. *atrouarginatum* Chiov., Monogr. Rapp. Colan. Rome No. 19：18. 1912.

Triticum durum var. *australe* Percival，Wheat. Pl. Monogr. 229. f. 146. 1921.

Triticum durum var. *barbarum* Koern.，Syst. Uebers. Cereal. 13. 1873.

Triticum durum var. *beliaii senchea* Konogr et Villena，Annl. Est. Exp Aula Dei 3：256. 1954.

Triticum durum var. *bicolor* Chlov.，Monogr. Rapp. Colon. Rome. No. 19：16. 1912.

Triticum durum var. *candicans* Meist. f. *czernjaewi* Flaksb.，Journ. Agr. Bot. Kharkiv 2：5. f. 1928.

Triticum durum var. *coarulescens* (Bayle) Stolet.，Bull. Appl. Bot. Pl. Breed. 23 (4)：123. 338. 1930.

Triticum durum var. *coarulescens* Diamantis，Bull. Union Agr. Egypt. 34：608. 1936. 无描述，非（Bayle）Stolet，1930.

Triticum durum commune Desv.，Opusc. 148. 1831.

Triticum durum compactum Seringe，Descr. Fig. Cer. Eur. 173. pl. 7. f. 3. 1842.

Triticum durum complanatum Seringe，Descr. Pig. Cer. Eur. 176. pl. 7. f. 2. 1842.

Triticum durum var. *dubium* Chiov.，Monogr. Rapp. Colon. Rome No. 19：16. 1912.

Triticum durum duro-compactum Flaksb..var. *pseudoeuriciense* Flaksb. ex Stolet.，Bull. Appl. Bot. Pl. Breed. 23 (4)：123. 338. 1930. 俄文，见检索表中。

Triticum durum var. *erythromelan* (Koern.) Stolet.，Bull. Appl. Bot. Pl. Breed. 23 (4)：121，338. 1930.

Triticum durum subsp. *exparnsum* Vav. Theoret. Basas Pl. Breed. 2：8，48. 1935. 俄文。

Triticum durum exparnsum var. *melenopus* Wotschai.，Coept. Rend. (Doklady) Acad. Sci. U. R. S. S. 30：75. 1941. 无描述。

Triticum durum fastuosum Pikry，Egypt. Agr. Rev. 17：7. 1939.

Triticum durum var. *feresfricanum* Sanohez-Monge et Villen.，Anal Est. Exp. Aula. Dei. 3：255. 1954.

Triticum durum var. *fere-alexandrinum* Jacub. et Nikcl. ex Flaksb，Bull. Appl. Bot. Pl. Breed. 222：120. 1929.

Triticum durum var. *fere-erythromelan* Nikol ex Flaksb.，Bull. Appl. Bot. Pl. Breed. 222：120. 1929.

Triticum durum var. *fere-hordeiforme* Nikol. ex Flaksb.，Bull. Appl. Bot. Pl. Breed. 222：120. 1929.

Triticum durum fere-leucomelan Palm. ex Flaksb.，Bull. Appl. Bot. Pl. Breed. 222：121. 1929.

Triticum durum var. *fere-reichenbachi* Jacub. et Nikol ex Flaksb.，Bull. Appl. Bot. Pl. Breed. 222：120. 1929.

Triticum durum var. *feretristeleucomelan* Sonchez-Monge et Villena，Anal. Est. Exp. Aula. Dei. 3：256. 1954.

Triticum durum var. *griseofastuosum* Sarchez-Mongey et Villena，Anal. Est. Exp. Aula. Dei 3：255. 1954.

Triticum durum var. *reterochrocum* Chiov.，Monogr. Rapp. Colon. Rome No. 19：17. 1912.

Triticum durum var. *hordeiforne* Hetzger.，Eur. Cer. 200. 1894.

Triticum durum var. *horieiforne*（Host）Stolet.，Bull. Appl. Bot. Pl. Breed. 23（4）：121，338. 1930.

Triticum durum var. *horieiforne* Diazantis，Bull. Union. Agr. Egypt 34：606，608. 1936.（法文）。

Triticum durum var. *horieifornc denciusculum* Flaksb.，Bull. Appl. Bot. Pl. Breed. 8：861. 1915，无描述。

Triticum durum var. *hordeifome laxiusculum* Flaksb.，Bull. Appl. Bot. Pl. Breed. 8：861. 1915. 无描述。

Triticum durum var. *inoelebratum* Flaksb.，Journ. Agr. Bot. Kharkiv. 2：4. 1928.

Triticum durum var. *intermedium* Ducell.，Bull. Soc. Hist. Nat. Afr. Nord（Alger.）20：222. 1929.

Triticum durum var. *italicum*（Alefeld）Stolet.，Bull. Appl. Bot. Pl. Breed. 23（4）：122，338. 1930.

Triticum durum var. *italicum* Diamantis，Bull. Union Agr. Egypt 34：606，608. 1936. 法文。

Triticum durum var. *iumillo* Horton，Amer. Journ. Bot. 23：122. f. 1-4；124. f. 5-7. 1936. 这一变种名仅见于小孢子细胞图之下。

Triticum durum var. *leucomelan* Diamantis，Bull. Union Agr. Egypt. 34：607. 1936，in French.

Triticum durum leucumelan Fikry，Egyot. Agr. Rev. 17：6. 1939.

Triticum durum var. *leucurum*（Alefeld）Stolet.，Bull. Appl. Bot. Pl. Breed. 23（4）：119，338. 1930.

Triticum durum leucurum Fikry，Egypt. Agr. Rev. 17：6. 1939.

Triticum [*durum*] var. *levi-alexandrinum* Jacub. et Nikol. ex Flaksb. Bull. Appl. Bot. Pl. Breed. 222：120. 1929.

Triticum durum var. *libycum*（Koern.）Stolet.，Bull. Appl. Bot. Pl. Breed. 23（4）：123，338. 1930.

Triticum durum var. *mediterraneum* Vav.，Chron. Bot.（The Origin，Variation and Breeding of Cultivated Plants，N. I. Vavilov）13（1/6）：35. 1949/1950.

Triticum durum var. *melanopus*（Alefeld）Stolet，Bull. Appl. Bot. Pl. Breed. 23（4）：122，338. 1930.

Triticum durum var. *melanopus* Diamantis，Bull. Union Agr. Egypt. 34：606. 1936. 法文。

Triticum durum mongolicum Desv.，Opusc. 149. 1831.

Triticum durum var. *murciense*（Koern.）Stolet.，Bull. Appl. Bot . Pl. Breed. 23 （4）：121，338. 1930.

Triticum durum nigrescens Desv.，Opusc. 148. 1831.

Triticum durum var. *nigromarginatus* Chiov.，Monogr. Rapp. Colon. Rome no. 19：15. 1912.

Triticum durum var. *niloticum*（Koern.）Stolet.，Bull. Appl. Bot. Pl. Breed. 23 （4）：123，338. 1930.

Triticum durum provinciale Fikry，Egypt. Agr. Rev. 17：7. 1939.

Triticum durum var. *pseudo-alexandrinum*（Koern.）Stolet.，Bull. Appl. Bot. Breed. 23 （4）：121，338. 1930.

Triticum durum var. *pseudoboeufil* Sanchez-Monge et Villena，Anal. Est. Exp. Aula Dei 3：256. 1954.

Triticum durum var. *pseudocopticum* Chiov.，Mongr. Rapp. Colon. Rome No. 19：17. 1912.

Triticum durum var. *pseudoerythromelan* Chiov.，Monogr. Rapp. Colon，Rome No. 19：17. 1912.

Triticum durum var. *pseuio-leuocmelan* Vav.，Theoret. Bases Pl. Breed. 2：f. 17. 1935.

Triticum durum var. *rufescens* Link，Hort. Berol. 1：27. 1827.

Triticum durum var. *rufescens* subver. *velutinum* Link，Hort. Berol. 1：27. 1827.

Triticum durum var. *rufum* Link，Handb. Gewachse 1：12. 1829.

Triticum durum var. *sub-australe* Percival，Wheat Pl. Monogr. 229. 1921.

Triticum durum taganrocense Sering，Fig. Eur. 165. pl. 6. f. 2. 3. 10. et. 11. 1842.

Triticum durum tangarocence Desv.，Opusc. 149. 1831.

Triticum durum var. *tristeafrine* Sanchez-Monge et Villena，Anal. Est. Exp. Aula Dei 3：255. 1954.

Triticum durum var. *valenoiae*（Koern.）Stolet.，Bull. Appl. Bot. Pl. Breed. 23 （4）：122，338. 1930.

Triticum durum var. *violaceum* Link，Hort. Berol. 1：27. 1827.

Triticum duvalii Loret，Bull. Soc. Bot. France 34：116. 1887.

Triticum elegans Spreng. ex Steud.，Nom. Bot. 854. 1821. nom. nud.

Triticum elongatum Host，Icon. Gram. Austr. 2：18. pl. 23. 1802.

Triticum elongatum subsp. *flaccidifolium*（Boiss. et Heldr.）Aschers. et Graebn.，Syn. Mitteleur. Pl. 2：662. 1901.

Triticum elymogones Aradt.，Flora 42：215. 1859. nom. nud.

Triticum elymoides Nornem，Hort. Hafn. 1：107. 1813.

Triticum elymoides Hochst. ex A. Rich.，Tent. Pl. Abyss. 2：440. 1851. 非 Hornem.

1813.

Triticum (*Agropyrum*) *emerginatum* Coir.，Pl. Juvenalis 46. 1853；Mem. Acad. Stanislas 432. 1854；Nem，Acad. Mortp (Sec. Medic) 1：454. 1853.

Triticum erebuni Gandilyan，Byull. Vses. Ord. Lenina Inst. Rast. N. I. Vavilova，142：77. 1984.

Triticum erinaceum Hornem.，Hort. Hafn. 1：106. 1813.

Triticum erinaneum Hort. ex Kunth，Enum. Pl. 1：438. 1833. 为 *Triticum vulgare* var. *hybernum* Kunth. 的异名。

Triticum estivum Baf.，Pl. Ludovic. 16. 1817. *T. aestivum* L. 的错写。

Triticum eudicoccoides Flaksb.，Bull. Appl. Bot. Pl. Breed. 8：16，17，183. 1915.

Triticum (*eu*) -*repens* A. Ⅱ. b. 2. b. 2. *lolioides* (Karel. et Kir.) Aschers. et Graebn.，Syn. Mitteleur. Pl. 2：652. 1901.

Triticum farctum Viv.，Pl. Ital. Fragm. 1：28. pl. 26. f. 1. 1808.

Triticum farrum Bayle-Barelle，Monog. Agron. Cereali 50. pl. 4. f. 1. 2. 1809

Triticum farrum album Desv.，Opusc 144. 1831.

Triticum farrum major Desv.，Opusc. 144. 1831.

Triticum farrum nigrescens Desv.，Opusc. 145. 1831.

Triticum farrum ramosum Desv.，Opusc. 145. 1831.

Triticum farrum rufum Desv.，Opusc. 144. 1831.

Triticum farrum tartaricum Desv.，Opusc. 145. 1831.

Triticum farrum villosum Desv.，Opusc. 145. 1831.

Triticum festuosum Lag.，Gen. et Sp. Nov. 6. 1816.

Triticum festuca Lag. et DC.，Fl. Franc. 3：87. 1805.

Triticum festuosum Wulf.，Fl. Nor. Phan. ed. Pangl. & Graf. 169. 1858.

Triticum festucoides Bertol.，Pl. Gen. 25. 1805.

Triticum fibrosum Schrenk，Bull. Acad. St. Petersb. 3：209. 1845.

Triticum filiforme Poir.，in Lam. Encycl. Suppl. 2：207. 1812.

Triticum firmum (Presl) Link，Hort. Berol. 2：188. 1833.

Triticum flabellatum Tausch，Flora 20：117. 1837.

Triticum flexum var. *abyssinionum* Hochst. ex A. Rich，Tent. Pl. Abyss. 2：441. 1851.

Triticum forskal [ei] Clem. y. Rubio，in Herrera，Agr. 1：74. 1818.

Triticum fragile Roth，Catal. Bot. 2：7. 1800.

Triticum fragile (Marach. -Lieb.) Link，Hort. Berol. 2：183. 1833. 非. Roth，1800.

Triticum fragle (parl) Ces. Pass. et Gib.，Comp. Fl. Ital. 87. [1867] 非 Roth，1800.

Triticum freycenztii Hort. Lips. ex Pasq.，Cat. Ort. Bot. Nap. 104. 1867. nom. nud.

Triticum fuegianum Speg.，Anal. Mus. Nac. Buenos Aires 5：99. pl. 4. f. A. 1896.

Triticum fuegianum var. *patagonicum* Speg.，Rev. Fac. Agron. y. Vet. La Plata. 3：588. 1897.

Triticum fuscescens var. *pomelianum* Maire，Cat. Pl. Maroc. 4：932. 1941.

Triticum gaertnerianum Lag.，Gen. et Sp. Nov. 6. 1816.

Triticum geminatum Spreng.，Syst. Veg. 1：326. 1825.

Triticum geniculatum Trin. ex Ledab.，Fl. Alt. 1：117. 1829.

Triticum geniculatum（K. Koch）Walp，Ann. Bot. 3：783. 1852-1853. 非. Trin. 1829.

Triticum genuense DC.，Fl. Franc. 5：284. 1815.

Triticum giganteum Roth，Catal. Bot. Fasc. 3：22. 1806.

Triticum glaucescens Steud.，Nom. Bot. ed. 2. 2：216. 184.

Triticum glaucum［Honck.］Vollst.，Syst. Versz. Aller Gew. Teutschl. 358. 1782.

Triticum glaucum Moench，Meth. Pl. 174. 1794.

Triticum glaucum Desf.，Tabl. Ecol. Bot Mus. 16. 1804. 无描述；Desf. ex DC. Fl. France 5：281. 1815.

Triticum glaucum Bast.，Ess. Fl. Maine-et-Loire，45. 1809. 非 Moench 1794，或 Host 1809.

Triticum glaucum Host，Icon. Gram. Austr. 4：6. pl. 10 1809. 非 Moench，1794 或 Host，1809.

Triticum glaucum Krock.，Suppl. Fl. Siles. 4：194. 1823. 非 Moench 1794，或 Bast，或 Host 1809.

Triticum glaucum Lam.，为 D'Urv. 错用，Mem. Soc. Linn.（Paris）4：601. 1826. 非 Moench，1794，或 Bast.，或 Host，1809.

Triticum glaucum Link，Hort. Berol. 2：187. 1833.

Triticum glaucum Willk. et Lange，Prodr. Fl. Hisp. 1：110. "错误，＝*Agropyron campestre*" Ind. Kew. 2：1127. 1895.

Triticum glaucum var. *aristatum* Penc.，Verh. Zool. Bot. Ver. Wien 6：588. 1856.

Triticum glaucum var. *aristatum* Sadl. ex Zapal.，Consp. Fl. Galic. Crit. Rozpr. Wydz. Mat. Przyr. Akad. Umiejeth. Krakow Ⅲ. 4. B. 193. 1904. Aug. 11. 非 Panc. 1856.

Triticum glaucum var. *aristatum* Sadl. f. *ramosum* Zapal.，Consp. Fl. Galic. Crit.，Rozpr. wydz. Mat. -Przyr. Akad. Umiejeth. Krakow Ⅲ. 4. B：193. 1904.

Triticum glaucum var. *compestre*（Gren. et Join.）Ascher et Graebn.，Syn. Mitteleur. Fl. 2：656. 1901.

Triticum glaucum var. *compestre*（Nym.）Brund.，in Ioch，Syn. Deutsch Fl. ed. 3. 3：2795. 1907. 非 Aschers. et Graeb. 1901.

Triticum glaucum var. *elatius* Zapal.，Consp. Fl. Galic. Crit. Rozpr. Wydz. Mat. Przyr. Akad. Umiejetn. Krakow. Ⅲ 4，B. 193. 1904. Aug. 11.

Triticum glaucum var. *hispidum* Aschers. et Graebn.，Syn. Mitteleur. Fl. 2：656. 1901.

Triticum glaucum var. *latronum*（Godr.）Aschers et Graebn.，Syn. Mitteleur. Fl. 2：656. 1901.

Triticum glaucum var. *mucronatum*（Opiz）Aschers et Graebn.，Syn. Mitteleur. Fl. 2：656. 1901.

Triticum glaucum var. *pilosum* Panc.，Vern. Zool. -Bot. Ver. Wien 6：588. 1856.

Triticum glaucum f. *pilosa* Borbas，Math. Termesz. kbzlem 15：341. 1878.

Triticum glaucum var. *villosum*（Hack.）Sadl.，（1840?）

Triticum glaucum var. *virescens* Panc.，Verh. Zool. Bot. Ver. Wien 6：588. 1856.

Triticum gmelini Trin.，in Schrad. Linnaea 12：467. 1838.

Triticum gracile Vill.，Hist. Pl. Dauph. 1：314. 1786.

Triticum gracile Brot.，Fl. Lusit. 1：121. 1804.

Triticum gracile（Leysc.）Lam. et DC.，Fl. France. 3：84. 1805. 非. Vill. 1786.

Triticum gracile Pouz. ex Gren. et Godr.，Fl. France 3：608. 1855. 为 *Agropyrum pouzolzii* Godr. et Gren. 的异名。

× *Triticum grenieri* Richt.，Pl. Eur. 1：129. 1890.

× *Triticum hackelii* Drune ex Vachell，Rep. Bot. Exch. Club Brit. Isles 10（1933）：743. 1934.

Triticum halleri Viv.，Fl. Ital. Fragm. 24. pl. 26. f. 1. 1808.

Triticum halleri var. *aristatum* Doell.，Fl. Baden. 1：127. 1857.

Triticum hamosum Rehm. ex Boiss.，Fl. Orient. 5：661. 1884. 为 *Agropyrum strigsum*（Marsch-Bieb.）Boiss. 的异名。

Triticum haplodurum Dusseau，Rev. Path，Veg. & Entom. Agr. 19：236. 1932.

Triticum hebestachyum Fries，Bot. Not. 129. 1858，nom，nud; Fries ex Nyman，Utkast Svenska Vaxt. Naturhist. 2：458. 1868.

Triticum heldreichii（Boiss）Richt.，Pl. Eur. 1：128. 1890.

Triticum heldrechii var. *achaicum*（Eig）Hayek，Repert. Sp. Nov. Fedde Beih. 303：227. 1932.

Triticum heldrechii var. *biariatatum*（Eig）Hayak，Repert. Sp. Nov. Fedde Beih. 303：227. 1932.

Triticum heldrechii var. *subventricosum*（Boiss）Hayek，Repert. Sp. Nov. Fedde. Beih. 303：227. 1932.

Triticum hemipoa Delile ex Ten.，Fl. Nap. 4：18. Syll. Fl. Neap. 56. 1831.

Triticum hermonis Cook，B. P. I. Bull. 274：13. 1913.

Triticum hieminflatum Flasb.，Bull. Appl. Bot. Pl. Breed. 8：501. 1915. nom nud.

Triticum hirsutum Hornem.，Hort. Hafn. Suppl. 13. 1819.

Triticum hirsutum Stev. ex Nyman，Consp. Fl. Eur. 841. 1882. 为 *Triticum elongatum*

Host. 的异名。

Triticum hispanicum Reichard，Syst. Pl. 1：240. 1779.

Triticum hispanicum Willd.，Sp. Pl. 1：479. 1797.

Triticum hispanicum Viv.，Fl. Ital. Fragm. 21. 1804. 非. Willd. 1797.

Triticum horienceum Coss. et Dur.，Ann. Sci. Bot. Ⅳ. 1：235. 1854. 无描述；Bull. Soc. Bot. France. 2：312. 1855. cf. Steud. 1855.

Triticum hordeaceun（Boiss.）Steud.，Syn. Pl. Glum. 1：430. 1855.

Triticum horieaceum Coss. et Dur.，Fl. Alger. 202. 1854-1867.

Triticum hordeiforme Host，Gram. Austr. 4：3. pl. 5. 1809.

Triticum hordeifome Wall. ex Steud.，Nom. Bot. ed. 2. 2：716. 1841.，为 *Hordeum himalayense* Rittig. ex Schult. 的异名。

Triticum hornemanni Clem. et Rubio，in Herrera，Agric. ult. gen. 1：73. 1818.

Triticum horstianum Clem. et. Rubio，in Herrera，Agric. ult. gen. 1：81. 1818.

Triticum hosteanum Clem. ex Spreng.，Syst. Veg. 1：323. 1825，为 *T. vulgare* var. *turgidum*［L.］Spreng. 的异名. 参阅 *T. vulgare* var. *turgidum*（L.）Alefeld.

Triticum hybernum L.，Sp. Pl. 86. 1753.

Triticum hybernum var. *aristatum* Stokes，Bot. Mat. Med. 1：174. 1812.

Triticum hybernum var. *aristatum* S. F. Gray，Nat. Arr. Brit. Pl. 2：98. 1812. 为 Stokes 1812.

Triticum hybernum var. *submuticum* Stokes，Bot. Nat. Med. 1：174. 1812.

Triticum ichyostachyum Seidl，ex Opiz，Natural. n. 9：106. 1825.

Triticum imberbe Desv.，Opusc. 166. 1831.

Triticum imberbe alsaticum Desv.，Opusc. 177. 1831.

Triticum imberbe andegvense Desv.，Opusc. 173. 1831.

Triticum imberbe bessarabios Desv.，Opusc. 171. 1831.

Triticum imberbe bujaultii Desv.，Opusc. 177. 1831.

Triticum imberbe caesium Desv.，Opusc. 169. 1831.

Triticum imberbe caucasicum Desv.，Opusc. 176. 1831.

Triticum imberbe coeruleum Desv.，Opusc. 174. 1831.

Triticum imberbe compactum Desc.，169. 1831.

Triticum imberbe densum Desv.，Opusc. 168. 1831.

Triticum imberbe elatior Desv.，Opusc. 173. 1831.

Triticum imberbe germanicum Desv.，Opusc. 174. 1831.

Triticum imberbe gibbosam Desv.，Opusc. 173. 1831.

Triticum imberbe grossum Desv.，Opusc. 171. 1831.

Triticum imberbe hungaricum Desv.，Opusc. 176. 1831.

Triticum imberbe koeleri Desv.，Opusc. 167. 1831.

Triticum imberbe lutescens Desv.，Opusc. 170. 1831.

Triticum imberbe nanum Desv. ，Opusc. 173. 1831.

Triticum imberbe pictetianum Desv. ，Opusc. 175. 1831.

Triticum imberbe rufescens Desv. ，Opusc. 177. 1831.

Triticum imberbe sublanum Desv. ，Opusc. 174. 1831.

Triticum imberbe subrotundum Desv. ，Opusc. 177. 1831.

Triticum imberbe touzella Desv. ，Opusc. 170. 1831.

Triticum imberbe trimestre Desv. ，Opusc. 174. 1831.

Triticum imberbe vernale Desv. ，Opusc. 174. 1831.

Triticum imberbe vulgare Desv. ，Opusc. 175. 1831.

Triticum imbricatum Lam. ，Tabl. Encyol. 1：212. 1791.

Triticum imbricatum Stev. ，in Marsch-Bieb. Fl. Taur. Cauc. 1：88. 1808. Not. Lam. 1791.

Triticum imbricatum Hort. ，Viniob. Roem. & Schult. Syst. Veg. 2：756. 1817. 为 *Agropyrum sibiricum*（Willd.）Beauv. 的异名。

Triticum immaturatum Flaksb. ，Bull. Appl. Bot. Pl. Breed. 8：500. 1915. nom nud.

Triticum infestum （L. ）Sclisb. ，Prodr. Stirp. 27. 1796.

Triticum inflatum Flaksb. ，Bull. Appl. Bot. Pl. Breed. 8：500. 1915. nom nud.

Triticum inflatum Kudrjaschev，Bot. Mater. Gerb. Bot. Inst. Uzbekistansk. Fil. Acad. Nauk SSSR，4：18. 1941.

Triticum inflatum Vav. ex Miege，Verh. Internat. Kongr. Vererb. 2：1118，f. 1. 1928.

Triticum interedium Host，Gram. Austr. 3：23. 1805.

Triticum intermedium Host，misap Pl. by. Nocca. & Bolb. Fl. Ticinensis 1：63. 1816.

Triticum intermedium Besser，Enum. Pl. 6. 1822. Not Host. 1805.

Triticum intermedium Bieb ex Kunth，Pl. 1：443. 1833. nom. nud. 非 Host. 1805.

Triticum intermedium Hegetschw. et Heer，Fl. Schweiz. 102. 1840. 非 Host，1805.

Triticum intermedium var. *cristatum* Mutel，Fl. France 4：147. 1837.

Triticum intermedium var. *barbulatum* （Schur）Simonkai，Enum. Fl. Transsilv. 594. 1886.

Triticum intermdium var. *glaucum* Hack. ex Halac. et Braun，Nachtr. Fl. Niederost. 43. 1882.

Triticum intermedium subsp. *kosanini* Nabelek，Publ. Fac. Sci. Univ. Masaryk（Brno） No. 111. 26. 1929，为 *Agropyrum kosanini* Nabelek. 的异名. q. v.

Triticum intermedium var. *muticum* Mutel，Fl. Franc. 4：147. 1837.

Triticum intermedium var. *pseudo-cristatum* Hack. ex Halac. et Braun，Nachtr. Fl. Niederost 43. 1882.

Triticum intermedium var. *villosum* Hack. ex Halac. et Braun，Nachtr. Fl. Niederost. 43. 1882.

Triticum intermedium var. *viride* Hack. ex Halac. et Braun，Nachtr. Fl. Niederost. 43. 1882.

Triticum jakubzineri （Udachin et Shakhmedov） Udachin et Shakhmedov，Vestn. Sel'skokhoe. Naukl. 2：43. 1977.

Triticum ispahanicum Heslot，Comptes Rend. Sanoes 247：2479. 1958.

Triticum juncellum F. Hermann，Repert. Sp. Nov. Fedde 44：149. 1938.

Triticum junceum L.，Cent. Pl. 1：6. 1755；Amoen. Acad. 4：266. 1759.

Triticum junceum L.，Mant. Pl. 2：327. 1771. 非. L. 1755. 或 1759.

Triticum junceum var. *angustifolium* G. Meyer，Chloris Hanov. 610. 1836.

Triticum junceum var. *giganteum* Roth，Nene Beitr. 1：135. 1802.

Triticum junceum var. *hirtum* G. Meyer，Chloris Hanov. 610. 1836.

Triticum junceum var. *macrostachyum* Nees，Fl. Afr. Austr. 1：366. 1841.

Triticum junceum var. *megastachyum* Fries，Nov. Fl. Suec. Rant. 3：12. 1839-1842.

Triticum junceum var. *microstachyum* Anderss，Fl. Scand. Gram. 2：1852.

Triticum junceum var. *rigidum* （Schrad. ） Wahlenb. ，Fl. Suec. 1：78. 1824.

Triticum junceum var. *scabrum* Bab. ，Man. Brit. Bot. 376. 1843.

Triticum junceum var. *villosa* Koel. ，Descr. Gram. 351. 1802.

Triticum juvenale Thellung，Repert. sp. nov. Fedde 3：281. ···Jan. 31. 1907.

Triticum kiharae Dorpfeey et Miguschova，Bvull. Vses. Ord. Lenina Inst. Rast. N. I. Vavilova 71：83. 1977.

Triticum kingianum Endl. Prodr. Fl. Norf. 21. 1833.

Triticum kirgianum Endl. ex Steud. ，Nom. Bot. ed. 2. 2：716. 1841.

Triticum koeleri Clem. et Rubio，in Herrera，Agricult. Gen 1：77. 1818.

Triticum kosanini Nabelek，Publ. Fac. Univ. Masaryk （Brno） No. 111. 25. 1929. 为 *Agropyrum kosanini* Kabelek. 的异名。

Triticum kotachyanum Boiss. ex Steud. ，Syn. Fl. Glum. 1：346. 1854.

Triticum labile Flaksb. ，Bull. Appl. Bot. Pl. Breed. 8：501，1915. nom nud.

Triticum lachenalii K. C. Gmel. ，Fl. Badens 1：291. 1805.

Triticum laevissimum Beauv. ，Ess. Agrost，180. 1812. 为 *Triticum polonicum L.* 的异名.

Triticum lasianthum （Boiss） Steud. ，Syn. Fl. Glum. 1：430. 1855.

Triticum latronum Godr. ，Men. Emul. Doubs Ⅱ. 5：11. 1854.

Triticum laxiusculum Flaksb. ，Bull. Appl. Bot. Pl. Breed. 8：500. 1915. nom nud.

Triticum laxum Fries，Nov. Fl. Suec. Mant. 3：13.

Triticum laxum var. *macrostachyum* Fries，Nov. Fl. Suec. Mant. 3：14. 1839-1842.

Triticum laxum var. *megastachyum* Fries，Nov. Fl. Suec. Nant. 3：14. 1842.

Triticum laxum var. *microstachyum* Fries，Nor. Fl. Suec. Mant. 3：14. 1842.

Triticum learsianum Wulf. ex Schweigger of Koerte，Fl. Erlang. ed. 2，1：144. 1811.

［非 1894，Washington 版］

Triticum ligusticum (Savign) Bertol.，Fl. Ital. 6：622. 1847.

Triticum ligusticum (Savign) Walp.，Ann. Bot. 3：783. 1852-1853. cf. Bertol. 1847.

Triticum linnaeanum Lag.，Gen. et Sp. Nov. 6. 1816.

Triticum litorale Pall.，Reise Prov. Russ. Reich. 3：287. 1776.

Triticum litorale Host，Gram. Austr. 4：5. t. 9. 1809.

Triticum litorale Auct. ex Nym.，Consp. 841.（＝*Agropyron repens*. Ind. Kew. 2：1127. 1895. 错误）.

Triticum litorale var. *aristatum* G. Meyer，Chloris Hanov. 611. 1836.

Triticum littorale var. *aristatum* Nartens ex Ashers. et Graebn.，Syn. Mitteleur. Fl. 2：650. 1901，as syn. of *Triticum repens* var. *aristatum* Aschers. et Graebn.

Triticum litorale forma *aristatum* Sag. Allg. Bot. Aejtschr. 20：34. 1914.

Triticum littorale var. *barbatum* Duv-Jouv.，Men. Aced. Montp. 7：381. 1870.

Triticum littorale var. *cblicuum* Duv-Jouv.，Men，Acad. Montp. 7：381. 1870.

Triticum littoreum Schumach，Enum. Pl. Saell. 1：38. 1801.

Triticum litoreum Brot.，Phytogr. Lusit. 2：51. tab. 97. 1827.

Triticum littoreum var. *aristatum* Schumach，Bnum. Pl. Saell. 1：38. 1801.

Triticum loliaceum J. E. Smith，Flora Britannica 159. 1800. in Sowerby，Engl. Bot. pl. 221. 1803.

Triticum lolicides Pers.，Syn Pl. 1：110. 1805.

Triticum lolicides Karel et Kirilow，Bull. Soc. Imp. Nat. Hoscou 15：129. 1842.

Triticum lolicides var. *aristatum* Tausch，Flora 201：116. 1837.

Triticum lolicides var. *elongatum* Tausch，Flora 201：116. 1837.

Triticum lolicides var. *muticum* Tausch，Flora 201：116. 1837.

Triticum longearistatum Boiss. ex Jaub. et Spach，Illustr. Pl. Orient. 2：120. pl. 199. 1844-1846.

Triticum longisemineum Flaksb.，Bull. Appl. Bot. Pl. Breed. 8：500. 1915. nom. nud.

Triticum longissimum (Schmeinf. et Muschl.) Bowden，Canadian Journ. Bot. 37：666. 1959.

Triticum lorentii (Hochst.) Zeven，Taxon 22：321. 1973.

× *Triticum loreti* Richt.，Pl. Eur. 1：129. 1890.

Triticum lutinflatum Flaksb.，Bull. Appl. Bot. Pl. Breed. 8：501. 1915. nom. nud.

Triticum luzonense Kunth，Bnum. Pl. 1：446. 1833；Rev. Gram. 1：Suppl. ⅩⅩⅩⅣ. 1830.

Triticum macha Dekaprel et Nenabde，Bull. Appl. Bot. Pl. Breed. Ⅴ. 1：14. 38. 1932.

Triticum macha var. *colchijcum* Dekaprel. et Menabde，Bull. Appl. Bot. Pl. Breed. Ⅴ. 1：21，43. 1932.

Triticum macha var. *ibericum* Dekaprel. et Menabde，Bull. Appl. Bot. Pl. Breed. Ⅴ. 1，23，43. 1932.

Triticum macha var. *letshchumicum* Dekaprel. et. Menabde，Bull. Appl. Bot. Pl. Breed. Ⅴ. 1，20，42. f. 3. 1932.

Triticum macha var. *megrelicum* Dekaprel. et Menabde. Bull. Appl. Bot. Pl. Breed. Ⅴ. 1，49. f. 2. 1932.

Triticum macha var. *palaeocolchicum* Dekaprel. et Menabde，Bull. Appl. Bot Pl. Breed. Ⅴ. 1，23. 44. 1932.

Triticum macha var. *palaeoimereticum* Dekaprel. et Menabde. Bull. Appl. Bot. Pl. Breed. Ⅴ. 1，23，43. f. 5 & 6. 1932.

Triticum macha var. *subcolchicum* Dekaprel. et Menabde，Bull. Appl. Bot. Pl. Breed. Ⅴ. 1，21，43. f. 4. 1932.

Triticum macha var. *subletshchumicum* Dekaprel. et Menabde，Bull. Appl. Bot. Pl. Breed. Ⅴ. 1，21，42. f. 3. 1932.

Triticum macha var. *subnagrelicum* Dekaprel. et Menebde，Bull. Appl. Bot. Pl. Breed. Ⅴ. 1，21，42. 1932.

Triticum macrochaetum (Shuttl. et Huet.) Richt.，Pl. Eur. 1，128. 1890.

Triticum macrostachyum Le Gall，Fl. Morb. 760. Ind. Kew. 2，1127. 1895.

Triticum macrourum Turcz.，Bull. Soc. Mat. Moscou 105. 1838. nom. nud.；op. cit. 29 (1)，59. 1856.

Triticum magellenicum (Desv.) Speg.，Anal. Mus. Nac. Buenos Aires 5，98. 1896.

Triticum magellenicum var. *condensata* (Presl) Speg.，Anal. Mus. Nac. Buenos Aires 5，99. 1896.

Triticum magellanicum var. *festucoides* Speg.，Rev. Fac. Agron. y. Vet. La Plata 3，587. 1897.

Triticum magellenicum var. *glabrivalva* Speg.，Anal. Mus. Nac. Buenos Aires 5，98. 1896.

Triticum magellanicum var. *lasiopods* Speg.，Rev. Fac. Agron y. Vet. La. Plate 3，587. 1887.

Triticum magellanicum var. *pubiflora* (Steudt.) Speg. Anal. Nac. Buenos Aires 5，98. 1896.

Triticum magellanicum var. *secunda* (Presl) Speg.，Anal. Mus. Nac. Buenos Aires 5，9. 1896.

Triticum maritimum L.，Sp. Pl. ed. 2. 128. 1762. ［参阅 L. 1771］

Triticum maritimum L.，Mant. Pl. 2，325. 1771. 无引证。

Triticum maritimum With.，Bot. Arr. Brit. Pl. ed. 2. 1，130. 1787. 非 L. 1762.

Triticum maritimum Wulf.，in Jacq-Coll. Bot. 3，34. 1789. Not. L. 1762，非 1771.

Triticum maritimum Viv.，Ann. Bot. 12，152. 1804. as syn. of *Triticum hispanicum*

Reich. 非 L. 1762.

Triticum maturatum Flaksb. ，Bull. Appl. Bot. Pl. Breed. 8：500. 1915. nom nud.

Triticum maturotum Senn. ，in Senn. et Mauric. ，Cat. Fl. Rif. Or. 135. 1933. nom nud.

Triticum maurorum var. *zedunj* Senn. et Mauric. ，Cat. Fl. Rif. Oriental 135. 1933. nom. nud.

Triticum maximum Vill. ，Hist. Pl. Dauph. 2：156. 1787.

Triticum mexicanum Schrad. ex Steud. ，Nom. Bot. ed. 2. 2：716. 1841.

Triticum missuricum Spreng. ，Syst. Veg. 1：325. 1825.

Triticum molle Hort. ex Roem. et Schult. ，Syst. Veg. 2：770. 1817. nom. nud.

Triticum monococcum L. ，Sp. Pl. 86：1753.

Triticum monococcum subsp. *aegilopioides* Aschers. et Graebn. ，Syn. Mitteleur. Fl. 2：701. 1901.

Triticum monococcum subsp. *aegilopioides* var. *boeoticum* (Boiss) Stranski，Bull. Soc. Bot. Bulg. 3：[222，table] . 1929.

Triticum moncococcum subsp. *aegilopoides* var. *baidaricum* Flaksb. ，Bull. Soc. Bot. Fl. Breed. 15：225. 1925.

Triticum monococcum subsp. *aegilopioides* var. *bulgaricum* Stranski，Bull. Soc. Bot. Bulg. 3：202. [221，table] . 255. 1929.

Triticum monococcum subsp. *aegilopoides* var. *hellenae* Flaksb. ，Bull. Appl. Bot. Pl. Breed. 15：226. 1925.

Triticum monococcum subsp. *aegilopoides* var. *larionowi* Flaksb. ，Bull. App. Bot. Pl. Breed. 15：225. 1925.

Triticum monococcum subsp. *aegilopoides* var. *maysurianum* (Zhuk.) Stranski，Bull. Soc. Bot. Bulg. 3：[222，table] . 1929.

Triticum monococcum subsp. *aegilopoides* var. *panici* Flaksb. ，Bull. Appl. Bot. Pl. Breed. 15：225. 1925. nom. nud.

Triticum monococcum subsp. *aegilopoides* var. *pseudo-baeoticum* Flaksb. ，Bull. Appl. Bot. Pl. Breed. 15：225. 1925.

Triticum monococcum subsp. *aegilopoides* var. *pubesceni-nigrum* Flaksb. ，Bull. Appl. Bot. Pl. Breed. 15：226. 1925.

Triticum monococcum subsp. *aegilopoides* var. *symbolonense* Flaksb. ，Bull. Appl. Bot. Pl. Breed. 15：225. 1925.

Triticum monococcum subsp. *aegilopoides* var. *thaoudar* (Rout) Stranski，Bull. Soc. Bot. Bulg. 3：[221，table] 1929.

Triticum monococcum subsp. *aefilopoides* var. *zuocariorii* Flaksb. ，Bull. Appl. Bot. Pl. Breed. 15：225. 1925. nom nud.

Triticum monococcum var. *balaclavicum* Kovarsky，Bull. Appl. Bot. Pl. Breed. 222：

72. 1929.

Triticum monococcum var. *boeotica* (Boiss) Kneusky，Allg. Bot. Zeitschr. 9：34. 1903.

Triticum monococcum subsp. *boeoticum* (Boiss.) C. Yen，Acta Phytotax. Sin. 21：294. 1983.

Triticum monococcum subsp. *cereale* Aschers. et Graebn. ，Syn. Mitteleur. Fl. 2：702. 1901.

Triticum monococcum subsp. *cereale* var. *atriaristatum* Flaksb. ，Bull. Appl. Bot. Pl. Breed. 15：226. 1925.

Triticum monococcum subsp. *cereale* var. *eredvianum* (Zhuk.) Stranski，Bull. Soc. Bot. Bulg. 3：[222，table] 259. 1929.

Triticum monococcum subsp. *cereale* var. *flavescens* (Koern.) Stranski，Bull. Soc. Bot. Bulg. 3：[222，table] . 258. 1929.

Triticum monococcum subsp. *cereale* var. *hornemanni* (Clem.) Stranski，Bull. Soc. Bot. Bulg. 3：[222，table] 257. 1929.

Triticum monococcum subsp. *cereale* var. *laetissimum* (Koern) Stranski，Bull. Soc. Bot. Bulg. 3：[222，table] 258. 1929.

Triticum monococcum subsp. *cereale* var. *maoedonicum* Stranski，Landw. Jahrb. 80：889，902. 1934.

Triticum monococcum subsp. *cereale* var. *sofianum* Stranski，Bull. Soc. Bot. Bulg. 3：208，222，258. 1929.

Triticum monococcum subsp. *cereale* var. *sofianum* f. *densiuscula* Stranski，Bull. Soc. Bot. Bulg. 3：209，259. 1929.

Triticum monococcum subsp. *cereale* var. *symphaeropolitanum* (Drosd.) Stranski，Bull. Soc. Bot Bulg. 3：[222，table] 260. 1929.

Triticum monococcum subsp. *cereale* var. *tauricum* (Drosd.) Stranski，Bull. Soc. Bot. Bulg. 3：(222，table) 260.

Triticum monococcum subsp. *cereale* var. *vulgare* (Koern.) Stranski，Bull. Soc. Bot. Bulg. 3：[222，table] 261. 1929.

Triticum monococcum var. *eredvianum* Zhuk. ，Sci. Papers Appl. Sect. Tiflis Bot. Gard. No. 3，6. 1924.

Triticum monococcum var. *eu-monococcum* Hayek，Fedde Rep. Sp. Nov. 30. Beihefte 3：228. 1932.

Triticum monococcum var. *flavescens* Koern. in Koem. et Wern. ，Handb. Getreidebu. 1：112. 1885.

Triticum monococcum *fuoscens* Desv. ，Opusc. 140. 1831.

Triticum monococcum var. *hohensteinii* Flaksb. ，Repert. Sp. Nov. Fedde 27：249. 1930.

Triticum monococcum var. *hornemanni* (Clem.) Koern. ，Art. und Var. Getreides 1：

111. 1885.

Triticum monococcum var. *hornemanni* (Clem.) Hornem，Bot. Pl. Breed. 8：55. f. 9. 1915.

Triticum monococcum var. *lastissicum* Koern. in Koern. et Wern. ，Handb. Getreideb. 1：111，113. 1885.

Triticum monococcum var. *laricnowi* Flaksb. ，Bull. Angew. Bot. St. Petersburg 6：682. f. 575. 1913.

Triticum monococcum var. *lasioorrachis* Boiss. ，Fl. Orient. 5：673. 1884.

Triticum monococcum var. *lutei-nigrum* Kovarsky，Bull. Appl. Bot. Pl. Breed. 222：72. 1929.

Triticum monococcum var. *mayssuriani* Zhuk. ，Sci. Papers Appl. Sect. Tiflis Bot. Gard. No. 3：5. f. 2. 1924.

Triticum monococcum minus Desv. ，Opuse. 140. 1831.

Triticum monococcum var. *nigrocultum* Flaksb. ，Bull. Appl. Bot. Pl. Breed. 9：69. 1916.

Triticum monococcum var. *panoioi* Flaksb. ，Bull. Angew. Bot. St. Petersb. 6：682. 1913.

Triticum monococcum var. *pseudo-zuocarinii* Kovarsky，Bull. Appl. Bot. Pl. Breed. 222：72. 1929.

Triticum monococcum pubescens Desv. ，Opusc. 140. 1831.

Triticum monococcum var. *ratschinicum* Dekapr. et Menabde，Sci. Papers Tiflis Bot. Gard. 6：236. 1929.

Triticum monococcum var. *rubrum* S. V. Gray，Nat. Arr. Brit. Pl. 2：99. 1821.

Triticum monococcum [subsp. *cereale?*] var. *sofianum* Stranski，Bull. Soc. Bot Bulg. 3：258. 1929.

Triticum monococcum symphaeropolitanum Drosd. ，Bull. Appl. Bot. Pl. Breed. 131：524. 1923.

Triticum monococcum var. *tauricum* Drosd. ，Bull. Appl. Bot. Pl. Breed. 131：524. 1923.

Triticum monococcum var. *thaoudar* (Reut.) Flaksb. ，Bull. Angew. Bot. St. Petersb. 6：673. 1913.

Triticum monococcum var. *tingitianum* Sanchx-Monge et Villend，Anal. Est. Exp. Aula. Dei. 3：254. 1954.

Triticum monococcum var. *vulgare* Koern. in Koern. et Wern. Handb. Getreideb. 1：112. pl. 3. f. 20. 1885.

Triticum monococcum var. *zuocariorii* Flaksb. ，Bull. Angew. Bot. St. Petersb. 6：683. f. 576. 1913.

Triticum monodurum Dlaringh. ，Compt. Rend. Acad. Sci. (Paris) 207：1141. 1938.

Triticum multiflorum Rich. ex Beauv.，Ess. Agrost. 180. 1812. 为 *Agropyron multiflorum* Beauv. nom. nud. 的异名。

Triticum multiflorum Steud.，Nom. Bot. 855. 1821. as syn. of *T. repens* L.

Triticum multiflorum Banks. et Soland. ex Hook.，f. Fl. New Zeland. 1：311. 1853.

Triticum murale Salisb.，Prodr. Stirp. 27. 1796.

Triticum muricatum Link，Enum. Pl. 1：97. 1821.

Triticum muticum (Boiss.) Hack.，in Fraser，Ann. Scott. Nat. Hist. 62：103. 1907.

Triticum muticum var. *tripesocides* (Jaub. et Spach.) Thall. ex F. Zimm.，in Fedde. Repert. Sp. Nov. 14：371. 1916.

Triticum nardus Lam. et. DC.，Fl. France 3：87. 1805.

Triticum nigricans Pers.，Syn. Pl. 1：110. 1805.

Triticum nodosum Stev. ex Marsch-Bieb.，Fl. Taur. Cauc. 3：96. 1819. 为 *Triticum junceum* L. 的异名。

Triticum nubigenum Steud.，Syn. Pl. Glum. 1：342. 1854.

Triticum obtusatum Godr.，Mem. Acad. Sci. Montp. (Cec. Medio.) 1：454. 1853.

Triticum obtusiflorum DC.，Cat. Hort. Monsp. 153. 1813.

Triticum obtusifolium (Link) Boiss.，Elench. 93. 1838.

Triticum obtusiusculum (Lange) Nyman，Syll. Suppl. 74. 1865.

Triticum olgae Regel，Acta. Hort. Petrop. 7：588. 1881.

Triticum orientale (L.) Marsch-Bieb.，Fl. Taur. Cauc. 1：86. 1808.

Triticum orientale Flaksb.，Bull. Applied Bot. Pl. Breed. 8：500. 1915.，nom nud. 非 L. 1753，或 Marach-Bisb. 1808.

Triticum orientale Percival，Wheat Pl. Monogr. 155. 204. f. 134. 1921. 非 Bieb. 1808.

Triticum orientale var. *cilliatum* Kuntze.，Act. Hort. Petrop. 10：255. 1887.

Triticum orientale var. *insigne* Percival，Wheat Pl. Monogr. 205. f. 136. 1921.

Triticum orientale var. *lanuginosum* Griseb.，in Ledeb. Fl. Ross. 4：337. 1853.

Triticum orientale var. *lanuginosum* Griseb. f. *subacule* Kuntze.，Act. Hort. Petrop. 10：256. 1887.

Triticum orientale subsp. *lasianthum* (Boiss) Aschers. et Graebn.，Syn. Mitteleur. Fl. 2：671. 1901.

Triticum orientale subvar. *macrostachyum* Coss. et Dur.，Expl. Sci. Alger，2：205. 1855.

Triticum orientale var. *notabile* Percival Wheat Pl. Monogr. 205. f. 136. 1921.

Triticum orientale var. *squarrosum* (Roth) Repel，Acta Hort. Petrop. 7：599. 1881.

Triticum ovatum (L.) Rasp.，Ann. Sci. Mat. Ser. 1. 5：435. 1825；Gren. & Godr. Fl. Frang. 3：601. 1855.

Triticum ovatum subsp. *archipelagicum* (Eig) Hayak，Repert. Sp. Nov. Fedde. Beih. 303：225. 1932.

Triticum ovatum var. *bispiculatum* Kuntze，Act. Hort. Petrop. 10：256. 1887.

Triticum ovatum biunciale（Visiani）Aschers. et Graebn. ，Syn. Mitteleur. Fl. 2：706. 1902.

Triticum ovatum var. *brachyatherum*（Pomel）Hack. ex Dur. et Sching. ，Consp. Fl. Afr. 3：938. 1894.

Triticum ovatum subsp. *eu-ovatum* Aschers. et Graebn. Syn. Mitteleur Fl. 6：705. 1901.

Triticum ovatum subsp. *eu-ovatum* var. *schinus*（Godr. ）Thell. ，Men. Soc. Sci. Nat. Cherbourg 38：145. 1912.

Triticum ovatum var. *eventricosum*（Eig）Hayek，Repert. Sp. Nov. Fedde. Beih. 303：224. 1932.

Triticum ovatum var. *hirsutum*（Eig）Hayek，Repert. Sp. Nov. Fedde. Beih. 303：224. 1932.

Triticum ovatum subsp. *lorentii*（Hochst. ）Aschers. et Gresbn. ，Syn. Mitteleur. Fl. 2：706. 1902.

Triticum ovatum var. *macrochastum*（Shuttlew. et Hust. ）Aschers. et Graebn. ，Syn. Mi-tteleur. Fl. 2：706. 1902.

Triticum ovatum subsp. *ponticum*（Degen）Hayek，Repert. Sp. Nov. Fedde. Beih. 303：225. 1932.

Triticum ovatum subsp. *triaristatum*（Willd. ）Aschers. et Graebn. ，Syn. Nitteleur. Fl. 2：705. 1902.

Triticum ovatum subsp. *triaristatum* var. *glabrescens*（Podp. ）Hayek，Repert. Sp. Nov. Fedde. Beih. 303：225. 1932.

Triticum ovatum subsp. *triaristatum* var. *velutinum*（Podp. ）Hayek，Repert. Sp. Nov. Fedde. Beih. 303：225. 1932.

Triticum ovatum var. *vulgare*（Coss. et Dur. ）Briq. ，Prodr. Fl. Corse 1：190. 1910.

Triticum palmovae Lvanov，Byull. Vses. Ord. Lenina Lnst. Rast. N. I. Vavilova 142：79.

Triticum panormitanum（Parl. ）Bertol. ，Fl. Ital. 4：780. 1839.

Triticum paradoxum Parodi，Rev. Argentina Agron. 7：49. 1940.

Triticum paradoxum var. *fulignosum*（Zhuk. ）Parodi，Rev Argentina Agron. 7：50. 1940.

Triticum parodxum var. *rubinginosum*（Zhuk. ）Parodi，Rev. Argentina Agron. 7：50. 1940.

Triticum patans Brot. ，Fl. Lusit. 1：120. 1804.

Triticum patulum Willd. ，Enum. Pl. 134. 1809.

Triticum pauciflorum Schwein. ，in Keat. Marr. Exped. St. Peter's River 2：383. 1824. 非 *Agropyron pauciflorum* Schur. ，1859.

Triticum pectinatum Marsch-Bieb．，Fl．Taur．Cauc．1：87．1808．

Triticum pectinstum（Labill．）R．Br．Prodr．，Fl．Nov．Holl 179．1810．非 Marsch．-Bieb．1808．

Triticum pectiniforme Roem．et Schult．ex Steud．，Nom．Bot．855．1821．

Triticum peregrinum Hack．，Ann．Scott．Nat．Hist．62：102．1907．

Triticum persicum（Boiss．）Aitch．et Hemsl．，Trans．Linn．Soc．Bot．Ⅱ．3：127．1888．

Triticum persicum Vavilov，in Zhukov，Bull．Appl．Bot．Petrograd 13：46．1923．非 *T. persicum* Aitch．et Hemsley，1888．

Triticum persicum var．*coeruleum* Zhukovsky，Bull．Appl．Bot．Pl．Breed．13：55．pl．11．1923．

Triticum persicum var．*fuliginosun* Zhukovsky，Bull．Appl．Bot．Pl．Breed．13：55．pl．12．1923．

Triticum persicum var．*osseticum* Greben．，Bull．Appl．Bot．Pl．Breed．242：17．1929-1930．

Triticum persicum var．*rubiginosum* Zhukovsky，Bull．Appl．Bot．Pl．Breed 13：55．pl．10．1923．

Triticum persicum var．*stramineum* Zhukovsky，Bull．Appl．Bot．Pl．Breed．13：55．pl．9．1923．

Triticum peruvianum Lam．，Tabl．Encycl．1：212．1791．

Triticum petraeum Vis．et Pano．，Mem．Ist．Veneto．10：446．pl．23．f．1．1861．

Triticum petraeum hispanicum（Boiss．）Aschers．et Graebn．Syn．Mitteleur．Pl．2：Lief．26：79．1903．

Triticum petropavlovskyi Udacz．et Migusch．，Becthuk c-x Hayku 9，1970．

Triticum phoenicoides（L．）Brotero，Fl．Lusit．1：121．1804．

Triticum phoenicoides（L．）DC．，Fl．Franc．5：284．1815．

Triticum pilosum Seenus，Beschr．Reise 71．1805．

Triticum pilosun Homem，Hort．Hafin．1：106．1813．非．Seenus 1805．

Triticum pilosum（Presl）Kunth，Enum．Pl．1：442．1833；Rev．Gram．1：Suppl．34．1830．非 Seenus 1805．

Triticum pilosum Dalz．et Gibs．，Bomb．Fl．Suppl．97．1861．非．Seenus 1805．

Triticum pinnatum Moench，Enum．Fl．Hass．53．1777．

Triticum pinnatum Lam．et DC．，Fl．Franc．3：608．1778．非．Moench 1777．

Triticum pinnatum var．*sbbreviatum*（Dum．）Mathieu，Fl．Generale Belg．1：633．1853．

Triticum pinnatum var．*caespitosum* Parnell，Grasses Brit．292．pl．134．1845．

Triticum pinnatum var．*compositum* Parn．，Grasses Brit．294．pl．135．1845．

Triticum pinnatum var．*corniculatum*（Lam．）Mathieu，Fl．Generale Belg．1：633．

1853.

Triticum pinnatum var. *gracile* Parnell，Grasses Brit. 292. pl. 133. 1845.

Triticum pinnatum var. *hirsutum* Parnell，Grasses Brit. 296. pl. 137. 1845.

Triticum pinnatum var. *hispidum* Parnell，Grasses Brit. 294. pl. 136. 1845.

Triticum planum Desf. ，Tabl. Rool. Bot. Mus. 16. 1804. nom，nud.

Triticum platistachyum Lag. ，Gen. &. Sp. Nov. 6. 1816.

Triticum poa Lam. et DC. ，Fl. Franc. 3：86. 1805.

Triticum poa var. *festuca* (DC.). Duby，in DC. ，Bot. Gall. 1：530. 1828.

Triticum podperae Nabelek，Publ. Fac. Sci. Univ. Masaryk（Brno）No. 111：24. 1929. as syn. of *Agropyrum podperae* Nabelek.

Triticum poliens Tausch，Flora 20：117. 1837.

Triticum polonicoides Kaniewski，Bull. Acad. Polon. Sci. （Cl. 2.）4：45. f. 1. b. f. 2. 1956.

Triticum polonicum L. ，Sp. Pl. ed. 2. 127. 1762.

Triticum polonicum subsp. *abyssinicum* (Steud.) Vav. ，Theoret. Bases Pl. Breed. 2：8，49. 1935. 俄文描述。

Triticum polonicum var. *aristatum* Link，Hort. Berol. 1：28. 1827.

Triticum polonicum var. *aristinigrum* Flaksb. . Bull. Appl. Bot. Pl. Breed. 8：190. 1915.

Triticum polonicum barbatum Desv. . Opusc. 146. 1831.

Triticum polonicum breve-barba Desv. . Opusc. 147. 1831.

Triticum polonicum subsp. *compactum* Seringe，Koern. ，在他的检索表中组合在 III *compactum* 中 98～99 页，但在索引 III *compactum* 中却没有列入，454 页. 1827，1846 版皆相同。

Triticum polonicum var. *compactum* Link，Berol. 1：28. 1827.

Triticum polonicum compactum Seringe，Descr. Fig. Cer. Eur. 185. Pl. 9. f. 4. 1842.

Triticum polonicum [subsp. *compactum*] var. *abssinicum* Koke. ，in Koern. et Wern. Handb. Getreideb. 1：103. 1885.

Triticum polonicum subsp. *compactum* var. *attenuatum* Koern. ，in Koern. et Wern. Handb. Getreideb. 1：104. 1885.

Triticum polonicum subsp. *compactum* var. *elongatum* Koern. ，in Koern. et Wern. Handb. Getreideb. 1：102. 1885.

Triticum polonicum subsp. *compactum* var. *halleri* Koern. ，in Koern. et Wern. Handb. Getreideb. 1：104. 1885.

Triticum polonicum subsp. *componactum* var. *intermedium* Koern. ，in Koern. et Wern. Handb. Getreideb. 1：104. 1885.

Triticum polonicum subsp. *compactum* var. *martinari* Koern. ，in Koern. et Wern. Handb. Getreideb. 1：104. 1885.

Triticum polonicum subsp. *compactum* var. *vestitum* Koern. ，in Koern. et Wern. Handb. Getreideb. 1：103. 1885.

Triticum polonicum deformatum Seringe，Descr. Fig. Cer. Eur. 187. pl. 9. f. 3，5. 1842.

Triticum polonicum var. *elvense* Sanches-Monge et Villena，Anal. Est. Exp. Aula. Dei 3：255. 1954.

Triticum polonicum var. *eu-compactum*（Link）Aschers. et Graebn. ，Syn. Mitteleur. Fl. 2：699. 1901.

Triticum polonicum var. *gracils* Flaksb. ，Repert. Sp. Nov. Fedde. 27：252. 1930.

Triticum polonicum var. *grandiflorum* Doell，in Mart. Fl. Bras. 23：224. 1880.

Triticum polonicum var. *heidelbergi* Flaksb. ，Repert. Sp. Nov. Fedde. 27：252. 1930.

Triticum polonicum var. *longearistatum* Koern. ，Syst. Uebers. Cereal. 15：1873， nom. semi-nud.

Triticum polonicum subsp. *mediterraneum* Vav. ，Theoret. Bases Pl. Breed 2：8. 1935. 俄文。

Triticum polonicum muticum Desv. ，Opusc. 146. 1831.

Triticum polonicum nigro-barbatum Desv. ，Opuac. 147. 1831.

Triticum polonicum var. *novissimum* Koern. ，Arch. Biontologie 2：404. 1908.

Triticum polonicum oblongum Seringe，Descr. Fig. Cer. Eur. 185. pl. 9. f. 1. 2. 1842.

Triticum polonicum subsp. *oblongum*. Koern.（Koern. et Wern. Handb. Getreideb. 1： 1885）

Triticum polonicum subsp. *oblongum* var. *anomalum* Koern. ，in Koern. et Wern. Handb. Getreideb. 1：100. 1885.

Triticum polonicum subsp. *oblongum* var. *incertum* Koern. ，in Koern. et Wern. Handb. Getreideb. 1：100. 1885.

Triticum polonicum subsp. *oblongum* var. *rubrovelutinum* Koern. ，in Koern. et Wern. Handb. Getreideb. 1：100. 1885.

Triticum polonicum subsp. *oblongum* var. *rufescens* Koern. ，in Koern. et Wem. Handb. Getreideb. 1：100. 1885.

Triticum polonicum var. *pseudohalleri* Koern. ，Arch. Biontolgie 2：404. 1908.

Triticum polonicum quadratum Seringe，Descr. Fig. Cer. Eur. 183. pl. 8. 1842.

Triticum polonicum subsp. *quadratum* Koern.（Koern. et Wern. Handb. Cetreideb. 1： 1885.）他在检索表中把以下的变种组合在 subsp. *quadratum* 之下 98 页，但在索引中 subsp. *quadratum* 之下却没有刊载下列变种，454 页。

Triticum polonicum subsp. *quadratum* var. *chrysospermum* Koern. ，in Koern. et Wern. Handb. Getreideb. 1：101. 1885.

Triticum polonicum subsp. *quadratum* var. *nigrescens* Koern. ，in Koern et Wern. ， Handb. Getreideb 1：101. 1885.

Triticum polonicum subsp. *quadratum* var. *seringei* Koern. ，in Koern. et Wern. ，Handb. Getreideb. 1：101. 1885.

Triticum polonicum subsp. *quadratum* var. *vilmorini* Koern. ，in Koern. et Wern. Handb. Getreideb. 1：101. 1885.

Triticum polonicum subsp. *quadratum* var. *violaceum* Koern. ，in Koern. et Wern. ，Handb. Getreideb. 1：101. 1885.

Triticum polonicum var. *speltiforme* Koern. ，Arch. Biontelogie 2：403. 1908.

Triticum polonicum var. *submuticum* Link，Hort. Berol. 1：28. 1827.

Triticum polonicum var. *sulbmuticum* Doell，in Mart. Fl. Bras. 23：225. 1880. Not. Link 1827.

Triticum polonicum villosum Desv. ，Opusc. 147. 1831.

Triticum poltawense Flaksb. ，Bull. Appl. Bot. Pl. Breed. 8：501. 1915. nom. nud.

Triticum polystachyum Lag. ex Steud. ，Nom. Bot. ed. 2. 2：717. 1841. 为 *Triticum ciliatum* ［DC. ］ 的异名作者引证。

Triticum ponticum Podper，Varh. Zool. -Bot. Ges. Wien. 52：681. 1902.

Triticum pouzolzii Godr. ，Mem. Soc. Eaul. Doubs. Ⅱ. 5：11. 1854.

Triticum proliforum Reinw. ex Vriese，Pl. lnd. Bat. Or. 113. 1856. 为 *Spinifex elegans* Buse. 的异名. lns. Solor，Coll. Reinwardt. in 1821.

Triticum prostratum （Pall. ）L. f. ，Suppl. Pl. 114. 1781.

Triticum pruinosum Hornem. Hort. ，Hafn. 1：107. 1813.

Triticum pseudoagropyrum Griseb. ，in Ledeb. Fl. Ross. 4：343. 1853.

Triticum puberulum Boiss. ex Steud. ，Syn. Pl. Glum. 1：345. 1854.

Triticum pubeseens Sohults. -Bied. ，Beschr. Casp. 81. 1800. fide Pritsel.

Triticum pubescens Hornem. Hort. ，Hafn. 1：107. 1813.

Triticum pubesoens Trin. ，Mem. Aced. St. Petersb. Sav. Etrang. 2：528. 1835. 非 Hornem. 1813.

Triticum pubiflorum Steud. ，Syn. Pl. Glum 1：429. 1855.

Triticum pulverulentum Hornem. ，Hort. Hafn. 1：106. 1813.

Triticum pumilum L. ，Suppl. Pl. 115. 1781.

Triticum pumilum Steud. ，Syn. Pl. Glum 1：344. 1854. Not. L. 1781.

Triticum pungens Pers. ，Syn. Pl. 1：109. 1805.

Triticum pungens var. *acutum* （DC. ）Brand，in Koch，Syn. Deutsch Fl. ed. 3. 3：2797. 1907.

Triticum pungens var. *aristatum* Warren，Journ. Bot. Brit. & For. 12：360. 1874.

Triticum pungens var. *distichum* Warren，Journ. Bot. Brit. & For. 12：361. 1874.

Triticum pungens var. *mucronatum* Warren，Journ. Bot. Brit. & For. 12：360. 1874.

Triticum pycnanthum Godr. ，Mem. Soc. Emul. Doubs Ⅱ. 5：10. 1854.

Triticum pycnanthum var. *genuinum* Godr. ，Mem. Soc. Emul. Doubs Ⅱ. 5：10.

1854.

Triticum pycnanthum var. *macrostachyum* Godr. , Mem. Soc. Emul. Doubs Ⅱ. 5：10. 1854.

Triticum pyramidale Delile ex Schult. , Mant. 2：414. 1824. 为 *Triticum turgidum*. 的异名。

Triticum pyramidale Percival, Wheat Pl. Monogr. 156. 262. f. 161. 162. 1921.

Triticum pyramidale var. *arabicum* Percival, Journ. Bot. Brit. & For. 64：209. 1926.

Triticum pyamidale var. *compressum* Percival, Wheat Pl. Monogr. 264. 1921.

Triticum pyramidale var. *copticum* Percival, Wheat Pl. Monogr. 264. 1921.

Triticum pyramidale var. *falsoafricanum* Stolet. , Bull. Appl. Bot. Pl. Breed. 23 (4)：126，139，338. 1930.

Triticum pyramidale var. *morrissii* Diamantes, Bull. Union Agr. Egypt. 34：604. 1936. 法文.

Triticum pyramidale ossiridis Diamantes, in Fikry, Egypt. Agr. Rev. 17：11. 1939.

Triticum pyramidale percivalii Fikry, Egypt. Agr. Rev. 17：11. 1939.

Triticum pyramidale pharonicum Diamantes, in Fikry, Egypt. Agr. Rev. 17：11. 1939.

Triticum pyramidale var. *pseudo-arabicum* Percival, Journ. Bot. Brit. & For. 64：209. 1926.

Triticum pyramidale var. *pseudo-compressum* Percival, Wheat Pl. Monogr. 264. f. 161. 1921.

Triticum pyramidale var. *pseudo-copticum* Percival, Wheat. Pl. Monogr. 264. 1921.

Triticum pyramidale pseudoarabicum Fikry, Egypt. Agr. Rev. 17：10. 1939.

Triticum pyramidale pseudomorissii Fikry, Egypt. Agr. Rev. 17：10. 1939.

Triticum pyramidale pseudopercivalii Fikry, Egypt. Agr. Rev. 17：11. 1939.

Triticum pyramidale pseudoptolomaseum Fikry, Egypt. Agr. Rev. 17：11. 1939.

Triticum pyramidale pseudorecognitum Fikry, Egypt. Agr. Rev. 17：10. 1939.

Triticum pyramidale pseudothebaicum Fikry, Egypt. Agr. Rev. 17：10. 1939. 无描述。

Triticum pyramidale var. *ptolomacum* Percival, Journ. Bot. Brit. & For. 64：208. 1926.

Triticum pyramidale var. *recognitum* Percival, Wheat Pl. Monogr. 263. f. 161. 163. 1921.

Triticum pyramidale var. *rubronigrum* Stolet. , Bull. Appl. Bot. Pl. Breed. 23 (4)：125，138，338. 1930.

Triticum pyramidale var. *rubrosemineum* Stolet. , Bull. Appl. Bot. Pl. Breed. 23 (4)：125，338. 1930.

Triticum pyramidale var. *rubrospicatum* Stolet. , Bull. Appl. Bot. Pl. Breed. 23 (4)：125，138，338. 1930.

Triticum pyramidale var. *rubrovelutinum* Stolet. ，Bull. Appl. Bot. Pl. Breed. 23 (4)：126，139，338. 1930.

Triticum pyramidale var. *thebaicum* Percival，Journ. Bot. Brit. & For. 64：208. 1926.

Triticum quadratum Mill. ，Gard. Dict. ed. 8. n. 4. 1768.

Triticum ramificum (Link，) Link，Linnaea. 17：397. 1843.

Triticum ramosum Trin. ex Ledeb. ，Fl. Alt. 1：114. 1829.

Triticum ramosum album Desv. Opusc. 158. 1831.

Triticum ramosum Visiani，Fl. Dalm. 1：95. 1842. Not. Trin. 1829.

Triticum ramosum Book ex Nym. ，Consp. 841. 1882. as syn. of *T. repens* L.

Triticum ramosum Flaksb. ，Bull. Appl. Bot. Pl. Breed. 8：500. 1915. nom. nud.

Triticum ramosum Weigel，Hort. Gryph. 10. 1782；cf. Mabberley，D. J. ，Taxon 33：443. 1984.

Triticum recognitum Steud. ，Syn. Fl. Glum. 1：342. 1854.

Triticum repens L. ，Sp. Pl. 86. 1753.

Triticum repens Subsp. *acutum* (DC.) Mutel. ，Fl. Franc 4：146. 1837.

Triticum repens acutum Vasey ex Scribn. et Smith，U. S. Dept. Agr. Div. Agrost. Bull. 4：34. 1897. as syn. of *Agropyron lanceolatum* Soribn. et Salith. ，非 DC. 1837.

Triticum repens var. *acutum* DC. ex Fedtsch. ，Bull. Jard. Bot. Pierre Grand 14 (Suppl. 2.)：95. 1915. nom. nud.

Triticum repens var. *agresta* Anderss. ，Pl. Soand. Gram. 4. 1852.

Triticum repens var. *arenosum* Spenner，Fl. Friburg. 1：162. 1825.

Triticum repens var. *arenosum* Meinshaus，Fl. Ingr. 425. 1878. 非. Spenner 1825.

Triticum repens var. *aristatum* Suter，Fl. helv. 1：75. 1802. 无描述。

Triticum repens var. *aristatum* Stokes，Bot. Mat. Med. 1：182. 1812. Not Suter 1802.

Triticum repens var. *aristatum* Schuebl. et Martens，Fl. Wurtemberg 47. 1834. 无描述。非 Suter，1802.

Triticum repens var. *aristatum* Parnell，Grasses Sootl. 11：137. pl. 63. 1842. 非 Suter，1802 或 Stokes，1812.

Triticum repens var. *aristatum* Doell，Fl. Bed. 1：128. 1855. 非 Suter，1802.

Triticum repens var. *aristatum* Doell，Fl. Grossh. Baden 128. 1857. 非 Suter，1802.

Triticum repens var. *aristatum* Neilreich，Fl. Nieder-Oesterr. 85. 1859. 非 Suter，1802.

Triticum repens aristatum Blytt，Morges Fl. 163 [err. 363.] 1861. 非 Stuer，1802.

Triticum repens var. *aristatum* Hein，Graeserfl. 152. 1877. 非 Suter，1802.

Triticum repens subvar. *aristatum* Coss. et Germ. ，Fl. Env. Paris ed. 2. 852. 1861.

Triticum repens var. *aristatum* 1. *dumetorum* (Schreb.) Doell，Fl. Grossh. Baden 128. 1857.

Triticum repens var. *aristatum* 4. *pubescens* Doell，Fl. Grossh. Baden. 129. 1857.

Triticum repens var. *aristatum* 3. *sepium*（Thulll.）Doell，Fl. Grossh. Baden 129. 1857.

Triticum repens var. *aristatum* 2. *vaillantinum*（Wulf.）Doell，Fl. Grossh. Baden. 129. 1857.

Triticum repens arundinaceum Fries，Summ. Veg. Boand. 250. 1846.

Triticum repens var. *arvense*（Schreb.）Mutel. ，Fl. Franc. 4：145. 1837.

Triticum repens var. *arvense* Hartm. ，Handb. Scand. Fl. ed. 5. 283. 1849. 非. Mutel，1837.

Triticum repens var. *arvense*（Schrank）Hausm. ，Fl. Tirol 2：1018. 1852. Not Nutel 1837.

Triticum repens var. *arvense* Meinshaus，Fl. Ingr. 426. 1878. 非 Nutel，1837.

Triticum repens var. *boreale* Laestad，Nya Bot. Not. 1856：77. 1856.

Triticum repens var. *caesium*（Presl）Laestad，Nya Bot. 非. 1856：78. 1856.

Triticum repens var. *caesium* Doell，Fl. Grossh. Baden 130. 1857. ［同（Presl）Laest. ，1856］

Triticum repens var. *capillare* Pers. ，Syn. Pl. 1：109. 1805

Triticum repens var. *compactum* Vasey in Wheeler，Rep. U. S. Surv. W. 100th Merid 6：293. 1878. 无描述。

Triticum repens var. *dasystachyum* Hook. ，Fl. Bor. Ame. 2：254. 1840.

Triticum repens var. *domesticum* Laestad，Nya Bot. 非. 1856：78. 1856.

Triticum repens var. *dubium* Laestad，Nya Bot. 非. 1856：77. 1856.

Triticum repens var. *dumetorum*（Hoffm.）Mutel. ，Fl. Franc. 4：145. 1837.

Triticum repens var. *dumetorum* Guss. Fl. Sic. Syn. 1：67. 1843.

Triticum repens var. *dumetorum*（Schrank）Hausm. ，Fl. Tirol. 2：1018. 1852. 非（Hoffm）Mutel，1837.

Triticum repens dumetorum Blytt，Norges Fl. 163. ［err. 363. ］1861. 非（Hoffm.）Mutel，1837.

Triticum repens var. *elymoides* Spenner，Fl. Friburg. 1：161. 1825.

Triticum repens subsp. *eu-repens* var. *barbatum* Duval-Jouve ex Syme，in Sowerby，Engl. Bot. ed. 3. 11：179. 1873.

Triticum repens subsp. *eu-repens* var. *litoreum* "aendert ab. " *aristatum* Aschers. et Graebn. Syn. Mitteleur. Fl. 2：1802. 1901.

Triticum repens subsp. *eu-repens* var. *pilosum* Aschers. et Graebn. Syn. Mitteleur. Fl. 2：650. 1901.

Triticum repens subsp. *eu-repens* var. *salinum*（Hack. ）Aschers. et Graebn. Syn. Mitteleur. Fl. 2：649. 1901.

Triticum repens subsp. *eu-repens* var. *stenophyllum* Aschers & Grasbn. Syn. Mitteleur. Fl. 2：636. 1901.

Triticum repens f. *firmum* (Presl.) Mutel. ，Fl. Franc. 4：146. 1837.

Triticum repens [subsp. Ⅱ. *T. pungens*] var. *genuium* Syme，in Sowerby，Engl. Bot. ed. 3，11：180. pl. 1811. 1873.

Triticum repens var. *glaucescens* G. Meyer，Chloris Hanov. 611. 1836. 无描述。

Triticum repens var. *glaucescens* Aschers. et Graebn. ，Syn. Mitteleur. Fl. 2：650. 1901.

Triticum repens var. *glaucum* Pers. ，Syn. Pl. 1：109. 1805.

Triticum repens var. *glaucum* Gray，Gram. & Cyp. 2：128. 1835. nom. nud.

Triticum repens var. *glaucum* (Desf.) Coss. et Dur. ，Expl. Sci. Alger. 2：207. 1855. *

Triticum repens var. *glaucum* Doell，Fl. Grossh. Baden. 130. 1857.

Triticum repens var. *glaucum* Neilreich，Fl. Nieder-Oesterr. 85. 1859.

Triticum repens var. *glaucum* Blytt，Norges Fl. 363. 1863. Not. Neilreich 1859.

Triticum repens var. *glaucum* Vasey in Whealer，Rep. U. S. Surv. W. 100th Merid. 6：293. 1878. 无描述。

Triticum repens var. × *glaucum* Aschers. et Graebn. ，Syn. Mitteleur. Fl. 2：660. 1901.

Triticum repens × *glaucum* Domin，Sitzungsb. Bonm. Ges Wiss 1904：75. 1905. 参阅 Aschers. et Greebn. ，1901.

Triticum repens var. *hackelii* O. Kuntse，Act，Hort. Petrop. 10：256. 1887.

Triticum repens Hegetschw. et Heer，Fl. Schweiz 101. 1840. Not L. 1753.

Triticum repens var. *hirsutum* Grun. ，Bull. Soc. Nat. Moscou 42：132. 1869.

Triticum repens var. *imbricatum* (Lam.) Guss. ，Suppl. Fl. Sic. Prodr. 1：34. 1832.

Triticum repens var. *intermedium* Wahlenb. ，Fl. Suec. 1：77. 1824.

Triticum repens var. *junceum* (Reih.) J. E. Smith，Bogl. Fl. 1：183. 1824. without descr.

Triticum repens × *junceum* subsp. *acutum* (DC.) Aschers. et Graebn. ，Syn. Mitteleur. Fl. 2：664. 1901.

Triticum repens × *junceum* subsp. *megastachyum* (Lange) Aschers. et Graebn. ，Syn. Mitteleur. Fl. 2：665. 1901.

Triticum repens × *junceum* Ⅰ. *microstachyum* (Fries) Aschers. et Graebn. ，Syn. Mitteleur. Fl. 2：665. 1901.

Triticum repens × *junceum* B Ⅰ. *normale* Aschers. et Graebn. ，Syn. Mitteleur. Fl. 2：665. 1901.

Triticum repens × *junceum* B Ⅱ. *obtusiusculum* (Lange) Aschers. et Graebn. ，Syn. Mitteleur. Fl. 2：666. 1901.

Triticum repens var. *leersianum* Guss. ，Suppl. Fl. Sic. Prodr. 1：34. 1832.

Tritifum repens var. *leersianum*（Schrank.）Hauem.，Fl. Tirol. 2：1019. 1852. see Guss. 1832.

Triticum repens var. *leersianum* Moinshaus，Fl. Ingr. 426. 1878. see Guss. 1832.

Triticum repens var. *litoreum* Anderss.，Pl. Scand. Gram. 5. 1852.

Triticum repens litoreum（Schumach.）Hook. f. Stud. Fl. Brit. Isles 454. 1870. see Anderss. 1852.

Triticum repens var. *littorals*（Host）Mutal.，Fl. Franc. 4：146. 1837.

Triticum repens var. *littorale* Hartm.，Handb. Skand. Fl. ed. 5. 283. 1849. Not（Host）Mutal. 1837.

Triticum repens var. *littorale* Bab.，Man. Brit. Bot. Ei. 3. 400. 1851. Not. *T. repens* var. *littorale*（Host）Mutal.

Triticum repens littorale Blytt，Morges Fl. 163.［err. 363］1861. see same（Host）Mutel 1837.

Triticum repens［subsp. Ⅱ. *T. pungens*］var. *littorale*（Host）Syme，in Sowerby，Engl. Bot. ed. 3. 11：180. 1873.

Triticum repens var. *magellanicum* E. Desv.，in Gay，Fl. Chil. 6：452. 1853.

Triticum repens var. *maius* Doell ex Domin，Sitzungsb. Akad. Wiss. Math. Naturw.（Wien）1904：74. 1905. see Doell 1855.

Triticum repens var. *major* Doell，Rhein. Fl. 69. 1843. var. *majus* Doell，Fl. Badenh. 129. 1855.

Triticum repens var. *maritisum* Smith ex Roth，Neue Beitr. 1：137. 1802.

Triticum repens var. *maritimum*（Koch and Ziz）Doell，Rhein Fl. 69. 1843. 非 Smith ex Roth 1802.

Triticum repens var. *minus* Hook.，Fl. Bor. Amer. 2：254. 1840.

Triticum repens var. *mucronatum* Stokes，Bot. Nat. Ned. 1：181. 1812.

Triticum repens var. *muoronatum* Hartm.，Handb. Skand. Fl. 283. 1849. 非 Stokes 1812.

Triticum repens var. *multiflorum* Pers.，Syn. Pl. 1：109. 1805.

Triticum repens var. *mutica* Bodl.，Ann. Wien Mus. Naturgesch. 1：158. 1836，无描述. 非 var. *muticum* Schvebl. & Martens. 1824.

Triticum repens var. *muticum* Schuebl. et Nartens，Fl. Wurtemberg 47. 1834.

Triticum repens var. *nanum* Hook.，Fl. Bor. Amer. 2：254. 1840.

Triticum repens var. *nemorale* Anderss.，Pl. Scand. Gram. 4. 1852.

Triticum repens var. *nodosum* Stev. ex Griseb.，in Ledeb. Fl. Ross. 4：341. 1853.

Triticum repens var. *obtusiflorum* Spenner，Fl. Friburg. 1：161. 1825.

Triticum repens［subsp. Ⅰ. *T. eu-repens*］var. *obtusum* Syme，in Sowerby. Engl. Bot. ed. 3. 11：179. 1873.

Triticum repens var. *pauciflorum* Nerat.，Fl. Par. ex. 4. 2：17. 1836.

Triticum repens [subsp. *pungens*] var. *pycnanthum* Syme，in Sowerby. Engl. Bot. ed. 3. 11：180. 1873.

Triticum repens remificum Link，Linnaea 9：133. 1835.

Triticum repens var. *scabrifolium* Doell，in Mart. Fl. Bras 23：226. 1880.

Triticum repens var. *scabrifolium* f. *vulgaris* Doell，in Mart. Fl. Bras. 23：226. 1880.

Triticum repens var. *sepium* (Thuill.) Borbas，Math. Termesz. Kozles 15：342. 1878.

Triticum repens var. *strictum* G. Meyer，Chloris Hanov. 611. 612. 1836.

Triticum repens var. *subconvolutum* Link，Linnaea 17：397. 1843.

Triticum repens var. *subulatum* (Schweigger) Guss. ，Suppl. Fl. Sic. Prodr. 1：34. 1832.

Triticum repens var. *subulatum* Mutel. ，Fl. Franc. 4：145. 1837.

Triticum repens var. *subulatum* Meinshaus. ，Fl. Ingr. 436. 1878. 非. Guss. 1832.

Triticum repens var. *subvillosum* Hook. ，Fl. Bor. Amer. 2：254. 1840.

Triticum repens var. *tenerum* Vasey，in Wheeler，Rep. U. S. Surv. W. 100th Nerid. 6：293. 1878. 无描述。

Triticum repens var. *vaillantianum* G. Meyer，Chloris Hanov. 611. 1836. 无描述。

Triticum repens var. *vaillantianum* (Wulf.) Hauss. ，Fl. Tirol 2：1019. 1852.

Triticum repens var. *vaillantii* Meinshauson，Fl. Ingr. 426. 1878.

Triticum repens var. *violaoceum* Hartm. ，Handb. Skand. Fl. ed. 4. 43. 1843.

Triticum repens var. *vulgare* Spenner，Fl. Friburg. 1：161. 1825.

Triticum repens var. *vulgare* Doell，Fl. Baden 1：128. 1857.

Triticum repens var. *vulgare* Neilreich，Fl. Mieder-Oasterr. 85. 1859.

Triticum repens [Clairv.] Man. ，Herbor. 26. 1811.

Triticum requienii Ces. Pass. et Gib. ，Comp. Fl. Ital. 86. [1867] .

Triticum richardsoni Schrad. ，Linnaea 12：467. 1838.

Triticum rigidum Schrad. ，Sem. Nort. Gotting (1803)：23. Fl. Germ. 1：392. 1806.

Triticum rigidum var. *banaticum* Heuff. ，Varh. Zool-Bot. Ges. Wien 8：235. 1858.

Triticum rigidum var. *ruthenicum* Griseb. ，in Ledeb. Fl. Ross. 4：342. 1853.

Triticum rigidum var. *stipaefolium* Trautv. ex Fedtsch. ，Bull. Jard. Bot. Pierre Grand 14 (Suppl. 2)：96. 1915，as syn. of *Agropyron elongatum* var. *stipaefolium* Fedtsch.

Triticum rigidum var. *tomentosum* Regel，Acta Hort. Petrop. 7：592. 1881.

Triticum rigidum vestitum Velen. ，Sitzb. Bonm. Ges. Wiss. 27：19. 1902.

× *Triticum rodeti* Trabut，Bull. Soc. Bot. France 66：29. 附 pl. 1919.

Triticum roegnerii Griseb. ，in Ledeb. Fl. Ross. 4：339. 1853.

Triticum rossicum Flaksb. ，Bull. Appl. Bot. Pl. Breed. 8：501. 1915. nom. nud. 为 T. *dicoccum* var. *ferrugineum* Al. 的异名。

Triticum rottboellia Lam. et DC. ，Fl. Franc. 3：86. 1805.

Triticum rottboellioides Duval-Jouve ex Aschers. et Graebn. ，Syn. Mitteleur. Fl. 2：660. 1901.

Triticum rouxii (Gren. & Duval-Jouv.) Nym. Consp. 842. 1882.

Triticum rufescens Hort. ex Steud. ，Nom. Bot. ed. 2. 2：717. 1841，为 *T. spelta* L. 的异名。

Triticum rufinflatum Flaksb. ，Bull. Appl. Bot. Pl. Breed. 8：501. 1915. nom. nud；为 *Triticum dicoccum* var. *milturum* Al. 的异名。

Triticum rupestre Link，Enum. Hort. Berol. 1：98. 1821.

Triticum rupestre Turcz. ex Ganewin，Trav. Mus. Bot. Acad. Sci. Petrograd 13：33. 1915. 无描述. 非 Link，1821.

Triticum sabulesum (Marsch-Bieb.) Hera. ，Ver. Bot. Ver. Brand. 76：43. 1936.

Triticum salinum Salzm. ex Steud. ，Nom. Bot. ed. 2. 2：717. 1841，nom. nud.

Triticum sanctum (Janka) F. Hermann，Repert. Sp. Nov. Fedde 44：159. 1938.

Triticum sadinicum Koel. ex Spreng. ，Syst. Veg. 1：323. 1825. 为 *Triticum vulgare* var. *turgidum* Spreng. 的异名。

Triticum sartorii (Boiss. & Heldr.) Boiss. er Heldr. ex Nym. ，Consp. 840. 1882.

Triticum sativum Lam. ，Fl. France 3：625. 1778.

Triticum sativum var. *aestivum* (L.) Wood，Classbook. ed. 2. 619. 1847.

Triticum sativum var. *aristatum* Coss. et Germ，Fl. Env. Paris 2：658. 1845.

Triticum sativum brigantiacum Desv. ，Opusc. 164. 1831.

Triticum sativum capense Desv. ，Opusc. 163. 1831.

Triticum sativum × *cereale* Aschers. et Graebn. ，Syn. Mitteleur. Fl. 2：719. 1902.

Triticum sativum subsp. *compactum* Hiitcoen，Sucmen. Kasvis 224. 1933.

Triticum sativum compactum (Host.) Desv. ，Opusc. 164. 1831. Same (Host) Book. 1890.

Triticum sativum var. *compactum* (Host) Book，Fl. Nieder-Osterr. 1：116. 1890. 参阅 Desv. 1831.

Triticum sativum var. *compositum* (L.) Wood，Class-Book. ed. 2. 619. 1847.

Triticum sativum var. *dicoccum* (Schrank) Richt. ，Class-Book. ed. 2. 619. 1890.

Triticum sativum var. *durum* (Desf.) Richt. ，Pl. Eur. 1：130. 1890.

Triticum sativum var. *erythrospermum* (Koern. et Wern.) Degen，Fl. Veleb. 1：575. 1936.

Triticum sativum etruscum Desv. ，Opuec. 160. 1831.

Triticum sativum etruscum griseum Desv. ，Opusc. 160. 1831.

Triticum sativum etruscum lutesoens Desv. ，Opusc. 160. 1831.

Triticum sativum herinaceum (Hornem.) Desv. ，Opusc. 349. 1834.

Triticum sativum var. *hybernum* (L.) St. Amans. ，Fl. Agen. 53. 1821.

Triticum sativum var. *monococcum* (L.) Vilm. ，Blunengartn. 1218. 1896.

Triticum sativum × *monococcum* Aschers. et Graebn. ，Syn. Mitteleur. Fl. 2：702. 1901.

Triticum sativum var. *mutica alba* Bayle-Barelle，Monogr. Agron. Cereali 46. pl. 3. f. 14. 1809.

Triticum sativum var. *muticum* Coss. et Germ. ，Fl. Env. Paris 2：658. 1845.

Triticum sativum neapolitanum Desv. ，Opusc. 164. 1831.

Triticum sativum × *ovatum* Aschers. et Graebn. ，Syn. Mitteleur Fl. 2：713. 1902.

Triticum sativum pictatianum Desv. ，Opuec. 163. 1831.

Triticum sativum var. *pilosa* (Dalz. & Giba) Cooke，Fl. Bombay 2：1052. 1908.

Triticum sativum × *polonicum* Aschers. et Graebn. ，Syn. Mitteleur. Pl. 2：700. 1901.

Triticum sativum pyramidale Delile，Fl. Aeg. 178. pl. 14. f. 3. 1812.

Triticum sativum rubeolarium Desv. ，Opusc. 165. 1831.

Triticum sativum rubescens Desv. ，Opusc. 163. 1831.

Triticum sativum var. *ruffa aristata* Bayle-Barelle，Monogr Agron. Cereali 48. pl. 3. f. 16. 1809.

Triticum sativum var. *ruffa muticum* Bayle-Barelle，Monogr. Agron. Cerali 49. pl. 3. f. 17. 1809.

Triticum sativum semi-barbatum Desv. ，Opusc. 159. 1831.

Triticum sativum siculum Desv. ，Opusc. 160. 1831.

Triticum sativum sinense Desv. ，Opusc. 159. 1831.

Triticum sativum spartheum Desv. ，Opusc. 160. 1831.

Triticum sativum var. *spelta* (L.) Richt. Pl. Eur. 1：129. 1890.

Triticum sativum tenax Hack. ，in Engl，& Prantl，Pflanzenfam. 22：85. 1887.

Triticum sativum trimestre Desv. ，Opuac. 162. 1831.

Triticum sativum trimestre nanum Desv. ，Opusc. 164. 1831.

Triticum sativum × *triunciale* Aschers. et Graebn. Syn. Mitteleur. Fl. 2：714. 1902.

Triticum sativum var. *turgidum* (L.) Delile，Fl. Aeg. 177. pl. 14. f. 2. 1812.

Triticum sativum × *ventricosum* Aschers. et Graebn. ，Syn. Mitteleur. Fl. 2：714. 1902.

Triticum sativum subsp. *vulgare* (Vill.) Hiitcoen，Suonem. Kasvis 224. 1933.

Triticum sativum vulgare Desv. ，Opusc. 162. 1831.

Triticum sativum var. *vulgare* (Vill.) Vilm. ，Blumengartn. 1：1217. 1896.

Tritivum sativum vulgare rubrum Desv. ，Opusc. 162. 1831.

Tritivum sativum (De. Not.) Steud. ，Syn. Pl. Glum. 1：430. 1855.

Tritivum sativum Tausch，Flora 201：118. 1837.

Tritivum scaberrimum Steud. ，Nom. Bot. ed. 2. 2：717. 1841. nom. nud.

Tritivum scabrum (Labill.) R. Br. ，Prodr. Fl. Nov. Holl. 178. 1810.

Tritivum scabrum A. Cunn. ex Hook. f. ，Fl. Nov. Zealand 1：311. 1853 ［非（Labill.）R. Br. 1810］; as syn. of *Triticum multiflorum* Banks et Sol. Basis of *Agropyron multiflorum* Cheesceman.

Triticum scabrum Dethard ex Steud. ，Syn. Pl. Glum. 1：343. 1854. 非（Labill.）R. Br. ［*T. strictum* Dethard 的错写］

Triticum schrenkianum Fisch. et Mey. ，Bull. Physico-Math. Acad. Imp. Scienes St. Pebersb. 3：305. 1844.

Triticum scirpeum （Presl）Guss. ，Fl. Sic. Prodr. 1：148. 1827.

Triticum secale （L.）Link，Hort. Berol. 2：183. 1833.

Triticum secalinum Georgi，Bemerk. Reise Russ. Reich. 1：198. 1775.

Triticum secaletricum saretovianse Meister，Proc. U. S. S. R. Congr. Genet. 2：43. 1929.

Triticum secundum （Presl.）Kunth，Enum. Fl. 1：442. 1833；Rev. Gram. 1：Suppl. 34. 1830.

Triticum segetale Salisb. ，Prodr. Syn. Stirp. 27. 1796.

Triticum semicostatum Steud. ，Syn. Pl. Glum. 1：346. 1854.

Triticum sepium Lam. ，Fl. Franc. 3：629. 1778.

Triticum sepium Thuill. ，Fl. Env. Paris ed. 2. 67. 1799. 非 Lam. 1778.

Triticum sibiricum Willd. ，Enum. Pl. 135. 1809.

Triticum sibiricum var. *dasystachys* Trautv. ex Roshev. ，Acta Hort. Petrop. 38：143. 1924. （Separate Consp. Gram. Turkest. 85. 1923）as syn. of *Agropyron sibiricum* var. *dasyphyllum* f. *dasystachyum* Roshev. ，无描述。

Triticum sibiricum var. *densiflorum* （Willd.）Griseb. ，in Ledeb. Fl. Ross. 4：339. 1853.

Triticum sibiricum var. *desertorum* Traut. ex Kuntze，Act. Hort. Petrop. 10：256. 1887. nom. nud.

Triticum sibiricum var. *variegatum* （Fisch.）Link，Hort. Berol. 2：185. 1833.

Triticum siculum Roem. et Schult. ，Syst. Veg. 2：765. 1817.

Triticum silvestre （Host.）Asch. et Graebn. ，Syn. Mitteleur Fl. 2：718. 1902.

Triticum simplex Host，vind. Zeyher "Quld?" Schult. Mant. 2：422. 1824.

Triticum sinaicum Steud. ，Syn. Pl. Glum. 1：346. 1854.

Triticum sinskajae A. Filat. et Kurk. ，Tr. Prikl. Bot. Genet. Sel. 54：239. 1975.

Triticum solandri （Banks et Sol.）Steud. ，Syn. Pl. Glum. 1：347. 1854.

Triticum sovieticum Zhebrak ex Thone，Science News Letter 1944：29. 1944.

Triticum sparsum Flaksb. ，Bull. Appl. Bot. Pl. Breed. 8：501. 1915. nom. nud.

Triticum spelta L. ，Sp. Pl. 86. 1753.

Triticum spelta aestiva Schuebl. ，Diss. Inaug. Bot. 27. ［1818］年份有误。

Triticum spelta alba Desv. ，Opusc. 142. 1831.

Triticum spelta var. *albens* Link，Hort. Berol. 1：29. 1827.

Triticum spelta albida Desv. . Opuac. 143. 1831.

Triticum spelta var. *albivelutinum* (Koern.) Aschers. et Graebn. ，Syn. Mitteleur. Fl. 2：678. 1901.

Triticum spelta var. *albospicatum* Flaksb. ，Bull. Appl. Bot. Pl. Breed. 8：190. 1915.

Triticum spelta var. *albovelutinum* Koern. ，in Koern. et Wern. Handb. Getreidebau. 1：80. 1885.

Triticum spelta var. *album* Link，Hort. Berol. 1：29. 1827.

Triticum spelta var. *album* (Alefeld) Aschers. et Graebn. ，Syn. Mitteleur. Fl. 2：677. 1901.

Triticum spelta var. *albumocompactoides* Sanchex-Monge et villena，Anal. Est. Exp. Aula Dei. 3：257. 1954.

Triticum spelta var. *alefeldii* (Koern.) Aschers. et Graebn. ，Syn. Mitteleur. Fl. 2：678. 1901.

Triticum spelta var. *amissum* (Koern.) Aschers. et Graebn. ，Syn. Mitteleur. Fl. 2：678. 1901.

Triticum spelta forma. *arduini* (Mazz.) Brand，in Koch. Syn. Deutsch. Fl. ed. 3. 3：2793. 1907.

Triticum spelta var. *aristatum* Stokes，Bot. Mat. Med. 1：178. 1812.

Triticum spelta var. *aristata* Reichenb. ，Fl. Germ. 1：21. 1830. 无描述 . 非 var. *aristatum* Stokes 1812.

Triticum spelta var. *coerulescens* Link，Hort. Berol. 1：29. 1827.

Triticum spelta var. *coeruleum* Link，Hort. Berol. 1：29. 1827.

Triticum spelta var. *coeruleum* (Alefald.) Ascbers. et Graebn. ，Syn. Mitteleur. Fl. 2：678. 1901. 参阅 Link，1827.

Triticum spelta subsp. *dicoccum* (Schrank.) Husnot，Gram. Fr. Belg. 81. 1899.

Triticum spelta var. *dicoccum* Schrank，Baier，Fl. 1：389. 1789.

Triticum spelta f. *duhamelianum* (Alefeld) Brand，in Koch，Syn. Deutsch. Schweiz. Fl. ed. 3. 3：2793. 1907.

Triticum spelta 36. *erubescens* Koern. ，Syst. Uebers. Cereal. 14. 1873，without descr.

Triticum spelta hirsutum Desv. ，Opuec. 142. 1831.

Triticum spelta var. *muticum* Stokes，Bot. Mat. Med. 1：178. 1812.

Triticum spelta var. *muticum* S. F. Gray，Nat. Arr. Brit. Pl. 2：100. 1821. cf. Stokee 1812.

Triticum spelta var. *muticum* Scheubl. et Mertens，Fl. Murtemberg. 46. 1834. 非 Stokes 1812. 参阅 S. F. Gray 1821.

Triticum spelta neglectum (Koern.) Aschers. et Graebn. ，Syn. Mitteleur. Fl. 2：678. 1901.

Triticum spelta nigrescens Desv．，Opusc. 142. 1831.

Triticum spelta pubescens Desv．，Opusc. 143. 1831.

Triticum spelta var. *recens* （Koern．）Aschers. et Graebn．，Syn. Mitteleur. Fl. 2：678. 1901.

Triticum spelta rosea Desv．，Opusc. 142. 1831.

Triticum spelta rubescens Desv．，Opusc. 142. 1831.

Triticum spelta var. *rubrivelutinum* Aschers. et Graebn．，Syn. Mitteleur. Fl. 2：678. 1901.

Triticum spelta var. *rufescens* Link，Hort. Berol. 1：29. 1827.

Triticum spelta var. *rufum* Link，Hort. Berol. 1：29. 1827.

Triticum spelta var. *saharae* Ducell．，Bull. Soc. Hist. Nat. Art. Nord （Alger.）11：92. 1920.

Triticum spelta var. *schankii* （koern．）Aschers. et Graebn．，Syn. Mitteleur. Fl. 2：678. 1901.

Triticum spelta×*tenax* Aschers. et Graebn．，Syn. Mitteleur. Fl. 2：696. 1901.

Triticum spelta velutina Schueabl．，Dias. Inaug. Bot. 27．［1818．］年份有误。

Triticum spelta vulgare Desv．，Opuec. 142. 1831.

Triticum spelta var. *vulpinum* （Alefeld．）Aschers. et Graebn．，Syn. Mitteleur. Fl. 2：678. 1901.

Triticum speltaoforma Seidl. ex Opiz，Natural. n. 9：106. 1825.

× *Triticum speltiforme* Anchsrs. et Graebn．，Syn. Mitteleur. Fl. 2：714. 1902. 非 Seidl. in Opiz 1825.

Triticum speltoides （Tausch．）Gren．，Fl. Masail. Adv. in Mem. Soc. Enul. Doubs．Ⅲ．2：434. 1857. (1858) 根据 *Aegilops speltoides* Tausch.

Triticum speloides aucheri （Boiss．）Aschers．，Magyar. Bot. Lapok. 1：11. 1902.

Triticum speltoides var. *ligusticum* （Savign.）Aschers．，Magyar Bot. Lapok. 1：12. 1902.

Triticum speltoides f. *ligusticum* （Savign.）Bowden，Canadian. Journ. Bot. 37. 665. 1959.

Triticum speltoides var. *polyatherum* （Boiss．）Aschers．，Magyar Bot. Lapok. 1：11. 1902.

Triticum speltoides var. *schulzii* Nabelek，Fac. Sci. Univ. Masaryk，（Brno．）No. 111. 30. 1929. as syn. of *Aegilops aucheri* var. *schulzii* Nabelek.

Triticum sphaerococcum Percival，Wheat. Pl. Monogr. 157. 321. f. 202. 1921.

Triticum sphaerococcum var. *echinatum* Percival，Wheat. Pl. Konogr. 323. f. 205. 1921.

Triticum sphaerococcum var. *globosum* Percival，Wheat. Pl. Monogr. 324. f. 202. 1921.

Triticum sphaerococcum var. *rotundatum* Percival，Wheat. Pl. Monogr. 324. f. 206. 1921.

Triticum sphaerococcum var. *rubiglosum* Percival，Wheat. Pl. Monogr. 323. f. 205. 1921.

Triticum sphaerococcum var. *spicatum* Percival，Wheat. Pl. Monogr. 323. 1921.

Triticum sphaerococcum var. *tunidum* Percival，Wheat Pl. Monogr. 324. f. 206. 1921.

Triticum spinulosum Leg.，Gen. et Sp. Nov. 7. 1816.

Triticum spontaneum Flaksb.，Cult. Fl. S. S. S. R. ed，Vavilov et Wulff，1.（谷类：小麦）33，见检索表 339. 1935. 俄文。

Triticum squarrosum Roth，Neue，Beitr. 1：128. 1802.

Triticum Squarrosum（L.）Rasp.，Ann. Sci. Nat. I. 5：435. 1825. 非 Roth，1802.

Triticum squarrosum Banks et Soland. ex Hook. f.，in Hook. Lond. Journ. Bot. 3：417. 1844. 非 Roth，1802.

Triticum squarrosum Subvar. *macrostachyum* Coss. et Dur.，Expl. Sci. Alger. 2：206. 1855.〔但无变种〕

Triticum strictum steud.，Syn. Pl. Glum. 1：346. 1854.

Triticum strictum Dethard，Consp. Pl. Magalop. 11. 1828.

Triticum strigosum（Marsch-Bieb.）Sprang.，Syst. Veg. 1：326. 1825.

Triticum strigosum Less.，Linnaea. 9：170. 1834. 非 Spreng. 1825.

Triticum strigosum var. *microcalyx* Regel.，Acta Hort. Petrop. 7：590. 1881.

Triticum strigosum var. *planifolium* Regel.，Acta Hort. Petrop. 7：591. 1881.

Triticum strigosum var. *pubescens* Regel.，Acta Hort. Petrop. 7：590. 1881.

Triticum subaristatum Link，Linnaea 17：395. 1843.

Triticum subsecundum Link，Hort. Berol. 2：190. 1833.

Triticum subtils Fisch. Mey. et Ave-Lall.，Ind. Som. Hort. Petrop. 10：59. 1845.

Triticum subulatum〔Soland in〕Pat. Bussell，Nat. Hist. Aleppe ed 2. 2：244. 1794.

Triticum subulatum Schweiger，Fl. Erlang. ed 2. 1：143. 1811.〔不是 1804 Washingten 版〕非 Soland in Russell. 1794.

Triticum subulatum Wulf.，Fl. Norica Phan. ed Fenzl. et Graf. 169. 1858. 非 Soland，1794.

Triticum subulatum Smith，ex Munro，Journ. Linn. Soc. 6：51. 1862.〔参阅 Munro 所定．*T. tenellum* 标本〕非 Soland，1794.

Triticum subulatum（Pomel）Dur. et Schinz，Consp. Fl. Afr. 5：939. 1894. 非 Soland，1794.

Triticum sunpani Flaksb.，Bull. Appl. Bot. Pl. Breed. 8：501. 1915. nom. nud. 俄文。

Triticum supinum Schrank，Denkschr. Baier. Bot. Ges. Regensburg 12：162. 1818.

Triticum sylvaticum Moench，Enum. Pl. Hass. 54. 1777. 非 Salisb. 1796.

Triticum sylvaticum（Huds.）salisb.，Prodr. Stirp. 27. 1796.

Triticum sylvaticum（Huds.）Parnell.，Grasses Sootl. 11：132. pl. 61. 1842. Not Salisb. 1796.

Triticum syivaticum Monch. var. gracile（Moench.）Mathieu，Fl. Generale Belg. 1：654. 1853.

Triticum sylvastre Bubeni，Fl. Pyr. 4：395. 1901.

Triticum tanaiticum Flaksb.，Bull. Appl. Bot. Pl. Breed. 8：500. 1915. nom. nud. 俄文。

Triticum tauri（Boiss. et Bal.）Walp.，Ann. Bot. 6：1048. 1861.

Triticum tauschii（Coss.）Schmalh. ex Fedtsch.，Bull. Jard. Bot. Pierre Grand 14（Suppl. 2）：99. 1915.

Triticum tenax Hausskn.，Mitt. Thuring. Bot. Ver. N. F. XIII/XIV. 67. 1899. cf. Hack. 1899.

Triticum tenax（Hack.）Aschers et Graebn.，Syn. Mitteleur. Fl. 2：682. 1901. "nicht Hausskn." 1899.

Triticum tenax var. *affine*（Koern.）Aschers. et Greebn.，Syn. Mitteleur. Fl. 2：692. 1901.

Triticum tenax var. *africanum*（Koern.）Aschers. et Graebn.，Syn. Mitteleur. Fl. 2：695. 1901.

Triticum tenax var. *albiceps*（Koern.）Aschers. et Graebn.，Syn. Mitteleur. Fl. 2：689. 1901.

Triticum tenax var. *albidum*（Alefeld）Aschers. et Greebn.，Syn. Mitteleur. Fl. 2：684. 1901.

Triticum tenax var. *albirurum*（Koern.）Aschers et Graebn.，Syn. Mitteleur. Fl. 2：684. 1901.

Triticum tenax var. *alexandrinum*（Koern.）Aschers. et Graebn.，Syn. Mitteleur. Fl. 2：694. 1901.

Triticum tenax var. *apulicum*（Koern.）Aschers. et Graebn.，Syn. Mitteleur. Fl. 2：695. 1901.

Triticum tenax var. *arrasseita*（Hoochst.）Aschers. et Grern，Syn. Mitteleur. Fl. 2：693. 1901.

Triticum tenax atriceps（Koern.）Aschers. et Gaebn.，Syn. Mitteleur. Fl. 2：688. 1901.

Triticum tenax var. *barbarossa*（Alefeld）Aschers. et Graebn.，Syn. Mitteleur. Fl. 2：686. 1901.

Triticum tenax var. *barbarum* Aschers. et Graebn.，Syn. Mitteleur. Fl. 2：693. 1901.

Triticum tenax var. *buccale*（Alefeld）Aschers. et Graebn.，Syn. Mitteleur. Fl. 2：691. 1901.

Triticum tenax var. *caesium*（Alefeld）Aschers. et Graebn.，Syn. Mitteleur. Fl. 2：

685. 1901.

Triticum tenax var. *campylodon* （Koern.） Aschers. et Graebn.，Syn. Mitteleur. Fl. 2：693. 1901.

Triticum tenax var. *candidissimum* （Arduinj.） Aschers. et Graebn.，Syn. Mitteleur. Fl. 2：693. 1901.

Triticum tenax var. *centigranium* Aschers. et Graebn.，Syn. Mitteleur. Fl. 2：692. 1901.

Triticum tenax var. *cervinum* （Alefeld） Aschers. et Graebn.，Syn. Mitteleur. Fl. 2：691. 1901.

Triticum tenax var. *circumflexum* （Koern.） Aschers. et Graebn.，Syn. Mitteleur. Fl. 2：695. 1901.

Triticum tenax var. *clavatum* （Alefeld） Aschers. et Graebn.，Syn. Mitteleur. Fl. 2：688. 1901.

Triticum tenax var. *coeruleivelutinum* Aschers. et Graebn.，Syn. Mitteleur. Fl. 2：686. 1901.

Triticum tenax var. *coeruleacsens* （Bayle-Barelle） Aschers. et Graebn. Syn. Mitteleur. Fl. 2：695. 1901.

Triticum tenax var. *columbinum* （Alefeld） Aschers. et Graebn.，Syn. Mitteleur. Fl. 2：691. 1901.

Triticum tenax var. *compactum* （Host.） Aschers. et Graebn.，Syn. Mitteleur. Fl. 2：686. 1901.

Triticum tenax var. *crassiceps* （Koern.） Aschers. et Graebn.，Syn. Mitteleur. Fl. 2：688. 1901.

Triticum tenax var. *creticum* Aschers. et Graebn.，Syn. Mitteleur. Fl. 2：687. 1901.

Triticum tenax "Q" ［var.］ *cyanothrix* （Koern.） Aschers. & Graebn. Syn. Mitteleur. Fl. 2：685. 1901.

Triticum tenax var. *delfii* Aschers. et Graebn.，Syn. Mitteleur. Fl. 2：684. 1901.

Triticum tenax var. *dinurum* （Alefeld） Aschers. et Graebn.，Syn. Mitteleur. Fl. 2：691. 1901.

Triticum tenax var. *dreischianum* （Koern.） Aschers. et Graebn.，Syn. Mitteleur. Fl. 2：690. 1901.

Triticum tenax var. *dubium* （Koern.） Aschers. et Graebn.，Syn. Mitteleur. Fl. 2：691. 1901.

Triticum tenax subsp. *durum* （Desf.） Aschers. et Graebn.，Syn. Mitteleur. Fl. 2：692. 1901.

Triticum tenax subsp. *durum* var. *fastuosum* （Leg.） Aschers. et Graebn.，Syn. Mitteleur. Fl. 2：694. 1901.

Triticum tenax subsp. *durum* X *polonicum* Aschers. et Graebn.，Syn. Mitteleur. Fl. 2：

692. 1901.

Triticum tenax var. *echinodes*（Koern.）Aschers. et Graebn.，Syn. Mitteleur. Fl. 2：689. 1901.

Triticum tenax var. *erinaceum* Aschers. et Graebn.，Syn. Mitteleur. Fl. 2：688. 1901.

Triticum tenax var. *erthroleucon*（Koern.）Aschers. et Graebn.，Syn. Mitteleur. Fl. 2：685. 1901.

Triticum tenax var. *erythromelan*（Koern.）Aschers. et Graebn.，Syn. Mitteleur. Fl. 2：694. 1901.

Triticum tenax var. *erythrospernum*（Koern.）Aschers. et Graebn.，Syn. Mitteleur. Fl. 2：685. 1901.

Triticum tenax var. *ferrugineum*（Alef.）Aschers. et Graebn.，Syn. Mitteleur. Fl. 2：685. 1901.

Triticum tenax var. *fetisowii*（Koern.）Aschers. et Graebn.，Syn. Mitteleur. Fl. 2：688. 1901.

Triticum tenax var. *fuliginosum*（Alefeld）Aschers. et Graebn.，Syn. Mitteleur. Fl. 2：686. 1901.

Triticum tenax var. *gentile*（Alefeld）Aschers. et Graebn.，Syn. Mitteleur. Fl. 2：689. 1901.

Triticum tenax var. *graecum*（Koern.）Aschers. et Graebn.，Syn. Mitteleur. Fl. 2：685. 1901.

Triticum tenax var. *hererae*（Koern.）Aschers. et Graebn.，Syn. Mitteleur. Fl. 2：690. 1901.

Triticum tenax var. *hordeiforme* Aschers. et Graebn.，Syn. Mitteleur. Fl. 2：694. 1901.

Triticum tenax var. *hostianum*（Clem. y Rubio）Aschers. et Graebn.，Syn. Mitteleur. Fl. 2：685. 1901.

Triticum tenax var. *humboldtii*（Koern.）Aschers. et Graebn.，Syn. Mitteleur. Fl. 2：687. 1901.

Triticum tenax var. *hystrix* Aschers. et Graebn.，Syn. Mitteleur. Fl. 2：Lief. 26：82. 1903. 2：688. 1901.

Triticum tenax var. *icterinum*（Alefeld）Aschers. et Graebn.，Syn. Mitteleur. Fl. 2：688. 1901.

Triticum tenax var. *iodurum*（Alefeld）Aschers. et Graebn.，Syn. Mitteleur. Fl. 2：691. 1901.

Triticum tenax var. *italicum*（Alefeld）Aschers. et Graebn.，Syn. Mitteleur. Fl. 2：695. 1901.

Triticum tenax var. *leucomelan*（Alefeld）Aschers. et Graebn.，Syn. Mitteleur. Fl. 2：693. 1901.

Triticum tenax var. *leucurum* （Alefeld） Aschers. et Graebn. ，Syn. Mitteleur. Fl. 2：693. 1901.

Triticum tenax var. *libycum* （Koern. ） Aschers. et Graebn. ，Syn. Mitteleur. Fl. 2：695. 1901.

Triticum tenax var. *linaza* （Koern. ） Aschers. et Graebn. ，Syn. Mitteleur. Fl. 2：687. 1901.

Triticum tenax var. *linnaeanum* （Alefeld） Aschers. et Graebn. ，Syn. Mitteleur. Fl. 2：692. 1901.

Triticum tenax var. *lusitanicum* （Koern. ） Aschers. et Graebn. ，Syn. Mitteleur. Fl. 2：689. 1901.

Triticum tenax var. *lutescens* （Alefeld） Aschers. et Graebn. ，Syn. Mitteleur. Fl. 2：684. 1901.

Triticum tenax var. *martensii* （Koern. ） Aschers. et Graebn. ，Syn. Mitteleur. Fl. 2：690. 1901.

Triticum tenax var. *megalopolitanum* （Koern. ） Aschers. et Graebn. ，Syn. Mitteleur. Fl. 2：691. 1901.

Triticum tenax var. *melanatherum* （Koern. ） Aschers. et Graebn. ，Syn. Mitteleur. Fl. 2：689. 1901.

Triticum tenax var. *melanopus* （Alefeld） Aschers. et Graebn. ，Syn. Mitteleur. Fl. 2：695. 1901.

Triticum tenax var. *meridionale* （Koern. ） Aschers. et Graebn. ，Syn. Mitteleur. Fl. 2：685. 1901.

Triticum tenax var. *mirabile* （Koern. ） Aschers. et Graebn. ，Syn. Mitteleur. Fl. 2：692. 1901.

Triticum tenax subsp. *molle* Aschers. et Graebn. ，Syn. Mitteleur. Fl. 2：685. 1901.

Triticum tenax var. *murciense* （Koern. ） Aschers. et Graebn. ，Syn. Mitteleur. Fl. 2：694. 1901.

Triticum tenax var. *nigribarbatum* （Desv. ） Aschers. et Graebn. ，Syn. Mitteleur. Fl. 2：690. 1901.

Triticum tenax var. *nigrum* （Koern. ） Aschers. et Graebn. ，Syn. Mitteleur. Fl. 2：685. 1901.

Triticum tenax var. *niloticum* （Koern. ） Aschers. et Graebn. ，Syn. Mitteleur. Fl. 2：695. 1901.

Triticum tenax var. *obsourum* （Koern. ） Aschers. et Graebn. ，Syn. Mitteleur. Fl. 2：694. 1901.

Triticum tenax var. *pavoninum* （Alefeld） Aschers. et Graebn. ，Syn. Mitteleur. Fl. 2：691. 1901.

Triticum tenax var. *plinianum* （Koern. ） Aschers. et Graebn. ，Syn. Mitteleur. Fl. 2：

692. 1901.

Triticum tenax var. *provinciale* (Alefeld) Aschers. et Graebn., Syn. Mitteleur. Fl. 2: 694. 1901.

Triticum tenax var. *pseudocervinum* (Koern.) Aschers. et Graebn., Syn. Mitteleur. Fl. 2: 691. 1901.

Triticum tenax var. *pyrothrix* (Alefeld) Aschers. et Graebn., Syn. Mitteleur. Fl. 2: 684. 1901.

Triticum tenax var. *reichenbachii* (Koern.) Aschers. et Graebn., Syn. Mitteleur. Fl. 2: 693. 1901.

Triticum tenax var. *rubriatrum* (Koern.) Aschers. et Graebn., Syn. Mitteleur. Fl. 2: 691. 1901.

Triticum tenax var. *rubriceps* (Koern.) Aschers. et Graebn., Syn. Mitteleur. Fl. 2: 689. 1901.

Triticum tenax var. *rubrum* (Koern.) Aschers. et Graebn., Syn. Mitteleur. Fl. 2: 688. 1901.

Triticum tenax var. *rufulum* (Koern.) Aschers. et Graebn., Syn. Mitteleur. Fl. 2: 687. 1901.

Triticum tenax var. *salomonis* (Koern.) Aschers. et Graebn., Syn. Mitteleur. Fl. 2: 691. 1901.

Triticum tenax var. *sardoum* Aschers. et Graebn., Syn. Mitteleur. Fl. 2: 685. Lief. 26: 82. 1903.

Triticum tenax var. *schimperi* (Koern.) Aschers. et Graebn., Syn. Mitteleur. Fl. 2: 694. 1901.

Triticum tenax var. *sericeum* (Alefeld) Aschers. et Graebn., Syn. Mitteleur. Fl. 2: 689. 1901.

Triticum tenax var. *seringei* Aschers. et Graebn., Syn. Mitteleur. Fl. 2: 693. 1901.

Triticum tenax var. *speciosissimum* (Koern.) Aschers. et Graebn., Syn. Mitteleur. Fl. 2: 690. 1901.

Triticum tenax var. *speciosum* (Alefeld) Aschers. et Graebn., Syn. Mitteleur. Fl. 2: 690. 1901.

Triticum tenax var. *splendens* (Alefeld) Aschers. et Graebn., Syn. Mitteleur. Fl. 2: 688. 1901.

Triticum tenax var. *submuticum* (Aschers.) Aschers. et Graebn., Syn. Mitteleur. Fl. 2: 685. 1901.

Triticum tenax var. *subvelutinum* Aschers. et Graebn., Syn. Mitteleur. Fl. 2: 686. Lief. 26: 82. 1903.

Triticum tenax var. *turcicum* (Koern.) Aschers. et Graebn., Syn. Mitteleur. Fl. 2: 686. 1901.

Triticum tenax var. *turgidum* （L.）Aschers. et Graebn.，Syn. Mitteleur. Fl. 2：689. 1901.

Triticum tenax var. *valenciae* （Koern.）Aschers. et Graebn.，Syn. Mitteleur. Fl. 2：694. 1901.

Triticum tenax var. *velutinum* （Schuebl.）Aschers. et Graebn.，Syn. Mitteleur. Fl. 2：684. 1901.

Triticum tenax A. I. *vulgare* （Vill.）Aschers. et Graebn.，Syn. Mitteleur. Fl. 2：683. 1901.

Triticum tenax subsp. （*vulgare*）var. *aegyptiacum* Aschers. et Graebn.，Syn. Mitteleur. Fl. 2：684. 1901.

Triticum tenax （*vulgare*）var. *anglicum* Aschers. et Graebn.，Syn. Mitteleur. Fl. 2：684. 1901.

Triticum tenax var. *wernerianum* （Koern.）Aschers. et Graebn.，Syn. Mitteleur. Fl. 2：687. 1901.

Triticum tenax var. *wittmackianum* （Koern.）Aschers. et Graebn.，Syn. Mitteleur. Fl. 2：688. 1901.

Triticum tenellum L.，Syst. Nat. ed. 102：880. 1759.

Triticum tenellum L. Missppl. by. Viv. Ann. Bot. 12：154. pl. 4. 1804.

Triticum tenue Fisch. et Mey. ex Steud.，Syn. Pl. Glum. 1：317. 1854. 为 *Festuca subtills*. 的异名。

Triticum tenuiculum Loisel.，in Desv. Journ. Bot. 2：219. 1809.

Triticum teretiflorum Wib.，Prim. Fl. Werthem. 104. 1799.

Triticum thaoudar Reut. ex Boiss.，Fl. Orient. 5：673. 1884. 为 *Triticum monococcum* var. *lasiorrachis* Boiss. 的异名。

Triticum thaoudar var. *albiatratum* Tum.，Zeitschr. Zucht. A. Pflanzenzucht. 20：362. 1935. nom. seminud.

Triticum thaoudar var. *albidum* Tum.，Zeitschr. Zucht. A. Pflanzenzucht. 20：362. 1935. nom. seminud.

Triticum thaoudar var. *atratum* Tum.，Zeitschr. Zucht. A. Pflanzenzucht. 20：362. 1935. nom. seminud.

Triticum thaoudar var. *azerbajdjanicum* Jakubz.，Bull. Appl. Bot. Pl. Breed. V. 1：172. 1932. 无描述。

Triticum thaoudar var. *baschgarnicum* Tum.，Zeitschr. Zucht. A. Pflanzenzucht 20：363. 1935. nom. seminud.

Triticum thaoudar var. *bicolor* Tum.，Zeitschr. Zucht. A. Pflanzenzucht. 20：362. 1935. nom. seminud.

Triticum thaoudar var. *chlorantum* Tum.，Zeitschr. Zucht. A. Pflanzenzucht. 20：362. 1935. nom. seminud.

Triticum thaoudar var. *fumidum* Tum.，Zeitschr. Zucht. A. Pflanzenzucht. 20：362. 1935. nom. seminud.

Triticum thaoudar var. *nigri-tuberculatum* Tum.，Zeitschr. Zucht. A. Pflanzenzucht. 20：362. 1935. nom. seminud.

Triticum thaoudar var. *pseudo-albidum* Tum.，Zeitschr. Zucht. A. Pflanzenzucht. 20：362. 1935. nom. seminud.

Triticum thaoudar var. *pseudo-balansae* Tum.，Zeitschr. Zucht. A. Pflanzenzucht. 20：362. fig. 4. 1935. nom. seminud.

Triticum thaoudar var. *pseudo-reuteri* Tum.，Zeischr. Zucht. A. Pflanzenzucht. 20：362. 1935. nom. seminud.

Triticum thaoudar var. *roseum* Tum，Zeitachr. Zucht. A. Pflanzenzucht，20：362. 1935. nom. seminud.

Triticum thaoudar var. *schorbulachicum* Tum.，Zeitschr. Zucht. A. Pflanzenzucht. 20：362. 1935. nom. seminud.

Triticum thaoudar var. *torosofumidum* Tum.，Zeitschr. Zucht. A. Pflanzenzucht. 20：362. 1935. nom. seminud.

Triticum thaoudar var. *velutinofumidum* Tum.，Zeitschr. Zucht. A. Pflanzenzucht. 20：362. 1935. nom. seminud.

Triticum thaoudar var. *virescens* Tum.，Zeitschr. Zucht. A. Pflanzenzucht. 20：362. 1935. nom. seminud.

Triticum tiflisiense Flaksb.，Bull. Applied Bot. Pl. Breed. 8：500. 1915. nom. nud. ×*Triticum*.

Triticum timococcum Kostoff.，Rev. Bot. Appl. 16：252. 1936.

Triticum timopheevi Zhuk.，Bull. Appl. Bot. Gen. & Pl. Breed. 192：64. f. 1-3. 1928.

Triticum timopheevi var. *viticulosum* Zhuk.，Bull. Appl. Bot. Pl. Breed. 192：64. 1928.

Triticum timopheevi var. *araraticum* （Jakubz.）C. Yen，Acta Phytotax. Sin. 21：294. 1983.

Triticum tomentosum Barelle，Monogr. Agron. Cereal. 40. pl. 2. f. 10. 1809.

Triticum tournefortii （De Not.）Walp.，Ann. Bot. 1：948. 1849.

Triticum trachycaulum Link，Hort. Berol. 2：189. 1833.

Triticum transcaucasicum Flaksb.，Bull. Appl. Bot. Pl. Breed. 8：500. 1915. nom. nud.

Triticum trevesium Mazzuc. ex Desv.，Opusc. 148. 1831. 为 *Triticum durum commume* Desv. 的异名。

Triticum triaristatum （Willd.）Gren. et Godr.，Fl. Franc. 3：602. 1855.

Triticum traristatum var. *intermedium* （Steud.）Hack.，Naturhist，For. kjbenhavn Vid. Medd. 1903：177. 1903.

Triticum trichophorum Link，Linnaea 17：395. 1843.

Triticum trichophorum subsp. *goirancum*（Visiani）Aschers et Graebn.，Syn. Mitteleur. Fl. 2：659. 1901.

Triticum trichophorm subsp. *villosissimum*（Beck.）Aschers. et Graebn.，Syn. Mitteleur. Fl. 2：659. 1901.

Triticum tricoccum Schuebl.，Diss. Inaug. Bot. 33：1818.

Triticum tripsacoides（Jaub. et Spach）Bowden，Can. Journ. Bot. 371. 37：666. 1959.

Triticum tripsacoides forma. *leliaosum*（Jaub. et Spach.）Bowden，Can. Journ. Bot. 37：666. 1959.

Triticum triunciale（L.）Rasp.，Ann. Sci. Nat. I. 5：435. 1825；Gren. et Godr.，Fl. France. 3：602. 1855.

Triticum triunciale kotschyi.（Boiss.）Aschers et Graebn.，Syn. Mitteleur. Fl. 2：Lief. 26：83. 1903.

Triticum triunciale var. *brachyatherum*（Boiss.）Dur. et Schinz，Consp. Fl. Afr. 5：940. 1894.

Triticum triunciale var. *hirtum*（Zhuk.）Hayek，Repert. Sp. Nov. Fedde Beih. 303：225. 1932.

Triticum triunciale var. *muricatum*（Zhuk.）Hayek.，Repert. Sp. Nov. Fedde Beih. 303：225. 1932.

Triticum truncatum Wallr. Linnaea 14：544. 1840.

Triticum tumonia Begullet. ex Bayle-Barelle，Monogr. Agron. Cereali 56. 1809.

Triticum tumonia Schrad. ex Balb.，Cat. Taur. 78. 1813，nom. nud.；Roem. et Schult. Syst. Veg. 2：770. 1817. nom. nud.

Triticum turanicum Jakubz.，1947. Селек. и Семен. 14（5）：40.

Triticum turcomanicum Roshev.，Bull. Appl. Bot. Pl. Breed. 181：413. 1928. 为 *Aegilops turcomanica* Roshev. 的异名。

× *Triticum turgidovillosum* Tacherm.，Bericht. Deutsch. Bot. Ges. 48：400. 1930.

Triticum turgidum L.，Sp. Pl. 86：1753.

Triticum turgidum Steud.，Syn. Pl. Glum. 1：342. 1854.（非 L. 1755）. 为 *Triticum rencognitum* Steud. 的异名。

Triticum turgidum subsp. *abyssinicum* Vav.，Theoret. Bases Pl. Breed. 2：8. 1935. 俄文。

Triticum turgidum subsp. *abyssinicum* var. *atrato-purpureum* subvar. *brevidentatum* Vav.，Theoret. Bases Pl. Breed. 2：14. f. 9. 1935. 俄文。

Triticum turgidum subsp. *abyssinicum* var. *rubidicompactum* subvar. *brevidentatum* Vav.，Theoret. Bases Pl. Breed. 2：16. f. 14. 1935.，俄文。

Triticum turgidum subsp. *abyssinicum* var. *rubrinflatum* Vav.，Theoret. Bases Pl. Breed. 2：15. f. 11. 1935. 俄文。

Triticum turgidum subsp. *abyssinicum densum* var. *decoloratum* Vav. subvar. *breviden-tatum* Vav.，Theoret. Bases. Pl. Breed. 2：16. f. 13. 1935. 俄文。

Triticum turgidum abyssinicum densum var. *decoloratum* subvar. *brevidentatum* Chron. Bot.（N. I. Vavilov 著 The Origin，Variation & Breeding of Cultivated Plants）13（1/6）：342. 1949/1950.

Triticum turgidum subsp. *abyssinicum elongatum* var. *purpureum* subvar. *breridenta-tum* Vav.，Theoret. Bases Pl. Breed. 2：15. f. 12. 1935. 俄文。

Triticum turgidum abyssinicum elongatum var. *purpureum* subvar. *brvidentatum* Chron.，Bot.（N. I. Vavilov 著 The Origin，Variation & Breeding of Cultivated Plants）13（1/6）：341. 1949/1950.

Triticum turgidum var. *acternum* Ostr.，Bull. Acad. d'Agriculturc Timiriarev 2（33）：61-65-74. 1960. 俄文。

Triticum turgidum var. *albens* Link，Hort. Berol. 1：26. 1827.

Triticum turgidum var. *albens velutinum* Link，Hort. Berol. 1：26. 1827.

Triticum turgidum album Desv.，Opusc. 155. 1831.

Triticum turgidum var. *aristatum* S. F. Gray，Nat，Arr. Brit. Pl. 2：98. 1821.

Triticum turgidum cinereum Desv.，Opusc. 156. 1831.

Triticum turgidum var. *coerulescens* Link，Handb. Gewachse l：11. 1829.

Triticum turgidum var. *compactolucitanicum* Senchez-Monge et Villena，Anal. Est. Exp. Aula Dei 3：254. 1954.

Triticum turgidum complanatum Seringe，Descr. Fig，Cer. Eur. 160. pl. 5. f. 1. 1842.

Triticum turgidum var . *compositum*（L.）Gaudin，Fl. Helv. 1：358. 1828.

Triticum turgidum subsp. Ⅱ *dicococides*（Koern.）Thell.，Mitt. Naturw. Ges. Win-terthur. 12：146. 1918.

Triticum turgidum omend var. *dicoccocides*（Koern. in litt，in Schweinf.）Bowden，Can. J. Bot. 37：671. 1959.

Triticum turgidum subsp. *dicoccum*（Schrank）Thell.，Mitt. Naturw. Ges. Winter-thur. 12：146. 1918.

Triticum turgidum var. *dinurum* Alef. ex Tuteff.，Angew. Bot. 11：453. 1929.

Triticum turgidum var. *dinurum* Percival，Wheat in Great Britain 92. 1934. 同 Alef. ex Tuteff. Angew. Bot. 11：453. 1929.

Triticum turgidum var. *diplus* Koern.，Arch. Biontologie 2：402. 1908.

Triticum turgidum var. *duplex* Koern.，Arch. Biontolgis 2：402. 1908.

Triticum turgidum subsp . *durum*（Desf.）Husnot，Gram. Fr. Belg. 80. 1899.

Triticum turgidum subsp. *durum*（Desf.）Hayak，Repert. Sp. Nov. Fedde. Beih. 33：229. 1932.

Triticum（*turgidum*）var. *false-jodurum* Flaksb.，Repert. Sp. Nov. Fedde 27：252.

1930.

Triticum turgidum var. *feresalamonis* Sanchez-Monge et Villena，Aula. Est. Exp. Aula Dei 3：254. 1954.

Triticum [*turgidum*] var. *ficte-semicanum* Flaksb.，Repert. Sp. Nov. Fedde. 27：252. 1930.

Triticum turgidum var. *gentile* Percival，Wheat in Great Britain 93. 1934.

Triticum turgidum var. *griseomegalopolitanum* Sanchez-Monge et Villena，Anal. Est. Exp. Aula Dei 3：254. 1954.

Triticum turgidum imberbe Desv.，Opusc. 155. 1831.

Triticum turgidum var. *iodurum* Percival，Wheat in Great Britain 91. 1934.

Triticum turgidum var. *kiharae* Sanchez-Monge et Villena，Anal. Est. Exp. Aula. Dei 3：255. 1954.

Triticum turgidum var. *macrostachyon* Stokes，Bot. Nat. Med. 1：176. 1812.

Triticum turgidum var. *martenai* (Koern.) Stolet.，Bull. Appl. Bot. Pl. Breed. 23 (4)：127. 139，339，1930.

Triticum turgidum subsp. *mediterraneum* Flaksb. ex Vav.，Theoret. Bases Pl. Breed. 2：8，49. 1935. 俄文。

Triticum turgidum var. *melanothernum* Desv. ex Stolet.，Bull. Appl. Bot. Pl. Breed. 23 (4)：126. 139，339. 1930.

Triticum turgidum melantherum Koern. et Wern.，Handb. Getreidebau. 2：396. 1885.

Triticum turgidum var. *modigenitum* Koern.，Arch. Biontologie 2：403. 1908.

Triticum turgidum var. *mutica* Spenner，Fl. Friburg. 1：164. 1825.

Triticum turgidum nigro-barbatum Desv.，Opusc. 156. 1831.

Triticum turgidum var. *pavoninum* (Alefeld) Stolet.，Bull. Appl. Bot. Pl. Breed. 23 (4)：127，139，339. 1930.

Triticum turgidum var. *plinanum* (Koern.) Stolet.，Bull. Appl. Bot. Pl. Breed. 23 (4)：127，139，339. 1930.

Triticum turgidum subsp. *polonicum* (L.) Thell.，Mitt. Naturw. Ges. Winterthur. 12：146. 1918.

Triticum turgidum var. *polystachyon* Stokes，Bot. Mat. Med. 1：177. 1812.

Triticum turgidum var. *pseudocervinum* Koern.，Chron. Bot. (N. I. Vavilov 著 The Orign. Variation & Breeding of Cultivated Plants) 13 (1/6)：346. 1940/1950.

Triticum turgidum var. *pseudojodurum* Koern.，Areh. Biontologie 2：402. 1908.

Triticum turgidum var. *pseudo-linneamum* Flaksb.，Repert. Sp. Nov. Fedde. 27：252. 1930.

Triticum turgidum var. *pseudomirabile* Pereival，Wheat. Pl. Monogr. 256. f. 138. 159. 1921.

Triticum turgidum var. *pseudo-mirabile* Flaksb.，Repert. Sp. Nov. Fedde. 27：252.

1930. 参阅相同的 Percival，1921.

Triticum turgidum quadratum Seringe，Descr. Fig. Cer. Eur. 148. pl. 12. f. 1. 2. 3. 1842.

Triticum turgidum var. *ramosii* Spenner，Fl. Friburg 1：164. 1825.

Triticum turgidum var. *ramoso-megalopolitanum* Percival，Journ. Bot. Brit. & Fer. 64：209. 1926.

Triticum turgidum var. *rubro-album* Flaksb.，Bull. Appl. Bot. Pl. Breed. 9：67. 1916.

Triticum turgidum var. *rufescens* Link，Hort. Berol. 1：26. 1827.

Triticum turgidum var. *rufescens* subvar. *compositum* Link，Hort. Berol. 1：26. 1827.

Triticum turgidum var. *rufescens* subvar. *velutinum* Link，Hort. Berol. 1：26. 1827.

Triticum turgidum var. *rufescens* subvar. *velutinum compositum* Link，Hort. Berol. 1：26. 1827.

Triticum turgidum rufum Desv.，Opuse. 156. 1831.

Triticum turgidum subsp. *sementivum*（Flaksb.）Thell.，Mitt. Naturw. Ges. Winterthur. 12：146. 1918.

Triticum turgidum var. *simplex* Godr.，Fl. Lerr. 3：195. 1844.

Triticum turgidum var. *specicsissimum*（Koern.）Stolet.，Bull. Appl. Bot. Pl. Breed. 23（4）：127，139，339. 1930.

Triticum turgidum var. *speciosum* Percival，Wheat in Great Britain 93. 1934.

Triticum turgidum var. *subdubium* Koern.，Arch. Biontologie 2：402. 1908.

Triticum turgidum var. *subjodurum* Koern.，Arch. Biontologie 2：401. 1908.

Triticum turgidum var. *sub-linnaeanum* Flaksb.，Repert. Sp. Nov. Fedde. 27：252. 1930.

Triticum turgidum var. *submuticum* Stokes，Bot. Nat. Med. 1：177. 1812.

Triticum turgidum var. *submuticum* S. F. Gray，Nat. Arr. Brit. Pl. 2：98. 1821. 参阅相同的 Stokes，1812.

Triticum turgidum var. *tristespeciosissimum* Sanchez-Monge et Villina，Anal. Est. Exp. Aula. Dei 3：254. 1954.

Triticum turgidum ssp. *turanicum*（Jacubz.）Á. Löve & D. Löve，1961，Bot. Not. 114：49.

Triticum turgidum var. *villosum* Schur，Enum. Pl. Transsilv. 806. 1866.

Triticum turgidum var. *violaceum* Link，Hort. Berol. 1：27. 1827.

Triticum unbellulatum（Zhuk.）Bowden，Can. Journ. Bot. 37：666. 1959.

Triticum uniaristatum（Visiani）Richt.，Pl. Europe 1：128. 1890.

Triticum unibarbe Desv.，Opuse. 141. 1831.

Triticum unicum Jakob Eriksson，Berichte Deutsch Bot. Gesell. 12：303. 1894. nom nud. 见衍生材料名录. 不是变异的。

Triticum unilaterale L.，Mant. Pl. 1：35. 1767.

Triticum unilaterale L. ex All.，Fl. Pedem. 2：258. 1785；L. 错用 DC. Cat. Hort. Monsp. 154. 1813.

Triticum unioloides Ait.，Hort. Kew. 1：122. 1789.

Triticum urartu Arardtjan，Compt. Rend. (Doklady) Acad. Sci. U. R. S. S. 28：645-648. 1940.

Triticum urartu Tumanian ex Gandiyvan，Bot. Zhurn. 57：177，1972.

Triticum vaginans Pers.，Syn. Pl. 1：109. 1805.

Triticum vaillantianum Wulf.，in Schweigger，Fl. Erlang. ed. 2. 1：143. 1811. 〔非 1804 Washington 版〕

Triticum variabile (Eig) Markgraf，Repert. Sp. Nov. Fedde Beih，303：225. 1932.

Triticum variabile var. *intermedium* (Eig et Feinbrum) Hayek，Repert. Sp. Nov. Fedde. Beih 301：226. 1932.

Triticum variegatum Fisch. ex Spreng.，Fl. Pugill. 2：24. 1815.

Triticum varnense Valen.，Fl. Bulg. Suppl. 1：302. 1898.

Triticum vavilovi (Tuman.) Jakub. ex Zhuk.，Turq. Agr. (Acad. Sci. Agr Inst. Product. Veget. Moscou) 705. 805. f. 379-381. 1933.

Triticum vavilovi var. *mirabiani* Tum. ex Jakubz.，Priroda Akad. Nauk S. S. S. R. 1933 (11)：73. 1933. 俄文。

Triticum vavilovi var. *mraviani* Tum. ex Jakubz.，Priroda Akad. Nauk. S. S. S. R. 1933 (11) 73. 1933，俄文。

Triticum vavilovi var. *vaneum* Jakubz.，Priroda Akad. Nauk. S. S. S. R. 1933 (11)：73. f. 1. 1933. 俄文。

Triticum velutinum Schuebl.，Diss. Inaug. Bot. 13. 1818. 非 (Nees) Hook. 1958.

Triticum velutinum (Nees) Hook. f.，Fl. Tasm. 2：129. 1858.

Triticum ventricosum (Tausch) Ces. Pass. et Gbi.，Comp. Fl. Ital. 86. 〔1867〕

Triticum ventricosum subvar. *comosum* (Coss.) Dur. et Schinz，Consp. Fl. Afr. 5：940. 1894.

Triticum ventricosum var. *truncatum* (Coss.) Dur. et Schinz，Consp. Fl. Afr. 5：940. 1894.

Triticum venulosum Seringe，Melanges Bot. 1：133. 1819.

Triticum venuloeum Hochst. ex Steud.，Syn. Pl. Glum. 1：342. 1854. 为 *Triticum recognitum* Steud. 的异名.

Triticum villosum (L.) Marsch-Bieb.，Fl. Taur. Cauc. 1：85. 1808.

Triticum villosum Host，lcon. Gram. Austr. 4：4. pl. 6. 1809. 非 Marsch Bieb. 1808.

Triticum villosum var. *barbulatum* Lojac.，Fl. Sioul. 3：368. 1909.

Triticum villosum var. *glabrum* Aschers. et Graebn.，Syn. Mitteleur. Fl. 2：Lief. 26：83. 1903. *glabratum* 错写。

Triticum villosum var. *multiflorum* Guss.，Fl. Sic. Syn. 1：65. 1843.

Triticum villosum var. *rhodopeum* Velen.，Fl. Bulg. Suppl. 1：303. 1898.

Triticum violaocum Hornem.，Fl. Dan. 12（fasc. 35）：pl. 2044. 1832.

Triticum viresoens (Pano.) Aschers.，Oesterr. Bot. Zeitschr. 19：66. 1869.

Triticum virescens var. *dalmaticum* Aschers.，Oesterr. Bor. Zeitschr. 19：66. 1869.

Triticum volgense (Flaksb.) Nevski，in Komarov. Fl. U. R. S. S. 2：683. 1934. 俄文；Nevski，Acta Inst Bot. Acad. Sci. U. R. S. S. I. 2：66. 1936. 拉丁描述。

Triticum vulgare Vill.，Hist. Fl. Dauph. 2：153. 1787.

Triticum vulgare ［Gruppe 4. *T. durum*］ var. *aegyptiacum* Koern.，in Koern. et Wern. Hendb. Getreidebeu. 1：73. 1885.

Triticum vulgure var. *aestivum* (L.) Spenner，Fl. Friburg. 1：163. 1825.

Triticum vulgare ［Gruppe 4. *T. durum*］ var. *affine* koern.，in Koern. et Wern. Handb. Getreidebeu. 1：70. 1885.

Triticum vulgare var. *afghanicum* Vav.，Bull. Appl. Bot. Pl. Breed. 131：231. 1923.

Triticum vulgare ［Grupps 4. *T. durum*］ var. *africanum* Koern.，in Koern. et Wern. Handb Getreidebau. 1：73. 1885.

Triticum vulgare A *albens* Link，Hort. Berol. 1：24. 1827.

Triticum vulgare ［Grupps 2. *T. compactum*］ var. *albiceps* Koern，in Koern. et Wern. Handb. Getreidebau 1：54. 1885.

Triticum vulgare albidum Alefeld，Landw. Fl. 329. 1866.

Triticum vulgare albidum Al. *bucharicum* Flaksb.，Bull. Appl. Bot. Pl. Breed. 7：496. f. 77. 1914.

Triticum vulgare var. *albidum* (Alef.) subvar. *inflatum* Flaksb.，Bull. Angew. Bot. St. Petersb. 3：144. f. 28. 1910.

Triticum vulgare var. *albidum* (Alf.) subvar. *labile* Flaksb，Bull. Angew. Bot. St. Petersb. 3：144. f. 29. A. B. 1910.

Triticum vulgare var. *albinflatum* (Flaksb.) Vav.，Bull. Appl. Bot. Pl. Breed. 131：229. 1923.

Triticum vulgare var. *alborubro-inflatum* Vav.，Bull. Appl. Bot. Pl. Breed. 131：229. 1923.

Triticum vulgare ［Gruppe 1. *T. vulgare*］ var. *alborubrum* Koern，Koern. et Wern. Handb. Getreldebau. 1：44. 45. 1885.

Triticum vulgare var. *album* Link，Hort. Berol. 1：24. 1827.

Triticum vulgare album Alefeld，Landw. Fl. 335. 1866.

Triticum vulgare var. *album velutinum* Link，Handb. Gewachs. 1：10. 1827.

Triticum vulgare ［Gruppe 5. *T. spelta*］ var. *alefeldii* Koern. in Koern.，et Wern. Handb. Getreidebau. 1：80. 1885.

Triticum vulgare ［Gruppe 4. *T. durum*］ var. *alexandrinum* Koern.，in Koern. et Wern. Handb. Getreidebau. 1：71. 1885.

Triticum vulgare [Gruppe 5. *T. spelta*] var. *anissum* Koern.，in Koern. et Wern. Handb. Getreidebau. 1：79. 1885.

Triticum vulgare antiquorum Heer，Neujahrsbl. Nat. Ges. Zurich 68：13. f. 14-18. 1866.

Triticum vulgare [Gruppe 4. *T. durum*] var. *apulicum* Koern. in Koern. et Wern. Handb. Getreidebau. 1：73. pl. 2. f. 10. 1885.

Triticum vulgare var. *ardjeschicum* Tuman.，Bull. Appl. Bot. Pl. Breed. 222：310. fig. 4. 1929.

Triticum vulgare arduini Alefed，Landw. Fl. 334. 1866.

Triticum vulgare var. *aristatum* Schuebl. et Martens，Fl. Wurtemberg 44. 1834.

Triticum vulgare var. *aristatum* Hausm.，Fl. Tirol2：1016. 1852.

Triticum vulgare var. *aristatum* subvar. *glabrum* Schebl. et Martens，Fl. Wurtenberg 44. 1834.

Triticum vulgare [Gruppe 4. *T. durum*] var. *arraseita* Hochst.，in Koern. et. Wern. Handb. Getreidebau. 1：70. 1885.

Triticum vulgare atratum（Host.）Alefeld，Landw. Fl. 333. 1866.

Triticum vulgare [Gruppe 2. *T. compaotum*] var. *atriceps* Koern.，in Koern. et Wern. Handb. Getreidebau. 1：54. 1885.

Triticum vulgare var. *aureum* Link，Hort. Berol. 1：24. 1827.

Triticum vulgare badakshanicum Vav. et Kob.，Bull. Appl. Bot. Pl. Breed. 191：89. 1928.

Triticum vulgare barbarossa Alefeid，Landw. Fl. 330. 1866.

Triticum vulgare bauhini（Lag.）Alefeld，Landw. Fl. 332. 1866.

Triticum vulgare bidens Alefekd，Landw. Fl. 334. 1866.

Triticum vulgare brunneum Alefeld，Landw. Fl. 331. 1866.

Triticum vulgare buocale Alefeld，Landw. Fl. 326. 1866.

Triticum vulgare var. *caesiodes* Flaksb.，Bull. Appl. Bot. Fl. Breed. 20：104. 113. 124. 1929.

Triticum vulgare var. *caesio-speltiforme* Tuman.，Bull. Appl. Bot. Fl. Breed. 222：310. 1929.

Triticum vulgare caesium Alefeld，Landw. Fl. 330. 1866.

Triticum vulgare var. *caesium* Schweinf.，Bull. Herb. Boiss. 2（附录2）：45. 1894，无描述。

Triticum vulgare [Gruppe 4. *T. durum*] var. *campylodon* Koern.，in Koern. Wern. Handb. Getreidebau. 1：70. 1885.

Triticum vulgare var. *caspium* K. Koch，Linnaea 21：426. 1848.

Triticum vulgare [Gruppe 3. *T. turgidum*] var. *centigranium* Koern.，in Koern. et Wern. Handb. Getreidebau. 1：63. 1885.

Triticum vulgare cervinum Alefeld，Landw. Fl. 327. 1866.

Triticum vulgare var. *cinerescens* Flaksb.，Bull. Appl. Bot. Fl. Breed. 20：101. 110. 123. 1929.

Triticum vulgare var. *cinerosum* Flaksb.，Bull. Appl. Bot. Pl. Breed. 20：104. 113. 123. 1929.

Triticum vulgare ［Gruppe 4. *T. durum*］ var. *circusflexum* Koern.，in Koern. et Wern. Handb. Getreidebau. 1：72. 1885.

Triticum vulgare cladure Alefeld，Landw. Fl. 333. 1866.

Triticum vulgare clavatum Alefeld，Landw. Fl. 328. 1866.

Triticum vulgare coeleste Alefeld，Landw. Fl. 327. 1866.

Triticum vulgare ［Gruppe 3. *T. turgidum*］ var. *coelestoides* Koern，in Koern. et Wern. Handb. Getreidebau. 1：64. 1885.

Triticum vulgare var. *coeruleo-velutinum* Koern.，Syst. Uebers Cereal. 12. 1873. nom. seminud.

Triticum vulgare var. *coerulescens* Link，Handb. Gewachee 1：10. 1829.

Triticum vulgare coeruleum Alefeld，Landw. Fl. 335. 1866.

Triticum vulgare columbinum Alefeld，Landw. Fl. 327. 1866.

Triticum vulgare compactum （Host) Spenner，Fl. Priburg. 1：163. 1825.

Triticum vulgare subsp. *compactum* （Host) Link，Hort. Berol. 2：182. 1833.

Triticum vulgare 2. *compactum* 16. *humboldti* Koern.，Syst. Uebers. Cereal. 12. 1873. 无描述。

Triticum vulgare var. *compositum* （L.) Wood，Class-Book ed. 3. 802. 1861.

Triticum vulgare subsp. *compositum* var. *vavilovi* Tum. ex Vav.，Theoret. Bases. Pl. Breed. 2：7. 50. f. 6. 1935. 俄文。

Triticum vulgare compositum var. *vavilovi* Tum.，Chron. Bot. （N. I. Vavilov 著 The Origin，Variation & Breeding of Cultivated Plants）. 13 (1/6)：336. 1949/1950.

Triticum vulgare ［Gruppe 2. *T. compactum*］ var. *compressum* Koern，in Koern.，et Wern. Handb. Getreidebau. 1：55. 1885.

Triticum vulgare ［Gruppe 2. *T. compactum*］ var. *copticum* Koern，in Koern.，et Wern. Handb. Getreidebau. 1：55. 1885.

Triticum vulgare ［Gruppe 2. *T. compactum*］ var. *crassiceps* Koern，in Koern.，et Wern. Handb. Getreidebau. 1：53. 1885.

Triticum vulgare var. *creticum* Seringe，Descr. Fig. Cer. Eur. 142. pl. 3. f. 3. 4. 1842.

Triticum vulgare ［Gruppe 1. *T. vulgare*］ var. *cyanothrix* Koern，in Koern. et Wern. Handb. Getreidebau. 1：46. 1885.

Triticum vulgare ［Guppe 1. *T. vulgare*］ var. *deifii* Koern.，in Koern. et Wern. Handb. Getreidebau. 1：46. 1885.

Triticum vulgare var. *dicoccocides* Koern.，Niederrh. Ges. Bonn. 21. 1889.

Triticum vulgare dicoccum (Schrank) Alefeld，Landw. Fl. 331. 1866.

Triticum vulgare 6. *dicoccum* 49. *krsusei* Koern.，Syst. Uebers. Cereal. 14. 1873. 无描述。

Triticum vulgare 6. *dicococum* var. 45. *majus* Koern.，Syst. Uebers. Cereal. 14. 1873. nom. seminud.

Triticum vulgare dinura Alefeld，Landw. Fl. 326. 1866.

Triticum vulgare ［Gruppe 3. *T. turgidum*］var. *dreiechisnum* Koern，in Koern.，et Wern. Handb. Grtreidebau. 1：60. 1885.

Triticum vulgare ［Gruppe. 3. *T. turgidum*］var. *dubium* Koern.，in Koern.，et Wern. Handb. Getreidebau. 1：62. 1885.

Triticum vulgare duhamelianum Alefeld，Landw. Fl. 335. 1866.

Triticum vulgare subsp. *durum* (Desf.) Link，Hort. Pl. Berol. 2：182. 1833.

Triticum vulgare durum (Desf.) Alefeld，Landw. Fl. 324. 1866.

Triticum vulgare 4. *durum* 28. *barbarium* Koern.，Syst. Uebers. 13. 1873. nom. nud.，Koern. et Wern. Handb. Getreidebau. 1：70. 1885. as syn. of *T. vulgare* ［Gruppe 4. *T. durum*］var. *leucurum* Alefeld.

Triticum vulgare ［Gruppe. 2. *T. compactum*］var. *echinodes* Koern.，in Koern. et Wern. Handb. Getreidebau. 1：54. 1885.

Triticum vulgare var. *erinaceus* (Hornen.) Link. Hort. Berol. 2：182. 1833.

Triticum vulgare erion Alefeld，Landw. Fl. 325. 1866.

Triticum vulgare ［Gruppe 1. *T. vulgare*］var. *erythroleucon.* Koern.，in Koern. et Wern. Handb. Getreidebau. 1：47. 1885.

Triticum vulgare ［Gruppe 4. *T. durum*］var. *erythromelan.* Koern.，in Koern. et Wern. Handb. Getreidebau. 1：71. 1885.

Triticum vulgare ［Gruppe 1. *T. vulgare*］var. *erythrospermum* Koern.，in Koern. et Wern. Handb. Getreidebau. 1：46. pl. 1. f. 3. 1885.

Triticum vulgare var. *erythrospermum irkutianum* Pissarev.，Bull. Appl. Bot. Pl. Breed. 14：133. 135. 1924. 俄文。

Triticum vulgare ［Gruppe 6. *T. dicoccum*］var. *erythrurum* Koern.，in Koern. et Wern. Handb. Getreidebau. 1：91. 1885.

Triticum vulgare subsp. *eu-vulgare* Brand，in Koch，Syn. Deutsch Schweiz. Fl. ed. 3. 3：2792. 1907.

Triticum vulgare subsp. *eu-vulgare* f. *aestivum* (L.) Brand，in Koch，Syn. Deutsch. Schweiz. Fl. ed. 3. 3：2792. 1907.

Triticum vulgare subsp. *eu-vulgare* f. *hibernum* (L.) Brand，in Koch，Syn. Deutsch. Schweiz. Fl. ed. 3. 3：2792. 1907.

Triticum vulgare farrum (Bayle.) Alefeld，Landw. Fl. 331. 1866.

Triticum vulgare ferrugineum Alefeld，Landw. Fl. 330. 1866.

Triticum vulgare var. *ferrugineum rossicum* Flaksb.，Bull. Appl. Bot. Fl. Breed. 8：861. 1915. 无描述。

Triticum vulgare var. *ferrugineum sibiricum* Flaksb.，Bull. Appl. Bot. Fl. Breed. 8：861. 1915. 无描述。

Triticum vulgare 〔Gruppe 2. *T. compactum*〕var. *fetisowii* Koern.，in Koern. et Wern，Handb. Getreidebau. 1：54. 1885.

Triticum vulgare var. *flexuosum* Link，Hort. Berol. 2：182. 1833.

Triticum vulgare 〔Gruppe 6. *T. dicoccum*〕var. *flexuosum* Koern.，in Koern. et Wern. Handb. Getreidebau. 1：88. 1885.

Triticum vulgare fringillarum Alefeld，Landw. Fl. 335. 1866.

Triticum vulgare fuchsii Alefeld，Landw. Fl. 332. 1866.

Triticum vulgare fulginosum Alefeld，Landw. Fl. 330. 1886.

Triticum vulgare var. *fusoescens* Link，Hort. Berol. 1：24. 1827.

Triticum vulgare gentile Alefeld，Landw. Fl. 326. 1866.

Triticum vulgare var. *graeco-imarginatum* Stolet.，Bull. Appl. Bot. Pl. Breed. 23 (4)：84. 337. 1930.

Triticum vulgare 〔Gruppe 1. *T. vulgare*〕var. *graecum* Koern.，in Koern. et Wern. Handb. Getreidebau. 1：46. 1885.

Triticum vulgare var. *griseum* Vav.，Bull. Appl. Bot. Pl. Breed. 131：225. 1923.

Triticum vulgare var. *gunticum* Vav.，Bull. Appl. Bot. Fl. Breed. 131：231. 1923.

Triticum vulgare var. *hamadanicum* Vav.，Bull. Appl. Pl. Breed. 131：227. 1923.

Triticum vulgare var. *heraticum* Vav. et Kob.，Bull. Appl. Bot. Fl. Breed. 191：89. 1928.

Triticum vulgare 〔Gruppe 3. *T. turgidum*〕var. *herrerae* Koern.，in Koern. et Wern. Handb. Getreidebau. 1：60. 1885.

Triticum vulgare hordeiforme (Host) Alefeld，Landw. Fl. 325. 1866.

Triticum vulgare var. *horogi* Vav.，Bull. Appl. Bot. Fl. Breed. 131：230. 1923.

Triticum vulgare hostianum Fikry，Egypt. Agr. Rev. 17：13. 1939.

Triticum vulgare 〔Gruppe 2. *T. compaotum*〕var. *humboldti* Koern.，in Koern. et Wern. Handb. Getreidebau. 1：52. pl. 1. f. 4. 1885.

Triticum vulgare var. *hybernum* (L.) Spenner，Fl. Friburg. 1：163. 1825.

Triticum vulgare hystrix Seringe.，Descr. Fig. Cer. Eur. 140. pl. 3. f. 2. 1842.

Triticum vulgare icterinum Alefeld，Landw. Fl. 328. 1866.

Triticum vulgare intermedium Seringe，Descr. Fig. Cer. Eur. 139. 1842.

Triticum vulgare var. *iranicum* Vav.，Bull. Appl. Bot. Fl. Breed. 131：226. 1923.

Triticum vulgare italicum Alefeld，Landw. Fl. 325. 1866.

Triticum vulgare jodura Alefeld，Landw. Fl. 326. 1866.

Triticum vulgare var. *kabulicum* Vav., Bull. Appl. Bot. Pl. Breed. 131：231. 1923.

Triticum vulgare var. *kazvinicum* Vav., Bull. Appl. Bot. Pl. Breed. 131：227. 1923.

Triticum vulgare var. *kermanshachi* Vav., Bull. Appl. Bot. Pl. Breed. 131：227. 1923.

Triticum vulgare var. *khorassanicum* Vav., Bull. Appl. Bot. Pl. Breed. 131：229. 1923.

Triticum vulgare [Gruppe 6. *T. dicoccum*] var. *krausei* Koern., in Koern. et Wern. Handb. Getreidebau. 1：91. 1885.

Triticum vulgare var. *kurdistanicum* Vav., Bull. Appl. Bot. Fl. Breed. 131：226. 1923.

Triticum vulgare leptura Alefeld，Landw. Fl. 325. 1866.

Triticum vulgare leucochiton Alefeld，Landw. Fl. 332. 1866.

Triticum vulgare leucocladua Alefeld，Landw. Fl. 332. 1866.

Triticum vulgare leucoaelan Alefeld，Landw. Fl. 324. 1866.

Triticum vulgare [Gruppe 1. *T. vulgare*] var. *leucospermum* Koern., Koern. et Wern. Handb. Getsidebau. 1：44. 45. 1885.

Triticum vulgare leucura Alefeld，Landw. Fl. 324. 1866.

Triticum vulgare [Gruppe 4. *T. durum*] var. *libycum* Koern., in Koern. et Wern. Handb. Getreidebau 1：73. 1885.

Triticum vulgare [Gruppe 6. *T. dicoccum*] var. *liguliforme* (Koern.) Koern., Koern. et Wern. Handb. Getreidebau. 1：90. 1885.

Triticum vulgare [Gruppe 2. *T. compactum*] var. *linaza* Koern., in Koern. et Wern. Handb. Getreidebau. 1：53. 1885.

Triticum vulgare linnaeanum Alefeld，Landw. Fl. 327. 1866.

Triticum vulgare var. *luristanicum* Vav., Bull. Appl. Bot. Pl. Breed. 131：227. 1923.

Triticum vulgare [Gruppe 3. *T. turgidum*] var. *lusitanicum* Koern., in Koern., et Wern. Handb. Getridebau. 1：59. 1885.

Triticum vulgare lutescens Alefeld，Landw. Fl. 329. 1866.

Triticum vulgare var. *lutescens* subvar. *lutinflatum* Flaksb., Bull. Angew. Bot. St. Petersb. 4：18. 1911.

Triticum vulgare var. *lutescens poltawense* Flaksb., Bull. Appl. Bot. Pl. Breed. 8：861. 1915. 无描述。

Triticum vulgare var. *lutescens praecox* Pissarev，Bull. Appl. Bot. Pl. Breed. 14：134. 135. 1924. 俄文。

Triticum vulgare var. *lutinflatum* (Flaksb.) Vav., Bull. Appl. Bot. Pl. Breed. 131：229. 1923.

Triticum vulgare [Gruppe 6. *T. dicoccum*] var. *macratherum* (Koern.) Koern., in Koern. et Wern. Handb. Getreidebau. 1：89. 1885.

Triticum vulgare ［Gruppe 3. *T. turgidum* ］var. *martensii* Koern., in Koern. et Wern. Handb. Getreidebau. 1：60. 1885.

Triticum vulgare ［Gruppe 3. *T. turgidum* ］var. *megalopolitanum* Koern., in Koern. et Wern. Handb. Getreidebau. 1：60. 1885.

Triticum vulgare var. *melanopogon* Chiov., Monogr. Rapp. Colon. Rome No. 19：13. 1912.

Triticum vulgare melanopus Alefeld，Landw. Fl. 325. 1866.

Triticum vulgare var. *melano-rubrum* Tuman., Bull. Appl. Bot. Pl. Breed. 222：310. 1929.

Triticum vulgare melanura Alefeld，Landw. Fl. 333. 1865.

Triticum vulgare var. *meridionale* Koern., in Koern. et Wern. Handb. Getreidebau. 1：47. 1885.

Triticum vulgare var. *mesopotamicum* Vav., Bull. Appl. Bot. Pl. Breed. 131：226. 1923.

Triticum vulgare metzgeri Alefeld，Landw. Fl. 332. 1866.

Triticum vulgare michauxi Alefeld，Landw. Pl. 334. 1866.

Triticum vulgare miltura Alefeld，Landw. Fl. 329. 1866.

Triticum vulgare var. *milturum khogotanse* Pissarev, Bull. Appl. Bot. Pl. Breed. 14：133. 135. 1924. 俄文。

Triticum vulgare var. *milturum* subvar. *rufinflatum* Flaksb., Bull. Angew Bot. St. Petersb. 4：19. pl. 8. f. 190. 1911.

Triticum vulgare ［Gruppe 3. *T. turgidum* ］var. *mirabile* Koern, in Koern., et Wern. Handb. Getreidebau. 1：63. 1885.

Triticum vulgare monococcum （L.）Alefeld，Landw. Fl. 333. 1866.

Triticum vulgare ［Gruppe 4. *T. durum* ］var. *murciense* Koern., in Koern. et Wern. Handb. Getreidebau. 1：71. 1885.

Triticum vulgare var. *murgabi* Flaksb., Bull. Appl. Bot. Pl. Breed. 20：101，111，123. 1929.

Triticum vulgare var. *muticum* Schuebl. & Martens，Fl. Wurtemberg 44. 1834.

Triticum vulgare var. *muticum* subvar. *glabrum* Schuebl. et Martens. Fl. Wurtemberg 44. 1834. 无描述。

Triticum vulgare var. *muticum* subvar. *velutinum* Schuebl. & Mertens，Fl. Wurtemberg 45. 1834. 无描述。

Triticum vulgare ［Gruppe 5. *T. spelta* ］var. *neglectum* Koern., in Koern. et Wern. Handb. Getrdebau. 1：80. 1885.

Triticum vulgare ［Gruppe 3. *T. turgidum* ］var. *nemausense* Wittm, in Koern. et Wern. Handb. Getreidebau. 1：59. 1885. "Wittmack in lit."

Triticum vulgare var. *nigrencens* Liuk，Hort. Berol. 1：24. 1827.

Triticum vulgrare var. *nigroaristatum* Flaksb., Bull. Appl. Bot. Pl. Breed. 8: 195. 1915.

Triticum vulgrare var. *nigro-erythrosparcum* Jakusb. ex. Percival, Journ. Bot. Brit. &. For. 64: 209, 210. 1926.

Triticum vulgrare var. *nigro-graecum* Percival, Journ. Bot. Brit. &. For 64: 209, 210. 1926.

Triticum vulgrae var. *nigroinflatum* Vav., Bull. Appl. Bot. Fl. Breed. 131: 230. 1923.

Triticum vulgrare var. *nigro-meridionale* Percival, Journ. Bot. Brit. &. For. 64: 209. 210. 1926.

Triticum vulgare [Gruppe 1. *T. vulgare*] var. *nigrum* Koern., in Koern. et Wern. Handb. Getreidebau. 1: 46. 1885. 非 Link 1829.

Triticum vulgare forna. *nigrum* Link, Handb. Gewachse 1: 10. 1829.

Triticum vulgare [Gruppe 4. *T. durum*] var. *niloticum* Koern., in Koern., et Wern. Handb. Getreidebau. 1: 73. 1885.

Triticum vulgare var. *casicolum* Ducell., Bull. Soc. Hist. Nat. Afr. Nord 11: 91. 1920.

Triticum vulgare [Grupp 4. *T. durum*] var. *obsourum* Koern, in Koern., et Wern. Handb. Getreidebau. 1: 72. 1885, nom. semi-nud.

Triticum vulgare var. *cxianum* Vav., Bull. Appl. Bot. Pl. Breed. 131: 230. 1923.

Triticum vulgare var. *pamiricum* Vav., Bull. Appl. Bot. Pl. Breed. 131: 230. 1923.

Triticum vulgare pavoninum Alefeld, Landw. Fl. 327. 1866.

Triticum vulgare phaeoladum Alefeld, Landw. Fl. 332. 1866.

Triticum vulgare [Gruppe 3. *T. turgidum*] var. *plinianus* Koern. in Koern. et Wern. Handb. Getreidebau. 1: 63. 1885.

Triticum vulgare provinciale Alefeld, Landw. Fl. 325. 1866.

Triticum vulgare var. *pseudobarbarossa* Vav., Bull. Appl. Bot. Pl. Breed. 131: 225. 1923.

Triticum vulgare [Gruppe 3. *T. turgidum*] var. *pseudocervinum* Koern., in Koern. et Wern. Handb. Getreidebau. 1: 63. 1885.

Triticum vulgare var. *pseudo-erythroleucon* Percival, Journ. Bot. Brit. &. For. 64: 209, 210. 1926.

Triticum vulgare var. *pseud-graecum* Flaksb., Bull. Appl. Bot. Pl. Breed. 20: 104. 112, 123. 1929.

Triticum vulgare pseudo-hostianum Flaksb., Bull. Appl. Bot. Pl. Breed. 8: 196. 1915.

Triticum vulgare var. *pseudomeridionale* Flaksb., Bull. Appl. Bot. Pl. Breed. 8: 196. 1915.

Triticum vulgare var. *pseudoturcicum* Vav., Bull. Appl. Bot. Pl. Breed. 131: 225.

1923.

Triticum vulgare var. *pseudo-turkomanicum* Vav. et Kob.，Bull. Appl. Bot. Gen. Pl. Breed. 191：89. 1928.

Triticum vulgare var. *pubescens* K. Koch，Linnaea 21：436. 1848. without. descr.

Triticum vulgare pycnura Alefeld，Landw. Fl. 333. 1866.

Triticum vulgare pyrothrix Alefeld，Landw. Fl. 329. 1866.

Triticum vulgare var. *quasi-rufinflatum* Flaksb.，Bull. Appl. Bot. Pl. Breed. 20：102，114，123. 1929.

Triticum vulgare var. *quasi-turcicum* Flaksb.，Bull. Appl. Bot. Pl. Breed. 20：102，114，123. 1929.

Triticum vulgare ［Gruppe 5. *T. spelta*］ var. *recens* Koern，in Koern.，et Wern. Handb. Getreidebau. 1：80. 1885.

Triticum vulgare ［Gruppe 4. *T. durum*］ var. *reichenbachii* Koern.，in Koern. et Wern. Handb. Getridebau. 1：71. 1885.

Triticum vulgare var. *rubescens* Link，Hort. Berol. 1：24. 1827.

Triticum vulgare ［Gruppe 2. *T. compactum*］ var. *rubriceps* Koern.，in Koern. et Wern. Handb. Getreidebau. 1：54. 1885.

Triticum vulgare ［Gruppe 3. *T. turgidum*］ var. *rubroatrum* Koern.，in Koern. et Wern. Handb. Getreidebau. 1：61. 1885.

Triticum vulgare ［Gruppe 5. *T. spelta*］ var. *rubrovelutinum* Koern.，in Koern. et Wern. Handb. Getreidebau. 1：80. 1885.

Triticum vulgare ［Gruppe 2. *T. compactum*］ var. *rubrum* Koern.，in Koern. et Wern. Handb. Getrdidebau. 1：53. 1885.

Triticum vulgare var. *rufescens* Link，Handb. Gewachs 1：9. 1829.

Triticum vulgare var. *rufinatum* （Flaksb.）Vav，Bull. Appl. Bot. Pl. Breed. 131：229. 1923.

Triticum vulgare ［Gruppe 2. *T. compctum*］ var. *rufulum* Koern，in Koern. et Wern. Handb. Getreidebau. 1：52. 1885.

Triticum vulgare var. *rufum* Link，Hort. Berol. 1：24. 1827.

Triticum vulgare rufum Alefeld，Landw. Fl. 335. 1866.

Triticum vulgare var. *rufum* subvar. *velutinum* Link. Hort. Berol. 1：25. 1827.

Triticum vulgare ［Gruppe. 3. *T. turgidum*］ var. *salomonia* Koern.，in Koern. et Wern. Handb. Getreidebau. 1：61. 1885.

Triticum vulgare var. *sardoum* Koern.，in Koern. et Wern. Handb. Getreidebau. 1：47. 1885.

Triticum vulgare var. *scabriusculum* K. Koch，Linnaea 21：427. 1848. without descr.

Triticum vulgare ［Gruppe 5. *T. spelta*］ var. *schenkii* Koern.，in Koern. et Wern. Handb. Getreidebau. 1：80. 1885.

Triticum vulgare [Gruppe 4. *T. durum*] var. *schimperi* Koern.，in Koern. et Wern. Handb. Getreidebau. 1：71. 1885.

Triticum vulgare sericeum Alefeld，Landw. Fl. 328. 1866.

Triticum vulgare serotinum Alefeld，landw. Fl. 331. 1866.

Triticum vulgare var. *shugnanicum* Vav.，Bull. Appl. Bot. Pl. Breed. 131：230. 1923.

Triticum vulgare [Gruppe 3. *T. turgidum*] var. *speciocissimum* Koern.，in Koern. et Wern. Handb. Getreidebau. 1：60. 1885.

Triticum vulgare speciosum Alefeld，Landw. Fl. 326. 1866.

Triticum vulgare spelta (L.) Alefeld，Landw. Fl. 334. 1866.

Triticum vulgare var. *spelta* 35. Alefeldi Koern.，Syst. Uebers. Cereal. 13. 1873，without descr.

Triticum vulgare 5. *spelta* 38. *erubescens* Koern.，Syst. Uebers. Cereal. 14. 1873. nom. seminud.

Triticum vulgare 5. *spelta* 39. *rubrovelutinum* Koern.，Syst. Uebers. Cereal. 14. 1873. 无描述。

Triticum vulgare splendens Alefeld，Landw. Fl. 328. 1866.

Triticum vulgare sub -afghanicum Flaksb.，Bull. Appl. Bot. Pl. Breed. 20：104. 111. 123. 1929.

Triticum vulgare var. *subbarbarossa* Vav.，Bull. Appl. Bot. Pl. Breed. 131：228. 1923.

Triticum vulgare var. *subcaesium* Flaksb.，Bull. Appl. Bot. Pl. Breed. 20：106. 113. 124. 1929.

Triticum vulgare var. *suberythroleucon* Vav.，Bull. Appl. Bot. Pl. Breed. 131：228. 1923.

Triticum vulgare var. *suberythrospernum* Vav.，Bull. Appl. Bot. Pl. Breed. 131：227. 1923.

Triticum vulgare var. *subferrugineum* Vav.，Bull. Appl. Bot. Pl. Breed. 131：228. 1923.

Triticum vulgare var. *suhfuliginosum* Vav.，Bull. Appl. Bot. Pl. Breed. 131：228. 1923.

Triticum vulgare var. *subgraecum* Vav.，Bull. Appl. Bot. Pl. Breed. 131：227. 1923.

Triticum vulgare var. *subgunticum* Vav.，Bull. Appl. Bot. Pl. Breed. 131：231. 1923.

Triticum vulgare var. *sub -hamadanicum* Tuman.，Bull. Appl. Bot. Pl. Breed. 222：311. 1929.

Triticum vulgare var. *sub -hostianum* Vav.，Bull. Appl. Bot. Pl. Breed. 131：228. 1923.

Triticum vulgare var. *sub -iranicum* Tuman.，Bull. Appl. Bot. Pl. Breed. 222：311. 1929.

Triticum vulgare sub -*kabulicum* Flaksb．，Bull. Appl. Bot. Pl. Breed. 20：104. 111. 123. 1929.

Triticum vulgare var. *sub* -*kermanschachi* Tuman．，Bull. Appl. Bot. Pl. Breed. 222： 311. 1929.

Triticum vulgare var. *submeridionale* Vav．，Bull. Appl. Bot. Pl. Breed. 131：228. 1923.

Triticum vulgare var. *sub* -*messopotamicum* Tuman．，Bull. Appl. Bot. Pl. Breed. 222： 310. f. 5. 1929.

Triticum vulgare submticum Hauam．，Fl. Tirol 2：1017. 1852.

Triticum vulgare var. *submuticum* Aschers．，Fl. Brand. 1：870. 1864．．非 Hausm 1852.

Triticum vulgare var. *subpseudo-barbarossa* Vav. et Kob．，Bull. Appl. Bot. Pl. Breed. 191：89. 1928.

Triticum vulgare var. *subpseudo-hostianum* Vav. et Kob. Bull. Appl. Bot. Pl. Breed. 191：88. 1928.

Triticum vulgare var. *sub* -*pseudomeridionale* Vav．，Bull. Appl. Bot. Fl. Breed. 131： 228. 1923.

Triticum vulgare var. *sub* -*pseudo-turcicum* Vav. et Kob．，Bull. Appl. Bot. Pl. Breed. 191：89. 1928.

Triticum vulgare var. *subtile* Link. Hort. Berol. 1：25. 1827.

Triticum vulgare subtricoccum Alefeld，Landw. Fl. 332. 1866.

Triticum vulgare var. *subturcicum* Vav．，Bull. Appl. Bot. Pl. Breed. 131：228. 1923.

Triticum vulgare var. *subvillosum* Regel Acta Hort. Petrop. 7：586. 1881.

Triticum vulgare var. *sunpani* Flaksb．，Bull. Angew. Bot. St. Petersb. 4：18. pl. 8. f. 189. 1911.

Triticum vulgare var. *tadjicorum* Vav．，Bull. Appl. Bot. Pl. Breed. 131：231. 1923.

Triticum vulgare var. *teheranicum* Vav．，Bull. Appl. Bot. Pl. Breed. 131：229. 1923.

Triticum vulgare ［Gruppe 6. *T. dicocum*］var. *tragi*（Koern.）Koern．，Koern et Wern. Handb. Getreidebau. 1：90. 1885.

Triticum vulgare var. *transcaspicum* Vav．，Bull. Appl. Bot. Pl. Breed. 131：230. 1923.

Triticum vulgare var. *triste* Flaksb．，Bull. Appl. Bot. Pl. Breed. 8：194. 1915.

Triticum vulgare ［Gruppe *T. vulgare*］var. *turcicum* Koern．，in Koern. et Wern. Handb. Getreidebau. 1：48. 1885.

Triticum vulgare subsp. *turgidum*（L.）Link，Hort. Berol. 2：182. 1833.

Triticum vulgare var. *turgidum* Spreng．，Syst. Veg. 1：323. 1825.

Triticum vulgare turgidum（L.）Alefeld，Landw. Fl. 325. 1866.

Triticum vulgare var. *turkcomanicum* Vav. et Kob．，Bull. Appl. Bot. Pl. Breed. 191：

89. 1928.

Triticum vulgare [Gruppe 4. *T. durum*] var. *valenciae* Koern，in Koern. et Wern. Handb. Getreidebau. 1：72. 1885. nom. semi-nud.

Triticum vulgare var. *velutinum* Schur，Enum. Pl. Transsilv. 806. 1866.

Triticum vulgare villosum Alefeld，Landw. Fl. 329. 1866.

Triticum vulgare 1. *vulgare* 3. *alborubrum* Koern.，Syst. Uebers. Cereal. 10. 1873. nom. seminud.

Triticum vulgare 1. *vulgare* var. *erythrospermum* Koern.，Syst，Uebers. Cereal. 11. 1873. nom. seminud.

Triticum vulgare 1. *vulgare* 8. *graecum* Koern.，Syst，Uebers. Cereal. 11. 1873. nom. seminud.

Triticum vulgare 1. *vulgare* 5. *leucospermum* Koern.，Syst. Uebers. Cereal. 10. 1873. 无描述。

Triticum vulgare 1. *vulgare subvelutinum* Koern.，Syst，Uebers. Cereal. 12. 1873. nom. seminud.

Triticum vulgare vulpinum Alefeld，Landw. Fl. 330. 1866.

Triticum vulgare var. *wanensis* Tuman.，Bull. Appl. Bot. Pl. Breed. 222：310. 1929.

Triticum vulgare [Gruppe 2. *T. compactum*] var. *wernerianum* Koern.，in Koern. et Wern. Handb. Getreidebau. 1：52. 1885.

Triticum vulgare [Gruppe 2. *T. compactum*] var. *wittmaokianum* Koern.，in Koern. et Wern. Handb. Getreidebau. 1：53. 1885.

Triticum vulgare xanthura Alefeld，Landw. Fl. 329. 1886.

Triticum youngii Hook. f.，Handb. N. Zeal. Fl. 343. 1867.

Triticum zea Host，Icon. Gram. Austr. 3：20. pl. 29. 1805.

致　　谢

　　本书在编著过程中，得到国家小麦育种攻关项目、四川省小麦育种攻关项目、国家自然科学基金及四川省科学技术委员会、四川省教育委员会在经济上的资助，在此表示深切的感谢！同时，对胡含与董玉琛两教授的大力推荐，刘登才博士对书稿进行的多次校核，编著者深表谢忱！

颜　济　杨俊良

于 930 Candlewook LN

Brookings，SD 57006-3853

U.　S.　A.